单片机 C51 技术应用

主　编　杨打生　宋　伟
副主编　王忠远　张　昕　刘占伟
主　审　吉雪峰

北京理工大学出版社
BEIJING INSTITUTE OF TECHNOLOGY PRESS

内容简介

本书以 AT89S51、STC12C5A60S2 单片机应用为目的,以项目为载体,以 Keil C51 为编程调试软件,以 Proteus 为仿真软件,介绍了用 C51 语言编写单片机程序的方法。

全书包括单片机实验电路制作、数字电压表等十三个项目,涵盖了单片机硬件设计、C51 程序基础、输入输出、中断与定时器、串行通信、AD/DA 等单片机的基础知识。最后以抢答器、温度测量仪应用项目作为综合技能训练,进一步提升单片机应用能力。

本书所选项目均可通过调试仿真软件看到程序运行的过程与结果,以培养技术应用能力为主线,体现"教、学、做"一体化教学思想,突出程序设计思想的培养。

版权专有　侵权必究

图书在版编目(CIP)数据

单片机 C51 技术应用/杨打生,宋伟主编. —北京:北京理工大学出版社,2011.8(2021.9重印)

ISBN 978-7-5640-5018-4

Ⅰ.①单… Ⅱ.①杨… ②宋… Ⅲ.①单片微型计算机-C语言-程序设计-高等学校-教材　Ⅳ.①TP368.1②TP312

中国版本图书馆 CIP 数据核字(2011)第 168175 号

出版发行	/北京理工大学出版社
社　　址	/北京市海淀区中关村南大街5号
邮　　编	/100081
电　　话	/(010)68914775(总编室)　68944990(批销中心)　68911084(读者服务部)
网　　址	/http://www.bitpress.com.cn
经　　销	/全国各地新华书店
印　　刷	/唐山富达印务有限公司
开　　本	/710毫米×1000毫米　1/16
印　　张	/17.25
字　　数	/322千字
版　　次	/2011年8月第1版　2021年9月第11次印刷
定　　价	/48.00元

责任编辑/张慧峰
责任校对/周瑞红
责任印制/王美丽

图书出现印装质量问题,本社负责调换

前言
Preface <<< <<<

  从航空航天到程控玩具,从工业生产到日常生活,单片机以其多系列、低成本、低电压、低功耗的优势广泛应用到国民生活的各个领域,与通信技术、机电技术、传感器技术、计算机技术紧密结合,单片机技术应用成为工科院校信息类、控制类、机电类、仪器仪表类专业的主干专业课程。

  传统的单片机教学以汇编语言为主,汇编语言具有程序结构简单,执行速度快,程序占用存储空间小的优点,但汇编语言的每条指令都是针对单片机的具体存储器,很难编写出功能复杂的程序,每一种汇编语言只针对一类单片机,程序可移植性差。用高级语言开发单片机已经成为单片机应用开发的趋势,用 C 语言编写单片机程序,对不同类型的单片机只需了解单片机的接口电路、内部功能部件的使用方法即可,可以充分利用 C 语言灵活的编程功能,程序的可读性、可移植性较强,缺点是 C 语言编译后的程序存储空间大,语句执行时间不好控制,实时性较差。

  本书的参编人员都是多年从事单片机教学与单片机技术开发的一线教师,在完成各个项目的过程中,循序渐进,逐步完善单片机的硬件知识、C 语言的编程方法,并将充分利用计算机仿真技术,力求每个项目都可以看到程序的调试与运行情况,将理论与实践紧密结合,让学生在实际应用中理解单片机的知识,体会单片机的开发过程。在每个项目中都进行任务分析与编程设计,将单片机应用开发过程中积累的编程经验在程序设计中体现出来,注重技术应用能力的培养。

  杨打生、宋伟对本书的编写思路与内容进行了总体规划,并对全书统稿,张昕编写了第 1 章,并对全书进行了文字校对,杨打生编写了第 2、5 章,宋伟编写了第 3~4 章,王忠远编写了第 6~7 章,刘占伟对书中的图片进行了处理,并协助编写了第 6 章的部分内容,并将书中的程序进行了仿真验证与修正,吉雪峰担任主审,杭秋丽、柳智鑫、高艳、李庚、李玉文、耿秀明老师提供了自己的教学案例,薛慧君老师给教材提供了 C 语言编写资料,内蒙古电子信息学院的领导与同事对编写本书给予了极大的支持,在此一并表示感谢。

  本书涉及单片机、C 语言两门课程的内容,通过几个项目难以涵盖全部内容,加之编者水平有限,疏漏与不足难免,敬请读者批评指正。

  本书所有程序源代码均可到网站 www.bitpress.com.cn 下载,如需要"项目一"所需的电路板,请与编者联系。

dasheng.yang@sina.com

编 者

目录

第1章 认识单片机 ··· 1
1.1 项目一 单片机实验电路制作 ································ 1
1.1.1 任务分析 ··· 1
1.1.2 电路原理与印刷版电路设计 ···························· 3
1.1.3 电路调试 ··· 3
1.2 知识链接 ··· 7
1.2.1 单片机的基本概念 ·· 7
1.2.2 MCS-51单片机的结构与功能 ·························· 8
1.2.3 51单片机的最小系统 ··································· 10
1.2.4 MCS-51单片机的指令系统 ···························· 12

第2章 认识C语言 ··· 17
2.1 项目二 C语言程序识读 ····································· 17
2.1.1 项目要求 ·· 17
2.1.2 C语言程序结构分析 ···································· 18
2.1.3 C51程序的编译调试 ···································· 19
2.2 项目三 班级成绩排名 ······································· 23
2.2.1 项目设计要求 ·· 23
2.2.2 任务分析 ·· 23
2.2.3 程序设计分析 ·· 23
2.2.4 拓展训练 ·· 36
2.3 知识链接 ·· 36
2.3.1 编译预处理 ··· 36
2.3.2 数据类型 ·· 38
2.3.3 C51的标识符和关键字 ································· 38
2.3.4 常量与变量 ··· 38
2.3.5 运算符和表达式 ··· 39
2.3.6 函数 ·· 40
2.3.7 数组 ·· 43
2.3.8 结构体 ··· 44
2.3.9 C语言的程序结构 ······································· 46

第3章 单片机的输出与输入 ... 56

3.1 项目四 流水灯 ... 56
3.1.1 任务要求 ... 56
3.1.2 任务分析与电路设计 ... 56
3.1.3 程序调试与电路仿真 ... 59
3.1.4 任务扩展：静态数码显示 ... 70
3.1.5 任务练习 ... 72
3.1.6 思考题 ... 77

3.2 项目五 单键控制数码显示(静态) ... 77
3.2.1 任务要求 ... 77
3.2.2 任务分析及电路设计 ... 78
3.2.3 任务编程及调试 ... 78
3.2.4 任务扩展：八键控制数码显示(独立按键) ... 80
3.2.5 任务练习 ... 83
3.2.6 思考题 ... 86

3.3 知识链接 ... 86
3.3.1 AT89S51单片机的输入/输出端口 ... 86
3.3.2 位定义 ... 88
3.3.3 数码管 ... 88
3.3.4 按键 ... 89

第4章 单片机的中断与定时 ... 91

4.1 项目六 倒计时 ... 91
4.1.1 任务要求 ... 91
4.1.2 任务分析及电路设计 ... 91
4.1.3 任务编程及调试 ... 91
4.1.4 任务扩展：连续三个不同时间的倒计时 ... 100
4.1.5 任务练习 ... 102
4.1.6 思考题 ... 110

4.2 项目七 简易交通灯 ... 110
4.2.1 任务要求 ... 110
4.2.2 任务分析及电路设计 ... 110
4.2.3 任务编程及调试 ... 112
4.2.4 任务扩展：交通灯 ... 113
4.2.5 任务练习 ... 116
4.2.6 思考题 ... 123

- 4.3 项目八 数字钟 ··· 123
  - 4.3.1 任务要求 ··· 123
  - 4.3.2 任务分析及电路设计 ··· 123
  - 4.3.3 任务编程及调试 ·· 124
  - 4.3.4 任务扩展:带 LED 灯闪的数字钟 ·· 126
  - 4.3.5 任务练习 ··· 129
  - 4.3.6 思考题 ·· 137
- 4.4 知识链接 ··· 137
  - 4.4.1 中断 ··· 137
  - 4.4.2 中断函数格式 ··· 141
  - 4.4.3 中断初始化 ·· 142

第5章 MCS-51 单片机的串行通信 ·· 146
- 5.1 项目九 单片机与单片机的通信 ··· 146
  - 5.1.1 项目要求 ··· 146
  - 5.1.2 任务分析 ··· 146
  - 5.1.3 电路设计 ··· 146
  - 5.1.4 编程及调试 ·· 147
- 5.2 知识链接 ··· 157
  - 5.2.1 串行通信的基本概念 ··· 157
  - 5.2.2 MCS51 单片机的串行通信接口 ··· 159
  - 5.2.3 单片机的双机通信 ··· 164
- 5.3 知识拓展:单片机的多机通信 ·· 178
  - 5.3.1 MCS51 单片机多机通信的系统连接 ··································· 178
  - 5.3.2 主从结构总线方式多机通信的通信机制与方法 ····················· 178

第6章 模数、数模转换 ·· 181
- 6.1 项目十 数字电压表 ··· 181
  - 6.1.1 任务要求 ··· 181
  - 6.1.2 任务分析及电路设计 ··· 181
  - 6.1.3 任务编程及调试 ·· 183
- 6.2 项目十一 信号发生器 ·· 191
  - 6.2.1 任务要求 ··· 191
  - 6.2.2 任务分析及电路设计 ··· 192
  - 6.2.3 信号发生器程序代码 ··· 194
- 6.3 任务拓展 调光灯制作 ·· 201
  - 6.3.1 任务要求 ··· 201

6.3.2　任务分析及电路设计 …………………………………… 201
　　6.3.3　任务编程及调试 …………………………………………… 203
6.4　知识链接 ………………………………………………………… 204
　　6.4.1　A/D 转换器 ………………………………………………… 204
　　6.4.2　ADC0809 简介 ……………………………………………… 205
　　6.4.3　DAC0832 简介 ……………………………………………… 207
　　6.4.4　STC12C5A60S2 单片机 AD 和 DA 简介 ………………… 208
　　6.4.5　开关量接口 …………………………………………………… 216
6.5　思考题 …………………………………………………………… 220

第7章　单片机综合训练 …………………………………………… 221

7.1　项目十二　抢答器系统设计 ……………………………………… 221
　　7.1.1　任务要求 …………………………………………………… 221
　　7.1.2　任务分析及电路设计 ………………………………………… 221
　　7.1.3　任务编程及调试 …………………………………………… 223
　　7.1.4　任务拓展——抢答器界面设计（VB 语言） ……………… 233
7.2　项目十三　智能温度测量仪 ……………………………………… 234
　　7.2.1　任务要求 …………………………………………………… 234
　　7.2.2　任务分析及电路设计 ………………………………………… 234
　　7.2.3　任务编程及调试 …………………………………………… 234
　　7.2.4　程序说明 …………………………………………………… 249
7.3　任务拓展 ………………………………………………………… 251
7.4　知识链接 ………………………………………………………… 251
　　7.4.1　DS18B20 数字温度计 ……………………………………… 251
　　7.4.2　12864 液晶屏 ……………………………………………… 254
　　7.4.3　VB 串行通信 MSComm 控件 ……………………………… 258

第1章 认识单片机

教学要点：
- 单片机的概念
- 单片机的功能
- 单片机的结构
- 单片机的最小系统
- 单片机的应用

1.1 项目一 单片机实验电路制作

项目设计要求：设计一个单片机实验电路，在单片机的最小系统下扩展显示电路、输入调试电路、AD 转换电路、串行通信接口电路，并且带有下载功能，为方便今后调试、验证程序使用。

1.1.1 任务分析

1. 最小系统

单片机的最小系统包括时钟、复位及电源电路，单片机的调试离不开计算机，可以采用计算机 USB 端口供电，为了避免实验电路短路影响计算机，在电路中加入保险，为了避免电源反接损害单片机，在电源电路中串接二极管，时钟电路选择 12MHz，复位电路采用上电复位与按钮复位。

2. 显示电路

显示电路选用 8 个 LED 发光二极管和 4 位 LED 数码管，发光二极管用以指示端口状态，数码管用以显示单片机的数据。

3. 输入电路

选用 8 个按钮开关用以模拟开关量输入，由于单片机上电复位后各端口均是高电平，8 个开关公共端接地，按钮按下相应位为 0，否则为 1。

4. 程序下载电路

为了方便学习与调试，实验电路选用具有在线编程功能的 STC89C51 单片机，在实验电路板上设计 RS232 接口芯片，通过 RS232 接口与计算机的 COM 端口连接，利用 STC_ISP 软件进行程序下载，该电路同时具有单片机与微型计算机通信功能。

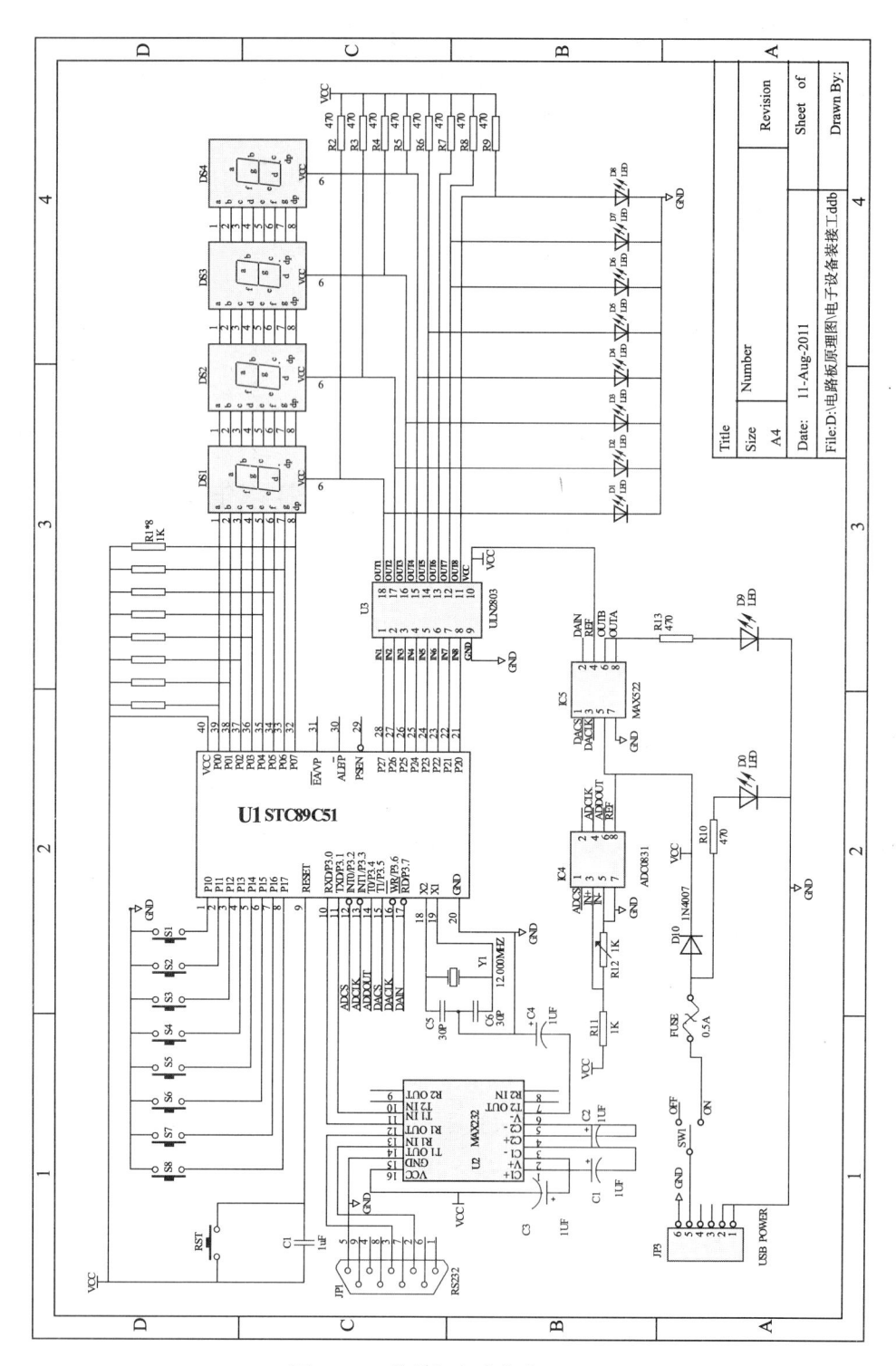

图 1.1.1　单片机实验电路原理图

5. AD 转换电路

单片机在控制过程中需要获得被控设备的物理参量信息，这些参量由传感器转换后的电信号可能是数字信号，也可能是模拟信号，对于模拟信号，必须通过 AD 转换变换为单片机可以识别的数字信号，在本实验电路中选用 TLC0831 作为数模转换电路，用以读取外部的模拟参量。

6. 其他辅助电路

单片机的并行端口驱动能力有限，为了能够适应大电流负载，选用 ULN2803 作为驱动扩展电路；在 STC_ ISP 编程下载时，需要单片机断电，增加一个电源开关；为了灵活选配端口与负载，设计跳线插件。

1.1.2 电路原理与印刷版电路设计

按照上述分析，查找相关器件资料，设计的原理电路如图 1.1.1，用 Protel 软件输入原理电路图，在 PCB 电路导入网络表，按图 1.1.2 进行元件布局，采用双面电路板自动布线，适当调整后得到 PCB 印刷电路，焊接电路。

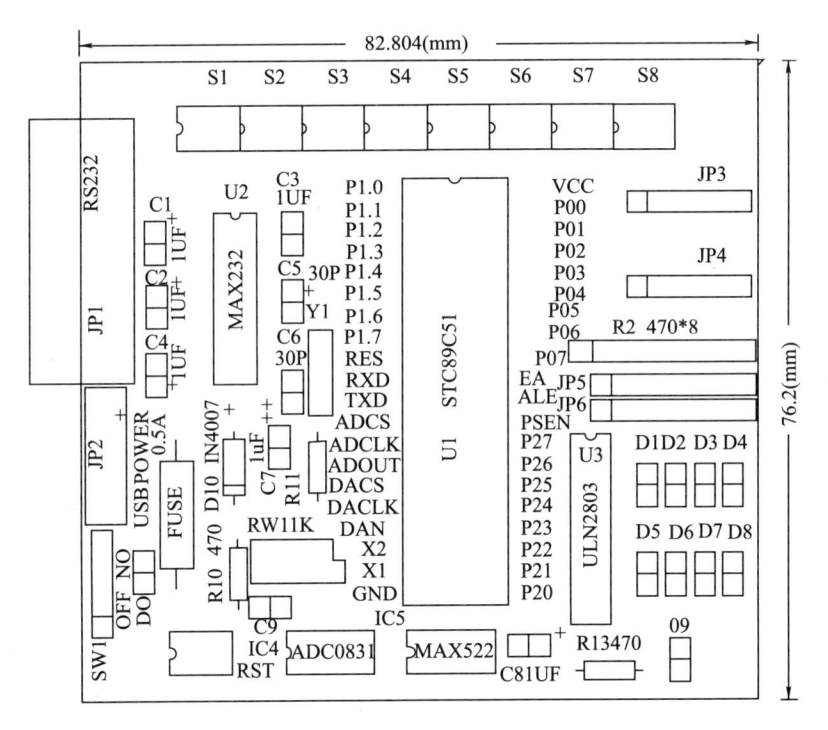

图 1.1.2　实验电路元器件布局图

1.1.3 电路调试

本实验电路焊接后基本能够正常工作，在 5V 供电的条件下，MAX232 的②脚应该能得到近 10V 的正电压，⑥脚能得到近 10V 的负电压，MAX232 的功能与电路参见第5章图5.2.10,对实验电路进行测试。
（1）用Keil C51软件编辑、编译以下程序,并生成可执行文件。
//1-1.c
#include < AT89X51.H >
ys1ms（）;
delay500ms（）;
csh（）;sfmxg（）;dtxs（）;
int hour,minute,second,hs,hg,ms,mg,ss,sg,m50;
unsigned char
smga[10] = {0xc0,0xf9,0xa4,0xb0,0x99,0x92,0x82,0xf8,0x80,0x90};
main（）
{
　hour = 23;minute = 59;second = 55;P2_6 = 0;
　csh（）;
　while（1）
　　{
　　sfmxg（）;   //时间设定
　　dtxs（）;   //动态显示
　　}
}
csh（）   //定时器初始化
{
　TMOD = 0X01;   //确定定时器T0模式1
　TH0 = 15536/256;TL0 = 15536% 256;   //装初值
　EA = 1;ET0 = 1;   //开启中断
　TR0 = 1;   //启动定时器T0
}
sfmxg（）
{
　if（P1_0 == 0）
　{hour ++;while（P1_0 == 0）;if（hour == 24）hour = 0;}
　if（P1_1 == 0）
　{hour --;while（P1_1 == 0）;if（hour == 0）hour = 23;}
　if（P1_2 == 0）
　{minute ++;while（P1_2 == 0）;if（minute == 60）minute = 0;}

if (P1_ 3 ==0)

{minute -- ; while (P1_ 3 ==0); if (minute ==0) minute = 59;}

if (P1_ 4 ==0)

{second ++ ; while (P1_ 4 ==0); if (second ==60) second = 0;}

if (P1_ 5 ==0)

{second -- ; while (P1_ 5 ==0); if (second ==0) second = 59;}

if (second ==60)

{second = 0; minute ++ ;}

if (minute ==60)

{minute = 0; hour ++ ; P2_ 7 = 0; delay500ms ( ); P2_ 7 = 1;}

if (hour ==24)

{hour = 0;}

}

dtxs ( )

{

  hs = hour/10; hg = hour% 10;　　　　　　//小时数拆分

  ms = minute/10; mg = minute% 10;　　　　//分钟数拆分

  ss = second/10; sg = second% 10;　　　　　//秒数拆分

  P0 = smga [ms]; P2_ 0 = 0; ys1ms ( ); P2_ 0 = 1;　//显示秒个位

  P0 = smga [mg]; P2_ 1 = 0; ys1ms ( ); P2_ 1 = 1;　//显示秒十位

  P0 = smga [ss]; P2_ 2 = 0; ys1ms ( ); P2_ 2 = 1;　//显示分个位

  P0 = smga [sg]; P2_ 3 = 0; ys1ms ( ); P2_ 3 = 1;　//显示分十位

  //P0 = smga [ss]; P2_ 4 = 0; ys1ms ( ); P2_ 4 = 1;　//显示时个位

  //P0 = smga [sg]; P2_ 5 = 0; ys1ms ( ); P2_ 5 = 1;　//显示时十位

}

ys1ms ( )　　　　　　　　　　　　　　　　　　//延时 1ms

{

  long i;

  for (i = 1; i <=18; i ++);

}

delay500ms ( )　　　　　　　　　　　　　　　　//延时 500ms

{

  long e;

  for (e = 1; e <=8888; e ++);

}

dsls ( ) interrupt 1　　　　　　　　　　　　　　//定时器 T0 中断

```
                                             服务函数
{
    TH0 = 15536/256;
    TL0 = 15536%256;                          //手动
    m50 ++;
    if（m50 == 10 | | m50 == 20）              //间隔点每秒变化
                                              一次
    {
        P2_6 = ! P2_6;
        P2_7 = P2_6;
    }
    if（m50 == 20）                            //定时1秒
    {
        second ++;
        m50 = 0;
    }
}
```

（2）用 STC_ ISP 软件下载程序到实验电路板。打开 STC_ ISP 软件，在 MCU Type 栏选择单片机型号，在打开程序文件栏选择要下载的二进制或十六进制文件，操作界面如图 1.1.3。

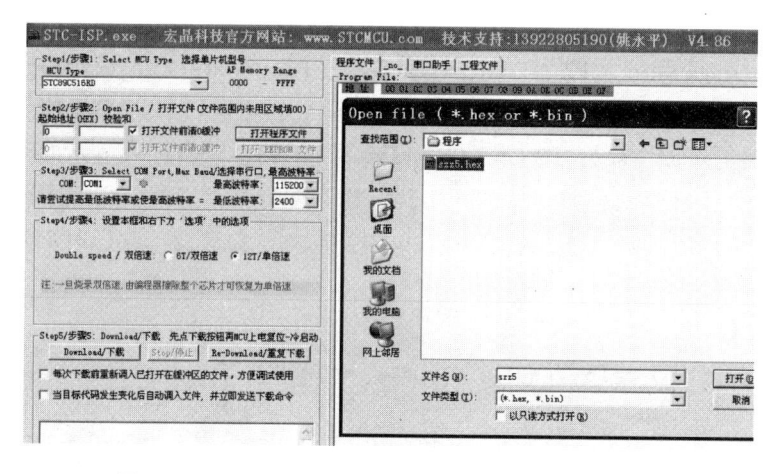

图 1.1.3　STC_ ISP 下载软件 MCU 与程序选择界面

（3）点击 DownLoad，开始与单片机尝试通信，如果实验电路板 RS232 正常，会出现握手正常，给 MCU 上电的提示，断开电源开关，重新闭合电源开关即可完成程序下载，下载完成后的界面如图 1.1.4。下载完成后实验板即开始工作。

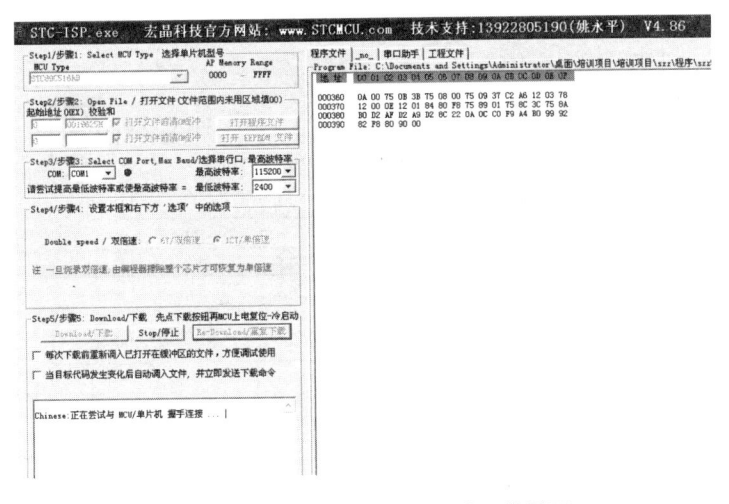

图 1.1.4　STC_ISP 下载软件下载界面

1.2　知识链接

1.2.1　单片机的基本概念

1. 单片机的概念

单片机（Single Chip Microcomputer）是将 CPU、存储器、控制器、I/O 接口电路等计算机主要构成部件集成在一块集成电路芯片上的微型计算机，通常也称为微控制器（MCU）。单片机主要用于控制领域。

2. 单片机的优点

单片机具有功能强、集成度高、体积小、价格低、功耗小等优点。

3. 单片机的种类

（1）通用单片机：通用单片机的指令系统对用户开放，带有仿真调试接口，用户可以修改程序存储器的内容，给用户留有开发空间。

Intel 公司的 MCS-51、MCS-96 系列；

Motorola 公司的 68HC5/08 系列；

Microchip 公司的 PIC 系列单片机；

Atmel 公司的 AVR 系列单片机；

Freescal 公司的 ARM 系列单片机；

凌阳公司的凌阳系列单片机；

宏晶科技公司的 STC 系列单片机。

（2）专用单片机：具有特定功能与用途的微处理器，用户不能改变专用单片机的功能。

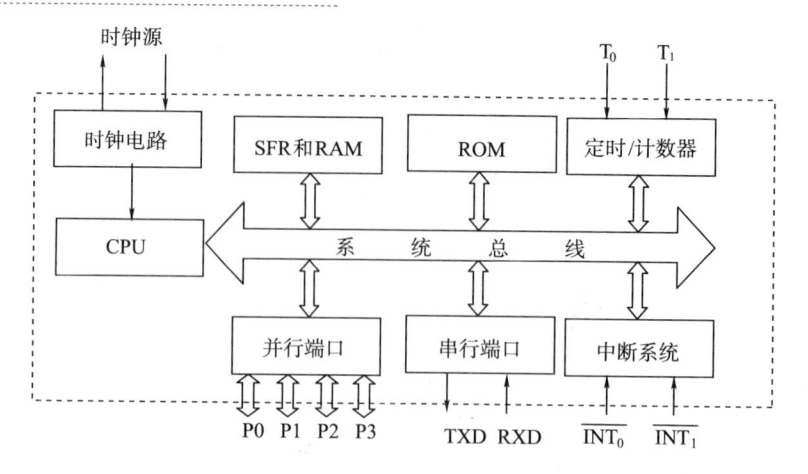

图 1.2.1　MCS-51 单片机内部结构简图

1.2.2　MCS-51 单片机的结构与功能

1. MCS-51 单片机的内部结构

MCS-51 单片机由中央处理器（CPU）、程序存储器、数据存储器、定时/计数器、中断系统、输入输出接口电路、串行通信接口等七个部分组成，内部结构框图如图 1.2.1 所示。

（1）CPU 是单片机的核心，CPU 能够按照程序存储器的程序要求指挥单片机各部件协调工作，具有逻辑运算功能和逻辑判断功能，MCS-51 单片机具有一个 8 位的 CPU 和一个 16 位的程序计数器（PC）。

（2）程序存储器是存放用户程序的存储器，单片机在运行过程中只能读取程序存储器的内容（ReadOnly），MCS-51 单片机内部有 4KB 的程序存储器空间，用户可以扩展外部程序存储器，但 MCS-51 系列单片机最多只能访问 64KB 的程序存储器。

（3）数据存储器是用来存放临时数据的，是计算机的演算纸，单片机在运行过程中可以修改数据存储器的数据，当单片机掉电或复位时数据存储器的数据将丢失。MCS-51 单片机内部有 128 字节的数据存储器，用户可以扩展外部数据存储器，但 MCS-51 系列单片机最多只能访问 64KB 的数据存储器。

（4）输入输出端口是单片机与外界交流的通道，与外部电路进行数据交换，单片机通过输入输出端口读取外部电路的状态，控制外部电路的工作。MCS-51 单片机有四个 8 位的输入输出端口（P0~P3）。

2. MCS-51 系列单片机的系统资源

MCS-51 系列单片机属于 8 位单片机，即每次操作的操作数为一个字节。MCS-51 系列单片机以 8031 为基础，设有并行输入输出端口、串行通信端口、定时计数器，两级中断优先级，各种常见型号的 MCS-51 单片机的内部资源如表 1.2.1 所示。

第1章 认识单片机

表1.2.1 MCS系列单片机的内部资源

存储器类型			RAM	ROM	EPROM	EEPROM	FLASH
总线型	基本型 个中断源 一个串口 个并行口 定时计数器	8031	128B				
		8051	128B	4KB			
		8751	128B		4KB		
		89C51	128B			4KB	
		STC89C51	128B				4KB
	增强型 个中断源 一个串口 个并行口 定时计数器	8032	256B				
		8052	256B	4KB			
		8732	256B		4KB		
		89C52	256B			4KB	
		STC89C52	256B				4KB
非总线型并口，其余同总线型		89C2051	128B				2KB
		89C4051	128B				4KB

3. MCS8051单片机的封装与引脚定义

8051单片机有三种封装形式，其外形如图1.2.2所示。

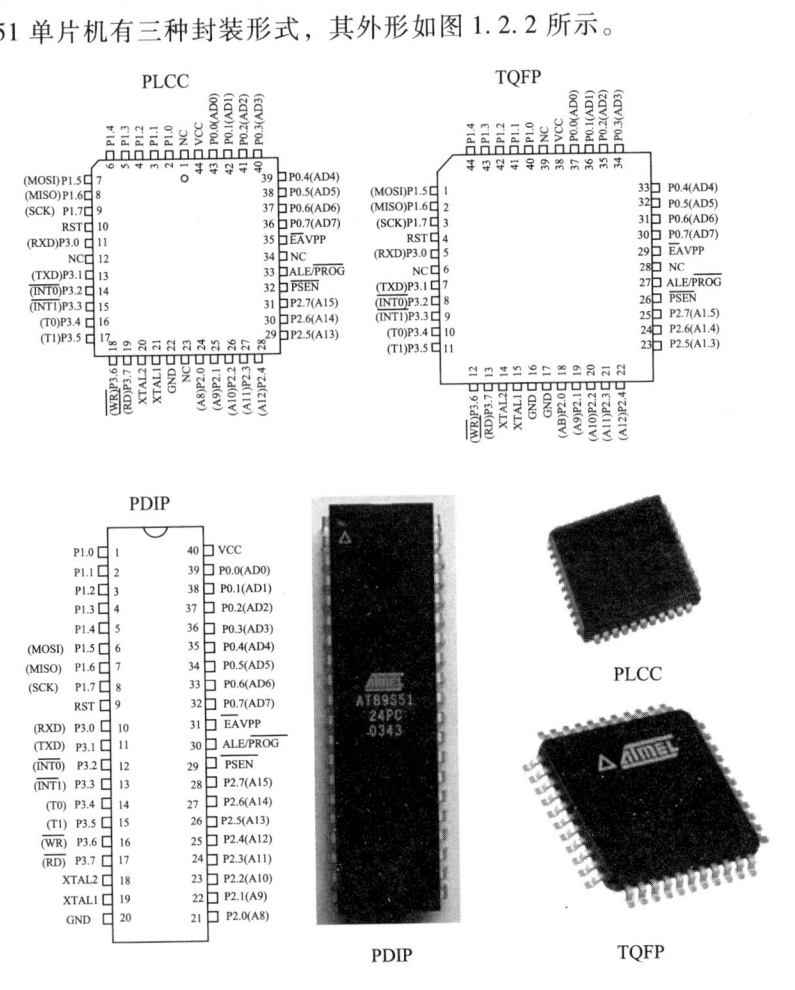

图1.2.2 8051单片机的封装形式及引脚功能定义

各引脚的功能如下：

（1）电源引脚：VCC（40）GND（20）。

（2）程序存储器选择引脚 EA（31）：如果 EA 引脚接地（GND），全部程序均执行外部存储器。如果 EA 接至 VCC（电源+），程序首先执行地址从 0000H－0FFFH（4KB）内部程序存储器，再执行地址为 1000H－FFFFH（60KB）的外部程序存储器。

（3）时钟引脚 XTAL1（19）、XTAL2（18）：外接时钟或时钟振荡器件。

（4）外部扩展存储器控制引脚 ALE 和 PSEN。

（5）并行 I/O 端口引脚：四个并行端口 32 位引脚。

（6）复位引脚 RST（9）。

1.2.3　51 单片机的最小系统

电源、时钟电路与复位电路是单片机正常工作所必需的外围电路，单片机芯片和时钟、复位电路、电源构成了单片机的最小系统。51 单片机的最小系统硬件电路如图 1.2.3 所示。

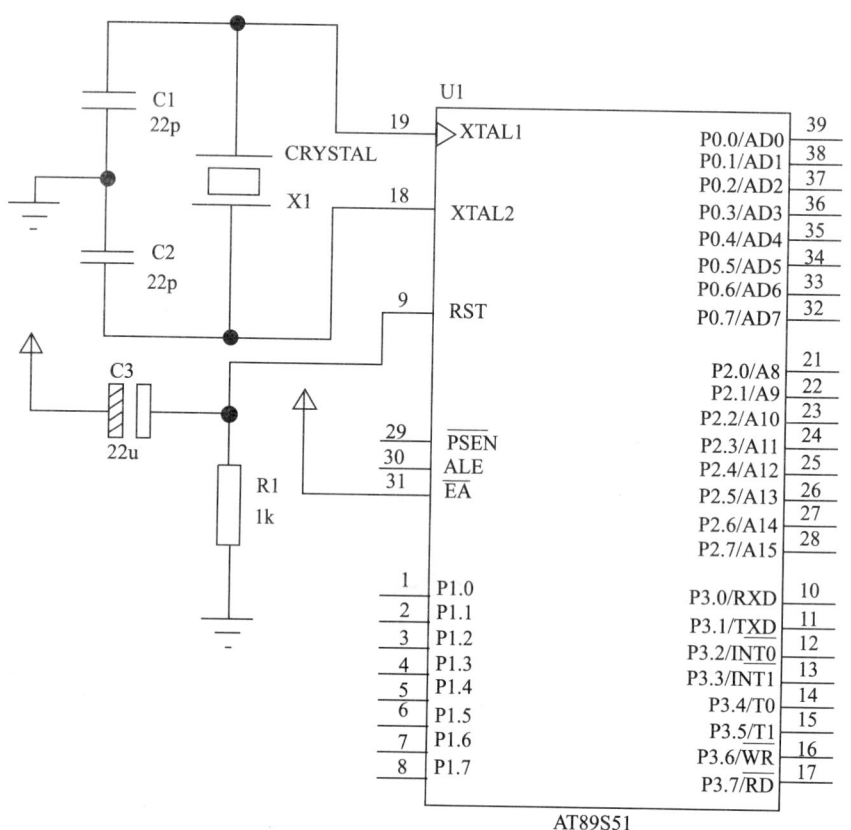

图 1.2.3　51 单片机的最小硬件系统

第 1 章 认识单片机

1. 时钟与时钟电路

时钟是用来控制单片机的各个组成部件按照一定的节拍同步工作,时钟频率越高,单片机的运行速度越快。51 系列单片机的时钟频率一般用 6MHz 或 12MHz,单片机时钟频率的倒数叫时钟周期,外接时钟或时钟电路的晶体振荡频率就是单片机工作的时钟频率。

机器周期:MCS-51 单片机执行指令所用的时间以机器周期为单位,12 个时钟周期构成 1 个机器周期。

所以,当外接时钟电路的晶振频率为 12MHz 时机器周期为 $1\mu s$,时钟为 6MHz 时机器周期为 $2\mu s$。

2. 复位与复位电路

复位的目的是使单片机及其他功能电路具有一个确定的初始状态,以便单片机能在这个确定的状态下开始工作。

当单片机上电或程序跑飞等情况下都需要复位,上电时的复位是自动复位,有故障时的复位可能是手动复位,也可能是通过外加电路自动复位。

在 MCS-51 单片机中,当 RST 引脚持续两个机器周期的高电平就会复位。典型的复位电路如图 1.2.4 所示。

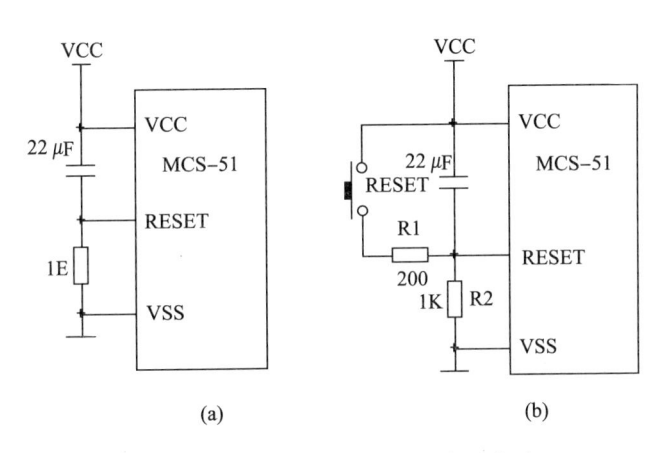

图 1.2.4 MCS-51 单片机的复位电路
(a)上电复位电路;(b)按键复位电路

当 MCS-51 单片机复位后,MCS-51 单片机的部分特殊功能寄存器及复位后的状态如表 1.2.2 所示。

表 1.2.2 MCS-51 单片机的部分特殊功能寄存器及复位后的状态

寄存器	各位名称								状态
P0~P3	Px.7	Px.6	Px.5	Px.4	Px.3	Px.2	Px.1	Px.0	0XFF
IE	EA			ES	ET1	EX1	ET0	EX0	0X00
IP				PS	PT1	PX1	PT0	PX0	0X00
TMOD	GATE	C/T	M1	M0	GATE	C/T	M1	M0	0X00
TCON	TF1	TR1	TF0	TR0	IE1	IT1	IE0	IT0	0X00
TH0									0X00
TL0									0X00
TH1									0X00
TL1									0X00
SCON	SM0	SM1	SM2	REN	TB8	RB8	TI	RI	0X00
PCON	SMOD				GF1	GF0	PD	IDL	0X00
SBUF									不确定
PC									0X0000

注：无底纹的寄存器可以进行位操作，即直接以位名称对该寄存器的一位进行置位或清零，其他位保持不变。

1.2.4 MCS-51 单片机的指令系统

指令是计算机 CPU 能够识别并且控制 CPU 的功能部件完成某一特定动作的命令。一种计算机的所有指令的集合称为该计算机的指令系统。对每一条计算机指令，必须明确指令的三个内容：动作（操作）、参与操作的数据来源（源操作数）、指令执行后数据的去向（目的操作数），对于特定的指令，源操作数、目的操作数在指令中不一定出现。相应的指令格式如下：

单字节指令：操作码
双字节指令：操作码 操作数1
三字节指令：操作码 操作数1 操作数2

1. MCS-51 单片机的寻址方式

在单片机的指令中，操作数多存放在单片机的存储器中，寻找操作数的方式称为寻址方式。MCS-51 单片机使用了七种寻址方式：

（1）立即数寻址：参与操作的具体数直接出现在指令中，在指令中立即数前面必须加 "#"，用 "#data" 表示。

（2）寄存器寻址：参与操作的数据存放在寄存器中，在指令中出现的是寄存器的名字。在 51 单片机中，寄存器指工作寄存器 R0~R7、累加器 A、通用寄存器 B、地址寄存器 DPTR 等，在指令格式中，寄存器寻址用 Rn 表示，其他寄存器直接用寄存器名字。

(3) 直接寻址：在指令中直接给出存放操作数的内存单元地址，直接寻址包括内部 RAM 区和特殊功能寄存器（SFR）区。

(4) 寄存器间接寻址：将操作数所在单元的地址存放在寄存器中的寻址方式，指令中出现的是寄存器名字，为了与寄存器寻址区分，在寄存器间接寻址指令中，用"@寄存器名"表示寄存器间接寻址，51 单片机可用于寄存器间接寻址的寄存器包括 R0、R1 和 DPTR。

(5) 变址寻址：存放操作数的存储器地址是基址寄存器和变址寄存器内容之和。51 单片机的变址寄存器是 A，基址寄存器是 PC 或 DPTR。

(6) 相对寻址：以程序计数器 PC 的当前值与指令中的立即数之和作为跳转转移地址，跳转范围为 127 ~ -128。

(7) 位寻址：位寻址是操作的对象是单片机存储器中的 1 位，指令中出现的是操作位的直接地址。

2. MCS-51 单片机的指令表

MCS-51 单片机共有数据传送、算术运算、逻辑运算、控制转移、位操作五类 111 条指令，用单片机指令编写的程序叫汇编语言。本书主要介绍用 C 语言编写 51 单片机程序的方法，在这里仅列出 51 单片机的指令表，指令格式、指令功能等见表 1.2.3。

表 1.2.3 中的符号标记意义如下：

#data	8 位立即数；
#data16	16 位立即数；
Rn	工作寄存器 R0 ~ R7；
Ri	工作寄存器 R0 ~ R1；
direct	直接寻址方式；
→	数据传输方向；
( )	存储器中的内容，如果是目的操作数就是以（ ）内的内容作为目的地址；
A0 ~ 4	A 的低 4 位，即 A0、A1、A2、A3；
(A) × (B)$_{8~15}$	A 与 B 乘积的高 8 位；
rel	相对短跳转，8 位带符号数相对寻址的范围，256 字节寻址范围；
addr11	绝对短跳转或调用，11 位二进制绝对寻址范围，2KB 寻址范围；
addr16	绝对长跳转或调用，16 位二进制绝对寻址范围，64KB 寻址范围；
bit	位直接寻址；
/bit	bit 位的非参与操作

表1.2.3 MCS-51单片机的指令表

类型	指令格式	功能	对标志位的影响			
			P	OV	AC	CY
数据传送类指令	MOV A, #data	data→A	√	×	×	×
	MOV A, direct	(direct)→A	√	×	×	×
	MOV A, Rn	(Rn)→A	√	×	×	×
	MOV A, @Ri	((Ri))→A	√	×	×	×
	MOV direct, #data	data→direct	×	×	×	×
	MOV direct, A	(A)→direct	×	×	×	×
	MOV direct, Rn	(Rn)→direct	×	×	×	×
	MOV direct @Ri	((Ri))→direct	×	×	×	×
	MOV direct1, direct2	(direct2)→direct1	×	×	×	×
	MOV Rn, #data	data→Rn	×	×	×	×
	MOV Rn, A	(A)→Rn	×	×	×	×
	MOV Rn, direct	(direct)→Rn	×	×	×	×
	MOV @Ri, #data	data→(Ri)	×	×	×	×
	MOV @Ri, A	(A)→(Ri)	×	×	×	×
	MOV @Ri, direct	(direct)→(Ri)	×	×	×	×
	MOV DPTR, #data16	data16→DPTR	×	×	×	×
	MOVC A, @A+DPTR	((A)+(DPTR))→A	√	×	×	×
	MOVC A, @A+PC	((A)+(PC))→A	√	×	×	×
	MOVX A, @Ri	外部RAM((Ri))→A	√	×	×	×
	MOVX A, @DPTR	外部RAM((DPTR))→A	√	×	×	×
	MOVX @Ri, A	(A)→外部RAM((Ri))	×	×	×	×
	MOVX @DPTR, A	(A)→外部RAM((DPTR))	×	×	×	×
	XCH A, Rn	(Rn)→A, (A)→Rn	√	×	×	×
	XCH A, @Ri	((Ri))→A, (A)→(Ri)	√	×	×	×
	XCH A, direct	(direct)→A, (A)→direct	√	×	×	×
	XCHD A, @Ri	$(A_{0\sim3})\to(Ri)_{0\sim3},(Ri)_{0\sim3}\to(A_{0\sim3})$	√	×	×	×
	SWAP A	$(A_{0\sim3})\to A_{4\sim7},(A_{4\sim7})\to A_{0\sim3}$	×	×	×	×
	PUSH direct	(direct)→SP	×	×	×	×
	POP direct	(SP)→direct	×	×	×	×
算术运算类指令	ADD A, #data	(A)+data→A	√	√	√	√
	ADD A, Rn	(A)+(Rn)→A	√	√	√	√
	ADD A, @Ri	(A)+((Ri))→A	√	√	√	√
	ADD A, direct	(A)+(direct)→A	√	√	√	√
	ADDC A, #data	(A)+data+C→A	√	√	√	√
	ADDC A, Rn	(A)+(Rn)+C→A	√	√	√	√
	ADDC A, @Ri	(A)+((Ri))+C→A	√	√	√	√
	ADDC A, direct	(A)+(direct)+C→A	√	√	√	√
	DA A	十进制调整	√	×	√	√
	INC A	(A)+1→A	√	×	×	×
	INC Rn	(Rn)+1→Rn	×	×	×	×
	INC direct	(direct)+1→direct	×	×	×	×
	INC @Ri	((Ri))+1→(Ri)	×	×	×	×
	INC DPTR	(DPTR)+1→DPTR	×	×	×	×
	DEC A	(A)-1→A	√	×	×	×

续表

类型	指令格式	功能	对标志位的影响			
			P	OV	AC	CY
算术运算类指令	DEC Rn	(Rn)－1→Rn	×	×	×	×
	DEC direct	(direct)－1→direct	×	×	×	×
	DEC @Ri	((Ri))－1→(Ri)	×	×	×	×
	SUBB A，#data	(A)－data→A	√	√	√	√
	SUBB A，Rn	(A)－(Rn)→A	√	√	√	√
	SUBB A，@Ri	(A)－((Ri))→A	√	√	√	√
	SUBB A，direct	(A)－(direct)→A	√	√	√	√
	MUL AB	(A)×(B)$_{8\sim15}$→B (A)×(B)$_{0\sim7}$→A	√	√	0	√
	DIV AB	(A)÷(B) 商→A，(A)÷(B) 余数→B	√	√	0	√
逻辑运算类指令	ANL A #data	(A)∧data→A	√	×	×	×
	ANL A，Rn	(A)∧(Rn)→A	√	×	×	×
	ANL A，@Ri	(A)∧((Ri))→A	√	×	×	×
	ANL A，direct	(A)∧(direct)→A	√	×	×	×
	ANL direct，A	(A)∧(direct)→direct	×	×	×	×
	ANL direct，#data	data∧(direct)→direct	×	×	×	×
	ORL A #data	(A)∨data→A	√	×	×	×
	ORL A，Rn	(A)∨(Rn)→A	√	×	×	×
	ORL A，@Ri	(A)∨((Ri))→A	√	×	×	×
	ORL A，direct	(A)∨(direct)→A	√	×	×	×
	ORL direct，A	(A)∨(direct)→direct	×	×	×	×
	ORL direct，#data	data∨(direct)→direct	×	×	×	×
	XRL A #data	(A)⊕data→A	√	×	×	×
	XRL A，Rn	(A)⊕(Rn)→A	√	×	×	×
	XRL A，@Ri	(A)⊕((Ri))→A	√	×	×	×
	XRL A，direct	(A)⊕(direct)→A	√	×	×	×
	XRL direct，A	(A)⊕(direct)→direct	×	×	×	×
	XRL direct，#data	data⊕(direct)→direct	×	×	×	×
	RL A	循环左移	×	×	×	×
	RLC A	带进位循环左移	√	×	×	√
	RR A	循环右移	×	×	×	×
	RRC A	带进位循环右移	√	×	×	√
	CPL A	累加器取反	√	×	×	×
	CLR A	累加器清零	√	×	×	×
控制转移类指令	SJMP rel	相对短跳转	×	×	×	×
	AJMP addr11	绝对短跳转	×	×	×	×
	LJMP addr16	绝对长跳转	×	×	×	×
	ACALL addr11	绝对短调用	×	×	×	×
	LCALL addr16	绝对长调用	×	×	×	×
	RET	子程序返回	×	×	×	×
	RETI	中断返回	×	×	×	×
	JMP @A+DPTR	相对长转移	×	×	×	×
	JZ rel	累加器为0相对转移	×	×	×	×
	JNZ rel	累加器不为0相对转移	×	×	×	×
	CJNE A，#data，rel	(A)不等于data转移	×	×	×	√

续表

类型	指令格式	功能	对标志位的影响			
			P	OV	AC	CY
控制转移类指令	CJNE A, direct, rel	（A）不等于（direct）转移	×	×	×	√
	CJNE Rn, #data, rel	（Rn）不等于 data 转移	×	×	×	√
	CJNE @Ri, #data, rel	((Ri))不等于 data 转移	×	×	×	√
	DJNZ Rn, rel	(Rn) −1→Rn (Rn) 不为 0 转移	×	×	×	×
	DJNZ direct, rel	(direct) −1→direct (direct) 不为 0 转移	×	×	×	×
	NOP	空操作	×	×	×	×
位操作类指令	MOV C, bit	(bit) →C	×	×	×	√
	MOV bit, C	(C) →bit	×	×	×	×
	SETB C	置位 C	×	×	×	√
	SETB bite	置位 bit 位	×	×	×	×
	CLR C	复位 C	×	×	×	√
	CLR bit	复位 bit 位	×	×	×	×
	CPL C	取反 C	×	×	×	√
	CPL bit	取反 bit 位	×	×	×	×
	ANL C, bit	(bit) · (C) →C	×	×	×	√
	ANL C, /bit	(/bit) · (C) →C	×	×	×	√
	ORL C, bit	(bit) + (C) →C	×	×	×	√
	ORL C, /bit	(/bit) + (C) →C	×	×	×	√
	JC rel	C 为 1 跳转	×	×	×	×
	JNC rel	C 为 0 跳转	×	×	×	×
	JB bit, rel	bit 为 1 跳转	×	×	×	×
	JNB bit, rel	bit 为 0 跳转	×	×	×	×
	JBC bit, /rel	bit 为 1 跳转并清除 bit 位	×	×	×	×

第 2 章 认识 C 语言

Chapter 2

教学要点：
- C 语言的数据类型
- C 语言的语法
- C 语言的运算符
- C 语言的程序结构
- C 语言的数组与结构体

2.1 项目二 C 语言程序识读

2.1.1 项目要求

下面是一个实现四则算术运算的程序，程序的功能是用计算机键盘输入一个算术表达式，计算机能够依据输入表达式的情况进行相应的运算，并在计算机屏幕输出运算结果。通过阅读与理解该段程序来学习 C 语言的基本知识。

```
//2-1.c
1    #include <reg51.h>
2    #include <stdio.h>
3    void cominit()
4    {
5        SCON = 0x50;
6        TMOD |= 0x20;
7        TH1 = 0xf3;
8        TR1 = 1;
9        TI = 1;
10   }
11   void main()
12   {
13       float a, b, result;
14       char ch, flag = 0;
15       cominit();
16       while(1)
```

```
17      {
18          printf（"please input expression：a + （-，*，/）b \ n"）;
19          scanf（"% f % c % f"，&a，&ch，&b）;
20          switch（ch）
21          {
22              case '+'：result = a + b; break;
23              case '-'：result = a - b; break;
24              case '*'：result = a * b; break;
25              case '/'：if（b）
26                  {
27                      result = a/b; break;
28                  }
29                  else
30                  {
31                      flag = 1;
32                      printf（"divior is zero！\ n"）;
33                      break;
34                  }
35              default：printf（"input error！\ n"）;
36                  flag = 1;
37                  break;
38          }
39          if（! flag）printf（"% f % c % f = % f \ n"，a，ch，b，result）;
40          flag = 0;
41      }
42  }
```

2.1.2　C语言程序结构分析

C语言程序由以下几部分组成：

（1）预处理命令：1~2行，用于编译预处理；

（2）语句：主函数之前用于定义全局变量的语句，用于说明函数类型、调用格式、函数参数等信息的函数声明语句；

（3）函数：函数是由语句构成的，确定了程序或函数的功能；

C语言的语句分为几类：

（1）函数定义语句：3~10行；11~42行；

（2）变量定义语句：13~14行；

（3）函数调用语句：15、18、19、32、35、39 行；

（4）程序控制语句：16、20、25、29、39 行及 break 语句；

（5）赋值与运算语句：22～24、27、36、40 行；

（6）复合语句：27 行、31～33 行；

（7）函数体：4～9 行、13～41 行。

注意：这里只是为了描述方便在每行前面加了行号，在 C 语言编程中不要添加行号。

2.1.3　C51 程序的编译调试

现在有多种软件能支持 51 单片机 C 语言开发，如 IAR 的 Embedded workbench for 51，Keil C51 等，本书以 Keil C51 为例，介绍用 C51 语言开发 MCS-51 单片机的方法。

Keil C51 编译软件集编辑、编译、仿真于一体，支持汇编、C 语言以及混合编程，Keil C51 的运行步骤如下：

（1）启动 Keil C51 软件，新建工程项目。打开开始（或桌面）Keil-uvision，界面如图 2.1.1 所示。

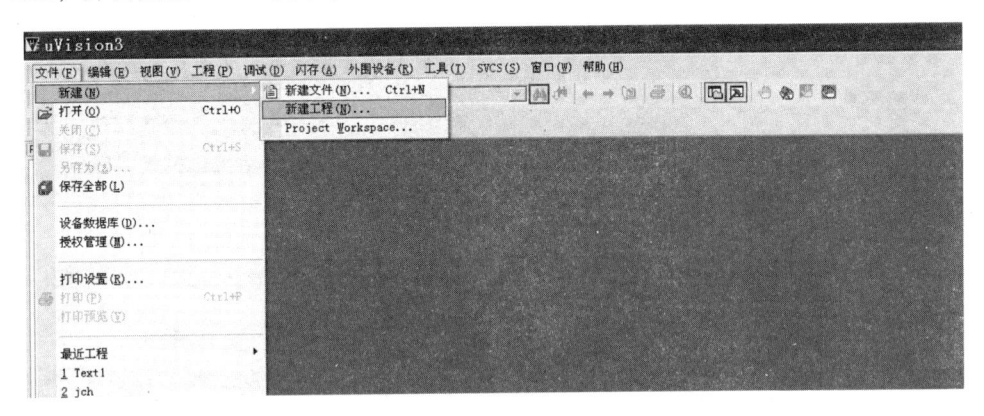

图 2.1.1　Keil C51 新建工程界面

（2）选择单片机型号。新建工程后自动弹出图 2.1.2 所示的选择单片机界面。

（3）新建并保存源程序文件，扩展名为"c"。界面如图 2.1.3 和图 2.1.4 所示。

（4）录入源程序。界面如图 2.1.5 所示。

（5）添加源程序文件到项目。界面如图 2.1.6 所示。

（6）编译源程序。界面如图 2.1.7 所示。

（7）调试源程序。界面如图 2.1.8 所示。

（8）生成可执行 Hex 代码文件。界面如图 2.1.10 所示。

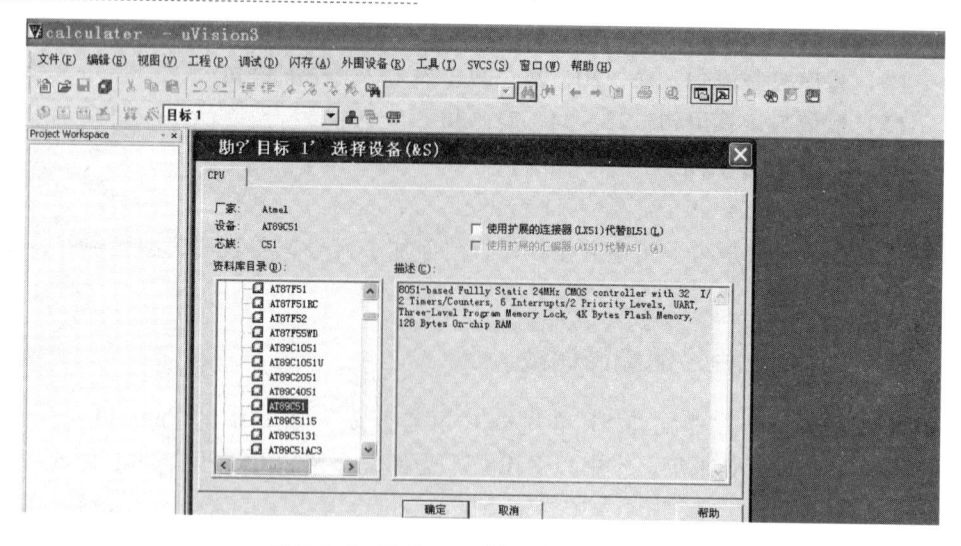

图 2.1.2 Keil C51 选择单片机型号界面

图 2.1.3 Keil C51 新建源文件界面

图 2.1.4 Keil C51 保存源文件界面

图 2.1.5　Keil C51 录入源程序界面

图 2.1.6　Keil C51 添加源代码文件界面

图 2.1.7　Keil C51 编译源程序界面

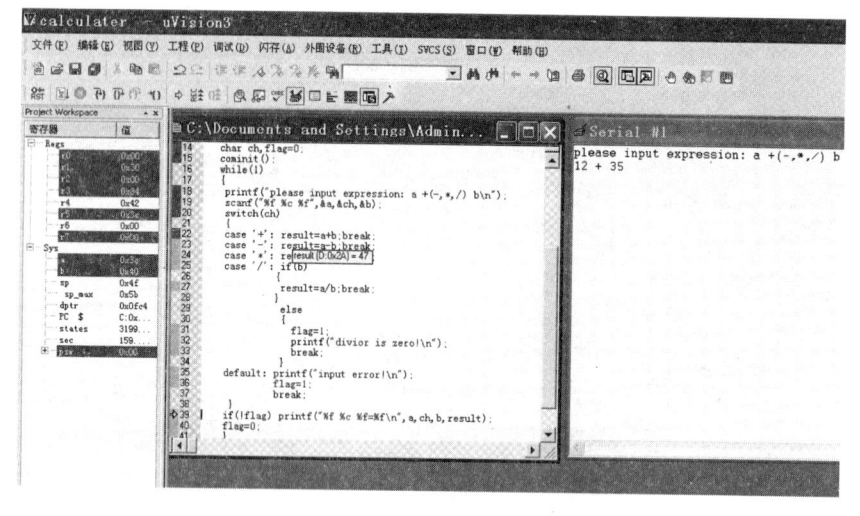

图 2.1.8　Keil C51 调试源程序界面

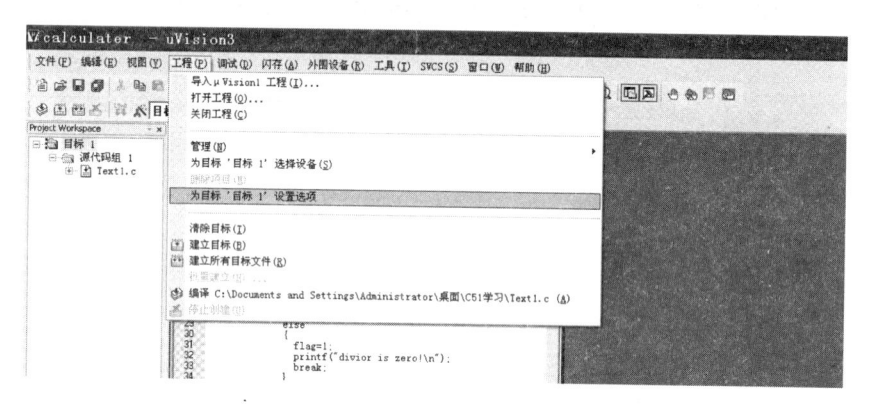

图 2.1.9　Keil C51 设置项目编译界面

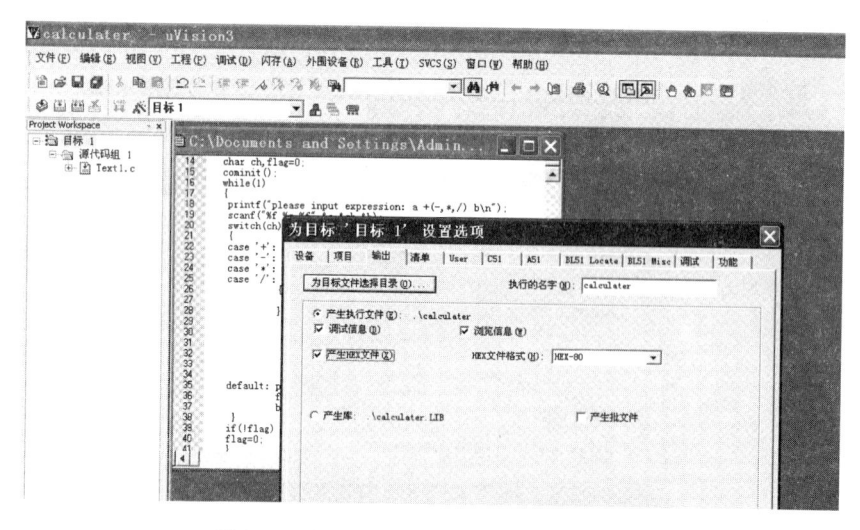

图 2.1.10　Keil C51 生成可执行文件界面

2.2 项目三 班级成绩排名

2.2.1 项目设计要求

用计算机键盘输入一个班级的学生人数,并按学号顺序依次录入每个学生的姓名缩写、英语、数学、语文、历史、地理五门课的成绩,按总成绩由高到低进行排序,并将学号、姓名、单科成绩、总分、名次在计算机屏幕上显示出来。

2.2.2 任务分析

按照项目任务要求,需要做以下几个工作。

(1) 首先需要将每个学生的成绩录入到计算机中,并且存储起来,以便进行后续的处理。

(2) 计算每个学生的成绩和,并且将成绩和保存起来,以便进行排序。

(3) 成绩排序:按照学生成绩总分由高到低的次序排列。

(4) 结果输出:按照总分成绩(或某单科成绩)由高到低的顺序在计算机屏幕上显示出学生的所有信息。

2.2.3 程序设计分析

1. 数据类型分析

对于每个学生应该包含学号、姓名、五科单科成绩、总分、名次等信息,这些信息涉及两种数据类型:

序号、单科成绩、名次、总分:小于 65536 的正整数,用两位十进制数表示,为了便于调试时用键盘按十进制输入,这里定义为无符号整型数据类型。

姓名:在 C 语言中不支持汉字,这里用三个拼音字符表示,定义为字符型数组。

假定班级有 5 名同学,将一个学生的五门单科成绩、总分、名次等相同类型的数据定义为一个一维数组,将学生姓名缩写的三个字符定义为一个包含三个元素的一维字符型数组,每个学生的学号、姓名缩写、成绩及名次这些不同类型的数据组成一个结构体,用结构体数组记录全班学生的信息,这个数组相当于一个如表 2.2.1 所示的表格,用以存储录入的原始数据、处理后的数据等,具体定义如下:

struct st
{
int xhao;
unsigned char xm [3];
int cjbg [7];
} cjbg [5];

表 2.2.1 结构体数组 cjbg 成员表

xhao	xm	ywen	sxue	yyu	lshi	dili	zfen	mci
1								
2								
3								
4								
5								

2. 程序设计

按照任务要求将程序分为"成绩录入""计算总分""成绩排序""成绩输出"四个任务，考虑程序调试过程中需要显示程序的运行结果，程序设计按照"成绩录入""成绩显示""计算总分""成绩排序"逐步编写程序。

第一步：成绩录入

在一个班级的学生信息中，每个学生的信息点是一样的，不同的是各个信息点的内容不同，在本例中每个学生都包含用于区别学生身份的学号、姓名缩写，包含学生学习成绩的五个单科成绩，即各个学生的信息记录格式是相同的，而信息记录的内容是不同的，因而输入学生信息的过程是重复的，只是输入的数据信息不同。对于重复性的工作在程序设计时采用循环的方式。在本项目录入成绩的过程中包含两种重复过程，每个学生的五科成绩的录入过程是重复的（内层循环），各个学生的成绩录入过程是重复的（外层循环），为了程序能够适应不同班级人数的情况，在成绩录入之前首先输入班级人数，据此思想得到成绩录入的程序流程图如图 2.2.1，在这个程序流程图中，每个学生的五科成绩一次输入，没有使用循环，程序为单循环结构。

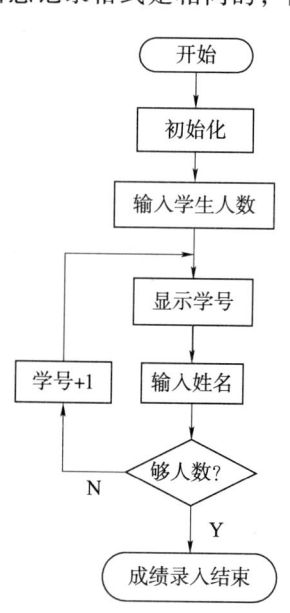

图 2.2.1 成绩录入程序流程图

相应的程序如下：

```
//2-2-1.c
#include <reg51.h>
#include <stdio.h>
#define uchar unsigned char
#define maxstu 10
// ********* 结构体，学生信息定义 ********
struct stu
{
    int xhao;                    //学号
    uchar xm [3];                //姓名缩写
```

```
    int cj [7];                    //成绩：语文  数学  英语
                                   //      历史  地理  总分  名次
} cjbg [maxstu];                   //maxstu 名学生成绩表格
void main ()
{
    int i, n;                      //定义临时变量
    // ********** 串口初始化；************
    SCON = 0x50;
    TMOD | = 0x20;
    TH1 = 0xf3;
    TR1 = 1;
    TI = 1;
    //输入学生数（两位数字）
    printf ("Please input a number \ n");
    scanf ("%2d", &n);
    printf (" \ n");
    printf ("xhao xm ywen sxue yyu dili lisi zfen mci \ n");
    for (i = 0; i < n; i ++)
    {
        //显示学号
        printf ("%2d \ n", i + 1);
        // 将学号写入成绩表格
        cjbg [i] . xhao = i + 1;
        //输入姓名缩写（三个字符）
        scanf ("%c %c %c", &cjbg [i] . xm [0], &cjbg [i] . xm [1], &cjbg [i] . xm [2]);
        printf (" \ n");
        //输入五科单科成绩，每科两位数
        scanf ("%2d %2d %2d %2d %2d", &cjbg [i] . cj [0], &cjbg [i] . cj [1], &cjbg [i] . cj [2], &cjbg [i] . cj [3], &cjbg [i] . cj [4]);
        printf (" \ n");
    }
    while (1);                     //等待
}
```

为了后续程序的阅读与调试方便，将这部分功能的程序编写为串口初始化、成绩录入两个用户自定义函数，在主程序中调用这两个函数，由于在后续的成绩

统计、排序函数中也要访问成绩表格，所以将成绩表格定义为全局变量，程序的形式修改如下：

```c
//2-2-2.c
#include <reg51.h>
#include <stdio.h>
#define uchar unsigned char
#define maxstu 10
struct stu
{
    int xhao;
    uchar xm[3];
    int cj[7];
} cjbg[maxstu];
//******************* 串口初始化函数 *************************
void initcxdk()
{
    SCON = 0x50;
    TMOD |= 0x20;
    TH1 = 0xf3;
    TR1 = 1;
    TI = 1;
}
//***************** 成绩录入函数，返回学生人数 *****************
int cjshuru()
{
    int i, n;
    printf("Please input a number \n");
    scanf("%2d", &n);
    printf("\n");
    printf("xhao xm ywen sxue yyu dili lisi zfen mci\n");
    for(i=0; i<n; i++)
    {
        printf("%2d\n", i+1);
        cjbg[i].xhao = i+1;
        scanf("%c%c%c", &cjbg[i].xm[0], &cjbg[i].xm[1], &cjbg[i].xm[2]);
```

```
        printf（"\n"）;
        scanf（"%2d %2d %2d %2d %2d", &cjbg[i].cj[0], &cjbg[i]
.cj[1], &cjbg[i].cj[2], &cjbg[i].cj[3], &cjbg[i].cj[4]）;
        printf（"\n"）;
    }
    // 返回学生人数
    return n;
}
// ********************** 主函数 *****************************
void main（）
{
    int n;                          //定义临时变量
    initcxdk（）;                    //调用串口初始化函数
    n = cjshuru（）;                 //调用成绩录入函数，返回学生人数
    while（1）;                      //等待
}
```

注意：由于学生信息内容较多，在定义包含10个学生的结构体数组时已经超过了MCS-51单片机128B片内数据存储器范围，在用Keil C调试程序时需要设置外部扩展数据存储器，设置方法如图2.2.2和图2.2.3：

图 2.2.2　Keith C51 扩展数据存储器界面

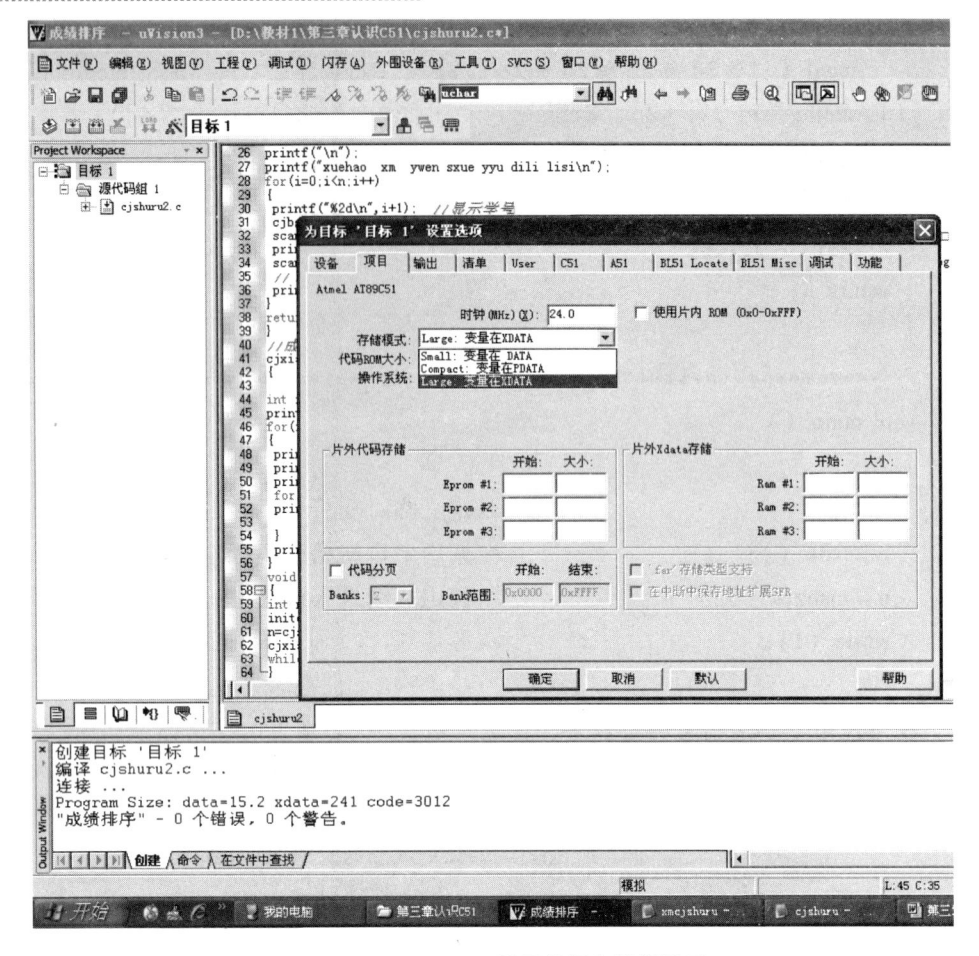

图 2.2.3　Keith C51 扩展数据存储器界面

第二步：成绩显示

为了看到学生的学号、姓名缩写、单科成绩等信息，编写一个显示函数，将每个学生的学号、项目、各科成绩在一行显示，各个同学的信息用横线隔开，并且在首行显示表头。考虑到显示函数在不同的程序位置显示的成绩个数不同，在显示函数中增加形参以适应不同的显示要求，显示信息的函数流程图如图 2.2.4 所示，依据流程图编写的信息显示函数程序如下：

```
//成绩显示函数，显示学生信息，入口参数：学生人数、成绩数
//2-2-3.c
cjxianshi (int renshu, int cjshu)
{
    int i, j;
    //显示表头
    printf ("xhao xm ywen sxue yyu dili lisi zfen mci \ n");
```

第 2 章　认识 C 语言

```c
for (i = 0; i < renshu; i ++)
{
   //划横线
   printf ("_____\n");
   printf ("%3d", cjbg [i].xhao);      //显示学号
   printf (" %s", cjbg [i].xm);        //显示学生姓名
   for (j = 0; j < cjshu; j ++)
      //显示 cjshu 科单科成绩
      printf ("%5d", cjbg [i].cj [j]); printf ("\n");
}
//画表格底线
printf ("_____\n");
}
```

将主函数修改为：

```c
void main ()
{
   int n;
   initcxdk ();           //调用串口初始化函数
   n = cjshuru ();        //调用成绩输入函数
   //调用成绩显示函数, 显示 n 个学生的 5 科成绩
   cjxianshi (n, 5);
   while (1);
}
```

如果输入的学生成绩有错误，可以定义一个成绩修改函数。成绩修改函数的流程图如图 2.2.5 所示，对应的信息修改函数如下：

```c
//2-2-4.c
void xiugai ()
{
   unsigned char err;
   int m;
   while (1)
   {
      //显示提示信息
      printf ("Is there error?\n");
      scanf ("%c", &err);         //等待确认
      if (err == 'y')             //有错
```

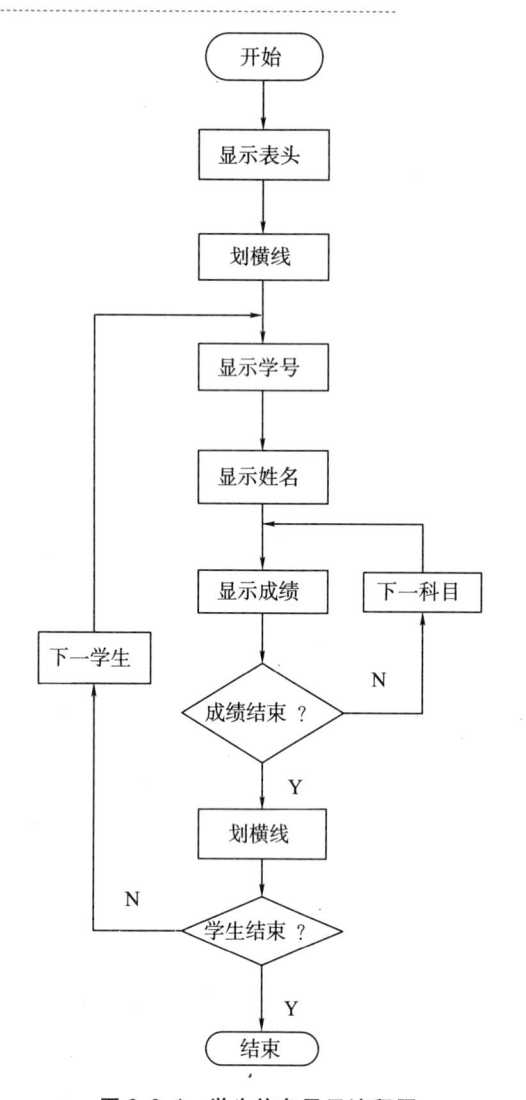

图 2.2.4　学生信息显示流程图 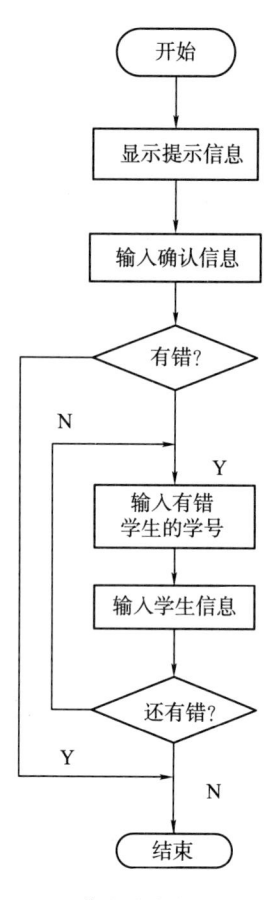　　　图 2.2.5　学生信息修改函数流程图

```
   {
//输入成绩错误学生的学号
  printf（"Please input xuhao \ n"）;
  scanf（"%2d \ n", &m）;
  printf（"%2d \ n", m）;    //显示学号
  m --;
//输入姓名缩写（三个字符）
  scanf（"%c%c%c", &cjbg [m] . xm [0], &cjbg [m] . xm [1],
&cjbg [m] . xm [2]）;
```

```
            printf（"\n"）；
            //输入五科单科成绩，每科两位数
            scanf（"%2d%2d%2d%2d%2d"，&cjbg［m］.cj［0］，&cjbg［m］
.cj［1］，&cjbg［m］.cj［2］，&cjbg［m］.cj［3］，&cjbg［m］.cj［4］）；
            printf（"\n"）；
            }
        else break；    //无错退出
        }
}
```

主程序修改如下：
```
void main（）
{
    int n；
    initcxdk（）；                //调用串口初始化函数
    n = cjshuru（）；             //调用成绩输入函数
    cjxianshi（n，5）；//调用成绩显示函数，显示n个学生的5科成绩
    xiugai（）；
    cjxianshi（n，5）；//调用成绩显示函数，显示成绩修改后n个学生的5科
                                 成绩
    while（1）；
}
```

第三步：计算总分

计算一个学生成绩总分是一个求累积和的过程。第 n 个学生的成绩总分要保存在 cjbg［n-1］.cj［5］中，该学生的第 m 科成绩在 cjbg［n-1］.cj［m］中，以 cjbg［n-1］作为累加器，计算该学生的总分程序如下：

```
int i；
for（i=0；i<5；i++）
cjbg［n-1］.cj［5］ += cjbg［n-1］.cj［i］；
```

计算各个学生的成绩总分是计算一个学生成绩总分过程的重复，同样可以用循环来实现，与计算一个学生成绩总分的循环嵌套就构成了双重循环结构，以学号为指针对学生寻址的程序流程图如图2.2.6所示，相应的函数如下：

```
//成绩求和函数
//2-2-5.c
void jszf（int n）
{
    int i，j；
```

```
for (i = 0; i < n; i ++)
    //学生寻址
    for (j = 0; j < 5; j ++)
        //课程寻址
    {
            //累计求和
            cjbg [i] . cj [5] +=
            cjbg [i] . cj [j];
    }
}
void main ()
{
    int n;
    initcxdk ();            //调用串口初
                            始化函数
    n = cjshuru ();         //调用成绩输
                            入函数
    cjxianshi (n, 5);       //调用成绩显示函数,显示 n 个学生的 5 科成绩
    xiugai ();
    cjxianshi (n, 5);       //调用成绩显示函数,显示成绩修改后 n 个学生的 5
                            科成绩
    jszf (n);               //计算学生成绩总分,并修改成绩表格
    cjxianshi (n, 6);       //调用成绩显示函数,显示 n 个学生的 5 科成绩和
                            总分
    while (1);
}
```

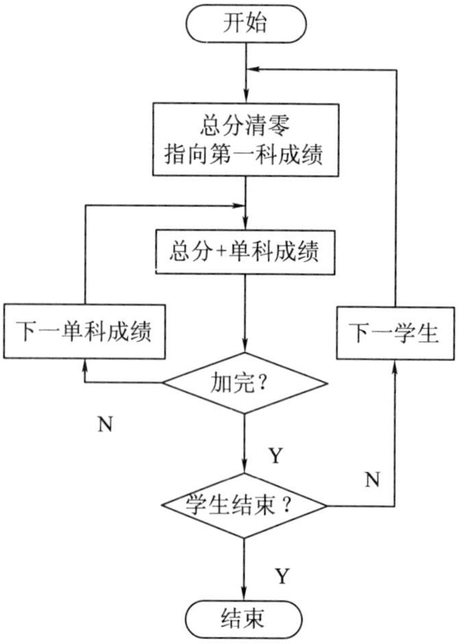

图 2.2.6　计算总分流程图

第四步：成绩排序

在用计算机进行数据处理时经常会用到数据排序,常用的数据排序采用冒泡法,冒泡排序法就是将相邻的两个数进行比较,当这两个数不符合顺序要求时交换其位置。

例如：将顺序是 3、5、5、1 的 4 个数据按照由小到大的顺序进行排序的过程如下：

第一轮

初始：　　3　5　5　1

第一次：3　5　5　1　　3 < 5　不交换位置

第二次：3　5　5　1　　5 = 5　不交换位置

第三次：3 5 1 5   5＞1 交换位置

通过 3 次比较将最大的数排在了最后，最后的一个数就不用处理了，后面只需要处理前面的 3 个数，采用同样的方式：

第二轮

初始：　3 5 1 5

第一次：3 5 1 5   3＜5 不交换位置

第二次：3 1 5 5   5＞1 交换位置

通过两次比较，将第二大的数排在了倒数第二的位置

同样，再对剩下的两个数进行处理：

第三轮

初始：　3 1 5 5

第一次：1 3 5 5

排序完成。

通过分析以上过程可以总结出这样的结论：

①第 M 轮可以将倒数的第 M 个数字排到正确的位置

②第 M 轮需要比较 N – M 次

③N 个数字通过 N – 1 轮可以完成排序

④每一次、每一轮都是重复操作，只是操作的对象与次数不同，而且对象与次数均有规律可循。

由此可以画出 N 个数据排序的流程图如图 2.2.7 所示，对 4 个数据排序的程序如下：

```
int i, j, x [4] = {3, 5, 1, 5}, y;
for (i = 1; i < 4; i ++)
  for (j = 0; j < 4 – i; j ++)
  {
    if (x [j] > x [j + 1])
    {
    //交换顺序
      y = x [j];
      x [j] = x [j + 1];
      x [j + 1] = y;
    }
  }
while (1);
```

对于成绩排序的项目中，排序的对象是学生的成绩总分，如果仅仅按照上面的方法对班级学生的总分直接排序，在排序过程中学生成绩总分会移位，即仅仅

是成绩总分变换了位置，而学生的其他信息没有一起变换位置，导致学生学号、姓名、单科成绩与排序后的成绩总分不对应，不能反映学生的名次。

如果在交换总分位置的同时将学生的其他信息一起交换位置，就可以解决这个问题，但当学生的信息较多时会增加语句的指令长度和运算量，一种简单的处理方法如下：

①建立一个能将反映总分与学号对应关系的二维数组，第一行为学生在成绩表格数组中的位置（下标号），该下标号+1就是学号，第二行存放对应学生的成绩总分。

②对学生的总分进行降序排序，在排序过程中，当需要对成绩总分进行位置交换时，同时将学号也进行位置交换，保证成绩总分与学号的对应关系不变。

③在排完序的二维数组中，数组的"下标号+1"就是名次，由下标号即可查出相应名次学生的学号，利用该学号查找学生的其他信息。

④以下标号为序，按照学号将"下标号+1"写入成绩表格的名次列，得到以学号为序的学生信息。

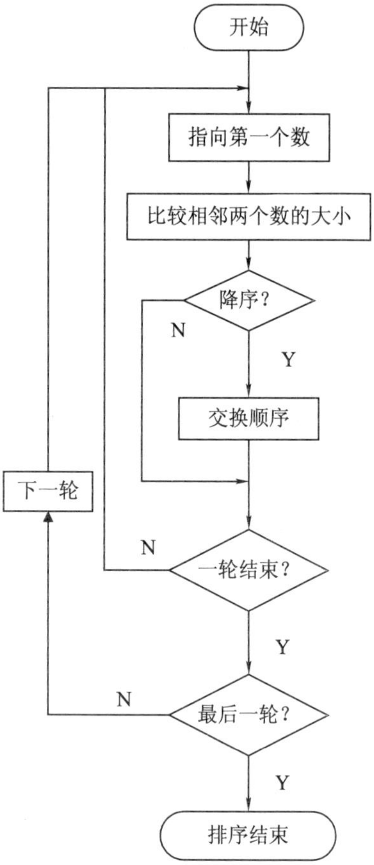

⑤输出学生成绩及排名信息

图 2.2.7 数据排序程序流程图

按照这个思想的学生成绩排序流程图如图 2.2.8，相应的排序函数如下：
//成绩排序函数
//2-2-6.c
void zfpxu（int n）
{
　　int i, j, zf, xh;
　　int xhzf [2] [maxstu];
　　//将学号与总分导入临时数组
　　for（i=0; i<n; i++）
　　{
　　　　xhzf [0] [i] = cjbg [i] .xhao;
　　　　xhzf [1] [i] = cjbg [i] .cj [5];

}
　　//临时数组数据的数据顺序依据总分降序排列
　　for（i = 0；i < n；i ++）
　　　for（j = 0；j < n – i – 1；j ++）
　　　{
　　　　if（xhzf［1］［j］ < xhzf［1］［j + 1］）
　　　　{
　　　　　//交换学号
　　　　　zf = xhzf［1］［j］；xhzf［1］［j］ = xhzf［1］［j + 1］；xhzf［1］［j + 1］ = zf；
　　　　　//交换总分
　　　　　xh = xhzf［0］［j］；xhzf［0］［j］ = xhzf［0］［j + 1］；xhzf［0］［j + 1］ = xh；
　　　　}
　　　}
　　for（i = 0；i < n；i ++）
　　{
　　　//将排序后的名次写入成绩表格
　　　j = xhzf［0］［i］；
　　　cjbg［j – 1］.cj［6］ = i + 1；
　　}
}
主函数修改如下：
void main（）
{
　　int n；
　　initcxdk（）；　　　//调用串口初始化函数
　　n = cjshuru（）；　　//调用成绩输入函数
　　cjxianshi（n，5）；　//调用成绩显示函数，显示 n 个学生的 5 科成绩
　　xiugai（）；
　　cjxianshi（n，5）；　//调用成绩显示函数，显示成绩修改后 n 个学生的 5
　　　　　　　　　　　　　科成绩
　　jszf（n）；　　　　　//计算学生成绩总分，并修改成绩表格；
　　cjxianshi（n，6）；　//调用成绩显示函数，显示 n 个学生的 5 科成绩和总

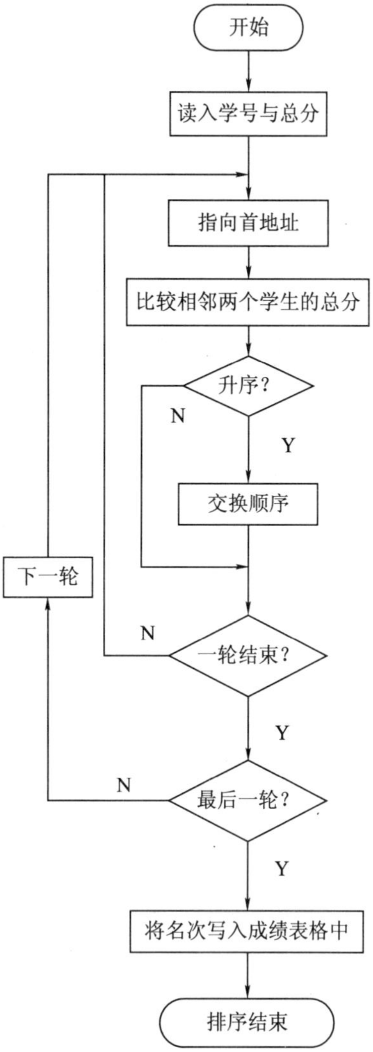

图 2.2.8　成绩排序程序流程图

分
zfpxu（n）；//按总分进行成绩排序，并将排序后的名次写入成绩表格
cjxianshi（n，7）； //调用成绩显示函数，显示n个学生的5科成绩、总分及名次
while（1）；
}

2.2.4　拓展训练

（1）在第一次成绩排序后显示总分与名次正常的情况下，调试程序时复位后重新输入数据，总分与名次显示错误是什么原因，如何修改？

（2）在现有程序的基础上如何实现按某一单科成绩排序？

（3）如何实现以名次为序输出学生信息？

2.3　知识链接

2.3.1　编译预处理

编译预处理命令是计算机将C语言编译为机器语言时进行的预处理，这些命令只在编译时有效，不是计算机运行的可执行语句。编译预处理命令包括头宏命令、文件包含命令、条件编译命令等，编译预处理命令以"#"开头，末尾不加分号。

（1）宏命令的作用是用标识符来代表一个字符串，系统在编译之前自动将标识符替换为字符串。宏定义的标识符一般用大写字母，以便与变量区别，宏代换只做简单的字符串替换，不做语法检查。

例如：#define PI 3.14

后续程序中所有的PI都用3.14替代。

（2）文件包含是指在一个文件中将另一个文件的全部内容包含进来，通常用来将定义程序中用到的系统函数、宏标识符、自定义函数等的文件包含进来。文件包含编译预处理命令的格式为：

#include "文件名"或#include <文件名>，其中的文件名必须带有扩展名。

用户可以将自己编写的自定义函数独立保存在一个文件里，在使用时也可以用"#include"预处理语句包含进来，所以要积累自己定义的功能函数。在Keil C51中常用的包含文件有：

①reg51.h文件：对51单片机的特殊功能寄存器进行了宏定义，使用汇编语言中的特殊功能寄存器名称，将各个特殊功能寄存器定义为该寄存器的直接地址，在C语言中可以通过寄存器名直接对这些寄存器操作，特殊功能寄存器全部

使用大写。reg51.h 没有对单片机的四个输入输出端口进行位定义，如果程序中需要对并行端口进行位操作，可以使用 regx51.h。

②stdio.h 标准输入输出函数库：该库函数文件定义了计算机键盘与计算机屏幕显示的库函数，单片机本身无需这些库函数，但为了方便利用计算机调试程序，需要包含该文件常用的标准输入、输出库函数有：

printf（格式控制，输出列表）；按指定格式在屏幕上显示对应输出项的值。

scanf（格式控制，地址列表）：接收终端输入的数据，赋值给对应的变量。

例如：

int x = 3；char y［3］="abc"；
printf（"x =％d，y =％3s＼n"，x，y）；
scanf（"％d,％c＼n"，&x，&y）；
printf（"x =％d，y =％c＼n"，x，y）；

格式控制包括格式说明（％d）、普通字符（x =，y =）和转义控制符（＼n）。格式控制符必须包含在一对双撇号内。

常用格式字符的含义如表 2.3.1 所示。

表 2.3.1 常用格式字符的含义

格式字符	说明	附加格式字符	
d	带符号的十进制整数	m	数据长度
s	字符串	n	截取字符的个数
c	一个字符		
f	小数形式的实数	n	n 位小数

常用转义控制符：

＼n：换行　　　　　＼r 回车

在 keil C51 中，为了借助计算机键盘与屏幕调试程序，需要模拟单片机串口与计算机键盘和计算机屏幕进行通信，需要设置定时器、串行通信如下：

SCON = 0x50；
TMOD ｜ = 0x20；
TH1 = 0xf3；
TR1 = 1；
TI = 1；

③用户自定义标题文件。用户将自己常用的宏定义、条件编译、图片代码、数据表格等组成一个文件，然后在各个源程序中用"#include"命令包含进来，无需重复定义。

37

2.3.2 数据类型

C51 语言中有字符型（char）、整型（int）、浮点型（float）、指针型（*）、位标量（bit）几种数据类型，各种数据类型的所占用的长度、可表示数的范围如表 2.3.2 所示。

表 2.3.2　C51 的数据类型

数据类型	长度（Byte）	值域
无符号字符 unsigned char	1	0～256
带符号字符型 char	1	−128～127
无符号整型 unsigned int	2	0～65535
带符号整型 int	2	−32768～32767
无符号长整型 unsigned long	4	0～4294976295
带符号长整型 long	4	−2147483648～2147483648
浮点型 float	4	$\pm 1.175494E-38 \sim \pm 3.402823E+38$
指针型 *	1～3	随计算机不同而不同
位标量 bit	1bit	0 或 1
特殊功能寄存器 sfr	1	0～255

2.3.3　C51 的标识符和关键字

标识符用来表示程序中的对象，如变量、数据类型、函数、语句、数组、指针等，可以理解为给对象起的名字。C 语言的标识符必须以字母或下划线开头，中间和最后可以包含数字，而且区分大小写，最长只识别前 32 位。

关键字（保留字）是编程语言中保留的特殊标识符，在编程语言中具有特定的意义，如 int 是指数据类型的关键字，而 while 是用来表示条件循环的关键字，用户自定义的标识符不能使用编程语言中的关键字。C51 中的关键字按功能分为如下四类：

（1）数据类型关键字（12 个）：char，double，enum，float，int，long，short，signed，struct，union，unsigned，void。

（2）控制语句关键字（12 个）：break，case，continue，default，do，else，for，goto，if，return，switch，while。

（3）存储类型关键字（4 个）：auto，extern，register，static。

（4）其他关键字（4 个）：const，sizeof，typedef，volatile。

2.3.4　常量与变量

在程序运行过程中，其值不能改变的量称为常量，如数字、字符等，每种数据类型的数值都有常量。

在程序运行过程中，其值可以被改变的量称为变量。每个变量都必须有变量名，变量名必须满足用户标识符的要求。

变量必须先定义后使用，定义变量的目的是说明变量的数据类型，以便为变量分配相应的存储单元。在程序使用变量前最好给变量赋初值，不赋初值的数值型变量其初值为0。变量在定义的同时可以赋初值。

字符型常量用单引号括起来，字符串常量用双引号括起来，十六进制数用0x+数值表示。

如：

[static] int x，y=2，j=5；

float sum；

定义了x、y、j三个静态整型变量和一个浮点型变量sum，并且给变量y赋初值2，j赋初值5，没有给变量x赋初值，其初值为0。其中的存储类型在需要特别声明的时候才需要，否则可以省略。同类变量可以共用一个数据类型说明符号，各个变量之间用逗号隔开，最后以分号结束。这三个整型变量x、y、j在后面的程序中可以存放整型数。浮点型变量可以存放一个浮点型的值。

2.3.5 运算符和表达式

运算符就是依据操作数完成某种运算的符号。在C51中有赋值运算符、算术运算符、逻辑运算符、增减运算符等。

表达式是由运算符和运算对象所组成的具有特定含义的式子，表达式后面加分号构成了C语言的语句。

C51的运算符有：

赋值运算符：(=及其扩展)

算术运算符：(+   –   *   /   %   ++   ––)

关系运算符：(<   <=   ==   >   >=   ! =)

逻辑运算符：(!   &&   ‖)

位运算符：(<<   >>   ~ | ^   &)

条件运算符：(?:)

指针运算符：(*   &)

下标运算符：([ ])

逗号运算符：(,)

求字节数：(sizeof)

强制类型转换：(类型)

分量运算符：(. ->)

我们先介绍几种最基本的运算符及语句。

1. 赋值语句：给已定义的变量赋特定的值

格式：变量名 = 表达式；

unsigned char a = 'a'；

x = 5；

h = 3；

s = PI * r * r, v = PI * r * r * h/3；

f = (x > h)？1：0；

2. 算术运算表达式

加（+）、减（-）、乘（*）、除（/）、取余（%）、自增（++）、自减（--）；+- *算术运算的结果与参与运算的元素和变量的类型有关，没有强制转换的情况下，总是取高精度的结果，比如：

unsigned char x = 0x25；

float y = 3.75；

float sum = x + y；

运算的结果：sum = 40.75；

如果改为 int sum = x + y；

运算结果被强制转换为 0x28。

注意：将浮点数强制转换为整型数时不是四舍五入，而是舍弃小数部分。

除法运算的结果与操作数有关，当除数与被除数都是整数时，结果为商的整数部分（不是四舍五入），当操作数有一个为浮点数时，商就是浮点数。

例如：

int x = 98；

int y = 3；

float z = 3；

printf（"x/y = % d；x/z = % f"，x/y，x/z）；运行结果：x/y = 32；x/z = 32.66667。

自增、自减运算：将变量的值加（减）1 重新赋给变量。

例如：i ++；

也可以写作：i = i + 1；

i ++ 与 ++ i 的区别：i ++ 先使用变量 i 的值，然后 i 加 1，++ i 是先将 i 加 1，然后使用 i 的值。

自减运算与自增运算类似。

2.3.6 函数

函数是具有一定功能的程序段，C 语言的程序以函数为模块，C 语言有主函数、库函数、用户自定义函数（包括一般函数和中断服务函数）三种。

1. 主函数

每个 C 语言程序有且只能有一个主函数，程序从主函数的第一条语句开始执行，主函数可以调用库函数和用户自定义函数。

主函数的形式

void main（）

{

函数体；

}

2. 库函数

库函数是 C 语言为用户提供的一些常用的功能函数，这些函数被定义在不同的头文件中（按功能分类），用户在使用时必须用预处理语句将定义该函数的头文件包含进来，比如要用屏幕显示，就必须将标准输入输出头文件"stdio.h"在程序的开头包含进来：

#include < stdio.h >

在实际的单片机程序中很少用到 C 语言的库函数，只在用计算机调试程序时为了便于观察运行结果才会临时用到标准输入输出库函数。

3. 用户自定义函数

用户自定义函数就是用户自己编写的具有特定功能的函数。用户自定义函数包括函数说明、函数定义、函数调用三个部分。

（1）函数定义。函数定义用来确定函数的功能，其格式如下：

数据类型 函数名（形参列表）

{

语句 1；

语句；

返回语句；

}

数据类型表明函数返回值的类型，如无返回数据可以定义为 void 函数；

形参列表说明调用该函数时需要提供的参数数量、参数类型，如无形参可以不写，但（）必须保留。

花括号内的语句构成函数体，函数体确定了函数的功能，如果函数有返回参数，在最后要用"return"语句返回函数值，返回对象可以是常量、变量、表达式、指针（地址）等，如果函数不需要返回参数，可以不写返回语句，也可以只写"return"语句，不带返回对象，但作为语句标志的"；"不能缺失。

函数的定义不能嵌套，即在一个函数定义中不能定义另一个函数。

(2) 函数调用。函数调用是主函数或其他函数中对函数的具体应用,函数调用属于语句,返回数值的函数调用的格式如下:

变量=函数名(实参列表);

返回指针的函数在调用时只能赋值给同种类型的指针变量。函数的实参在函数执行过程中按位置次序替代函数定义中的形式参数。

函数的调用没有次数限制,一个函数可以在不同的地方被多次调用;函数的调用也可以嵌套,即在一个函数中还可以调用另一个函数,C 语言允许函数的递归调用,但在 C51 中函数不可以递归调用,即一个函数不能调用该函数本身。

(3) 函数声明。在 Keil C 编译器中,如果函数在函数调用之前定义,可以不要函数声明。否则必须用函数声明说明函数的返回值类型、函数名称、函数调用的参数个数与类型,函数声明与函数定义的函数头部分相同,但末尾加分号。

例如:

int max (int x, int y)
{
int result;
if (x>y) result = x;
else result = y;
return result;
}
void main ()
{
int a, b;
scanf ("%d%d", &a, &b);
result = max (a, b);
printf ("max of %d %d is %d\n", a, b, result)
}

在这个例子中,max 函数定义放在调用函数之前,可以不进行函数声明,在 Keil C 中可以编译,如果被调函数定义在调用函数之后,在函数调用之前必须进行函数声明。

(4) 函数中变量的作用域。编译器只在定义该变量的函数范围内给该变量分配存储空间,定义在函数内部的变量为局部变量,不同函数中的局部变量可以同名,但编译器会给它们分配不同的存储空间,在上例中变量 result 在主函数和 max 函数中均有使用,但它们所占的存储单元不同,因而在主函数通过调用 max 函数时的过程中,主函数中的 result 不会被 max 函数修改。如果将变量定义在主函数之前，则成为全局变量，其他函数中不加定义即可使用全局变量，各个函数对全局变量的赋值都会引起全局变量内容的变化，因为各个函数修改的是同一个存储单元的内容。对同一名称变量，如果在某一函数中有对该变量的定义（静态变量除外），则该变量在这个函数中成为局部变量，在该函数之外是全局变量。

2.3.7 数组

数组是多个类型相同的相关数据按序存储的一组数据的集合。构成数组的各个数据项称为数组的元素，每个数组元素都是一个变量，数组的所有元素都统一用数组名来标识，元素在数组中的位置用下标来表示，按照数组下标的多少可以分为一维数组、二维数组……，二维以上的数组称为多维数组，数组必须先定义后使用。数组的定义格式为：

数据类型 数组名［N1］［N2］

数据类型定义了构成该数组的数组元素的数据类型，可以是 C 语言的基本数据类型，也可以是用户定义的其他类型。

数组名是该数组的标识符，数组名必须符合 C 语言标识符的命名规则。

方括号的多少定义了数组的维数，其中的数值必须是常数（正整数），该数值反映了数组元素的多少。

如：int a［3］［5］定义了一个包含 3 × 5 = 15 个整型变量的二维数组。

数组在定义的同时可以初始化，即给数组的各个元素赋初值。

1. 一维数组

只有一个下标的数组就是一维数组。

定义一个包含五个整型变量、名为 arry、五个元素初值为 1，8，3，24，0 的数组：

int arry［5］= {1, 8, 3, 24};

arry［0］的初值是 1；arry［1］的初值是 8，…，arry［4］是最后一个元素，没有赋初值的元素系统自动初始化为 0。

数组元素的引用采用数组名加下标的方法。在数组元素的引用过程中，下标可以是整型常数、变量、表达式等，但不能越界。

数组元素的引用举例：

int i, sum, a［5］;
for (i = 0; i < 5; i++)
{
a［i］= i + 1;
sum += a［i］;
}

2. 多维数组

如果一个数组的每一个元素都是一个一维数组,则这个数组就是一个二维数组。

例如:

int student [5]; //定义一个学生包含五科单科成绩,student 为一维数组;

int group [3] [5]; //定义一个三人学习小组,group 为二维数组。

可以直接定义二维数组:

int group [3] [5] = {{76, 87, 98, 80, 88}, {90, 98, , 87, 79}, {67, 65, 76, 66, 80}};

或者 int group [5] [3] = {76, 87, 98, 80, 88, 90, 98, , 87, 79, 67, 65, 76, 66, 80};

该数组相当于表 2.3.3 所示的行列式数据结构:

表 2.3.3 二维数组的行列结构示意

		第一列	第二列	第三列	第四列	第五列
第一行	元素	group [0] [0]	group [0] [1]	group [0] [2]	group [0] [3]	group [0] [4]
	成绩	76	87	98	80	88
第二行	元素	group [1] [0]	group [1] [1]	group [1] [2]	group [1] [3]	group [1] [4]
	成绩	90	98	0	87	79
第三行	元素	group [2] [0]	group [2] [1]	group [2] [2]	group [2] [3]	group [2] [4]
	成绩	67	65	76	66	80

如果以二维数组作为一维数组的元素,则可由二维数组扩展为三维数组,依次类推,可以由 N 维为数组扩展为 $N+1$ 维数组。

2.3.8 结构体

结构体是一种构造数据类型,即结构体是由若干个成员组成的,每个成员可以是基本类型,也可以是另一个构造类型(构造类型还有共同体),结构体的成员可以是不同的数据类型。结构体必须先定义、后使用。结构体的定义:

struct 结构体名

{

结构成员说明;

};

例如:

struct stu   //结构体名为 stu

{

int num;   //成员 num 为整型变量;
char name［10］;   //成员 name 为包含 10 个元素的字符型数组
char sex;   //成员 sex 为字符型变量
int score［3］;   //成员 score 为包含三个整型变量的数组
};

在定义了结构体类型后就可以定义结构体变量,形式如下:

struct 结构体名 变量名;

struct stu boy,girl;

也可以在定义结构体的同时定义变量:

struct stu
{
int num;
char name［10］;
char sex;
int score［3］;
} boy,class［10］;

结构体变量的引用:一般不能对结构体变量整体引用,只能引用其中的成员,引用形式为:

结构体变量名.成员名,例如:

boy.sex = 'm';

class［5］.score［2］= 68;

结构体变量在定义时可以初始化:

struct stu
{
int num;
char name［10］;
char sex;
int score［3］;
}class［10］,boy = {15,"zhangsan","M", 65};

结构体数组 class 定义了一个形如表 2.3.4 所示的学生信息表格。

表 2.3.4 结构体数组 class [10] 定义的学生信息

班级成员引用	序号 int num	姓名 char name [10]	性别 char sex	三科成绩 int score [3]		
^^^	^^^	^^^	^^^	score [0]	score [1]	score [2]
班级 class	class [0]					
^^^	class [1]					
^^^	class [2]					
^^^	class [3]					
^^^	class [4]					
^^^	class [5]					
^^^	class [6]					
^^^	class [7]					
^^^	class [8]					
^^^	class [9]					

若序号为 3，在班级手册中排在第二位的学生的信息为：zhangsan，femal，三科成绩分别为 87，90，78，将该学生信息写入记录表的语句为：

class [1] . num = 3；

class [1] . sex = 'f'；

class [1] . score [0] = 87；

class [1] . score [1] = 90；

class [1] . score [2] = 78；

对于数组，只有在定义数组的同时一次性的给数组的每个元素赋初值，数组引用时一次只能引用数组的一个元素，不能一次将"zhangsan"这个字符串一次赋值给数组整体。对于已经定义了的数组，可以借助 C 语言的 "string.h" 库函数中的 strcpy 函数间接地给一个数组的所有元素一次性的赋值。

char str [ ] ="zhangsan"；

strcpy (class [1] . name, str)；

2.3.9　C 语言的程序结构

计算机在复位后总是执行主函数 main 的第一条可执行语句，按前后顺序依次执行各条语句，由于有些语句具有跳转功能，使得程序语句的实际执行顺序会与书写顺序不同，形成了顺序结构、分支结构、循环结构三种基本的程序结构。

1. 顺序结构

程序的执行顺序与语句顺序完全一致，从第一条语句执行到最后一条语句，每条语句执行且只执行一次，这种程序结构称为顺序结构，顺序结构的程序流程图如图 2.3.1 所示。

2. 分支结构

依据对某个条件的成立情况选择执行的语句，分支结构也叫选择结构，分支结构至少有一条判断语句，依据判断结果选择执行或不执行相应的语句。条件语句和开关语句均可实现分支结构，相应的流程图如图 2.3.2。

在 C 语言中，可以用条件语句和开关语句实现分支结构。

（1）关于条件语句的几点说明。

1）条件语句的一般形式为：

if（表达式）

　语句 1；

else

　语句 2；

　语句 3；

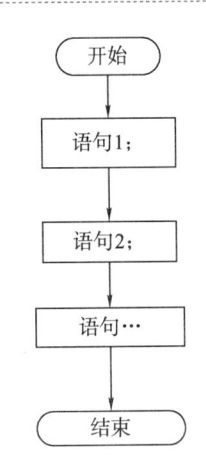

图 2.3.1 顺序结构流程图

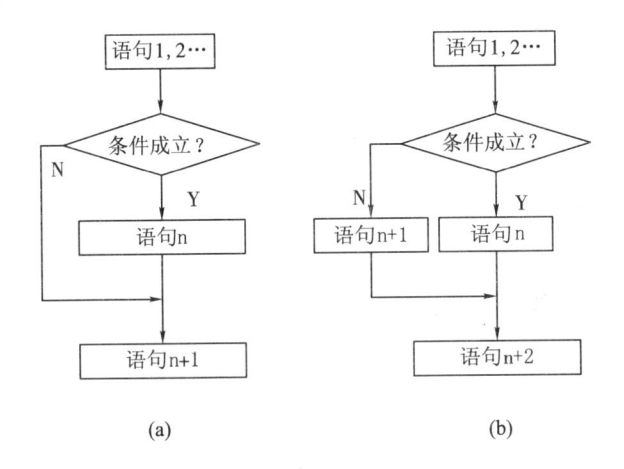

（a）　　　　　　　（b）

图 2.3.2 分支结构的流程图

（a）分支结构 1；（b）分支结构 2

当语句 1、语句 2 有多条语句时要用 {} 将这些语句括起来形成语句体。当表达式为逻辑真（非 0）时执行语句 1，不执行语句 2；表达式为假（0）时执行语句 2，不执行语句 1；语句 3 都会执行。

2）也可以省略 else，成为如下的程序形式：

if（表达式）

　语句 1；

　语句 2；

表达式为真时执行语句 1，然后执行语句 2；表达式为假时跳过语句 1，直接执行语句2。

3）条件语句可以嵌套

if（表达式1）

  if（表达式2）

    语句1；

  else

    语句2；

else与最近的if语句匹配，即当表达式1和表达式2都为真时执行语句1，当表达式1为真，表达式2为假时执行语句2；当表达式1为假时，语句1、语句2都不执行。

通过增加 {} 可以改变执行方式，比如：

if（表达式1）

{

  if（表达式2）

    语句1；

}

else

  语句2；

这时，else语句与表达式1的if语句匹配，{}中的语句看做一个语句体。

4）条件语句中的表达式可以使关系表达式、常数、变量、赋值语句及它们的逻辑组合。

①条件语句中是用关系表达式

C语言可以判断两个表达式大小的六种关系，有六种关系运算符，分别是：

\> 大于

\>= 大于等于

< 小于

<= 小于等于

== 等于

!= 不等于

当用关系运算符将两个表达式连接起来时就形成了关系表达式，关系表达式的值是逻辑的真与假，当关系成立时为逻辑真，值为1，关系不成立时为逻辑假，值为0。

例如：

#include < reg51. h >

#include < stdio. h >

void main（）

```
{
    int x = 0, y;
    TMOD = 0x20;
    TH1 = 0xf3;
    SCON = 0x52;
    TR1 = 1;
    if (x == 5) y = 3;
    printf ("x = %d \ n", x);
    printf ("y = %d \ n", y);
    while (1);
}
```

运行结果：

x = 0

y = 0

x == 5 是关系表达式，由于 x 的值是 0，不等于 5，x == 5 为逻辑假，不执行 y = 3 语句；由于在进行条件判断的时候只对 x 和 5 是否相等进行了判断，并没有影响 x 的值，所判断完后 x 的值依然为初始值 0。

特别注意，在书写"是否相等"的条件表达式时容易写成赋值表达式，由于赋值表达式也有逻辑值，语法上没有错误，编译系统仅给出警告提示。赋值表达式的逻辑值取决于所赋的值，值为 0 为逻辑假（0），值非零为逻辑真，例如：

如果改为

if (x = 5) y = 3;

printf ("x = %d \ n", x);

printf ("y = %d \ n", y);

运行结果就成为：

x = 5

y = 3

x = 5 是赋值语句，所赋的值为 5（非零），逻辑值为 1，条件成立，所以执行 y = 3 语句；由于在进行条件判断的时候执行了 x = 5 的赋值语句，所判断完后 x 的值为 5。

②条件语句中使用变量或常量

当用变量或常量作为条件语句的表达式时，变量或常量的值非零为逻辑真，条件成立，变量或常量为 0 时为逻辑假，条件不成立。

例如在 MCS-51 单片机的串行通信中，发送、接收使用一个中断函数，在中断服务函数中需要依据发送接收中断标志位 TI 和 RI 识别是发送中断还是接收中断：

if（TI）
{
数据成功发送处理；
}
if（RI）
{
收到数据的处理；
}
③条件语句使用多个表达式的逻辑关系

在表示多个条件时可以用逻辑与（&&）、逻辑或（||）、逻辑非（!）运算符表示多个条件与结果之间的关系。逻辑运算符是用来求几个条件表达式的逻辑值，用来判断几个条件的满足情况，以决定程序的流程。三种逻辑运算表达式的形式与含义如下：

逻辑与：条件式1　&&　条件式2　&&　条件式3
当几个表达式都成立时结果为真（1），否则为假（0）
逻辑或：条件式1　||　条件式2　||　条件式3
当几个条件式中有一个成立时表达式的结果为真，只有当所有条件式都不成立时结果才为假；
逻辑非：! 条件式
条件式成立时结果为假，条件式不成立时结果为真。
由这三种基本逻辑运算符可以组成复杂逻辑表达式。

关系表达式通常和条件语句、循环语句结合使用，用以控制程序的执行顺序。

形式：if（表达式1 逻辑关系 表达式2）语句；
　　　或　if（! 表达式）　语句
程序1：
　　　if（ssw == 1 && sgw == 2)
　　　{
　　　ssw = 0；
　　　sgw = 0；
　　　}
当 ssw 为1，同时 sge 为2时将十位与个位清零，完成小时的十二进制。
程序2：
while（! TI）；该语句等待发送标志位为1，即上一个字节发送完成。
程序3：
　　　while（i < 10 && sum < 50）

```
        sum += i ++ ;
```
这段程序计算 1 + 2 + 3 + …，直到和大于等于 50 或加到 9 才结束。

（2）关于开关语句的说明。当一个变量有多个可能取值，变量的值不同对应不同处理的多分支结构可以用开关语句，开关语句的形式如下：

```
switch（变量名）
{
case 值1：语句1；break；
case 值2：语句2；break；
case 值3：语句3；break；
…
case：值n：语句n；break；
Default：语句n + 1；
}
```

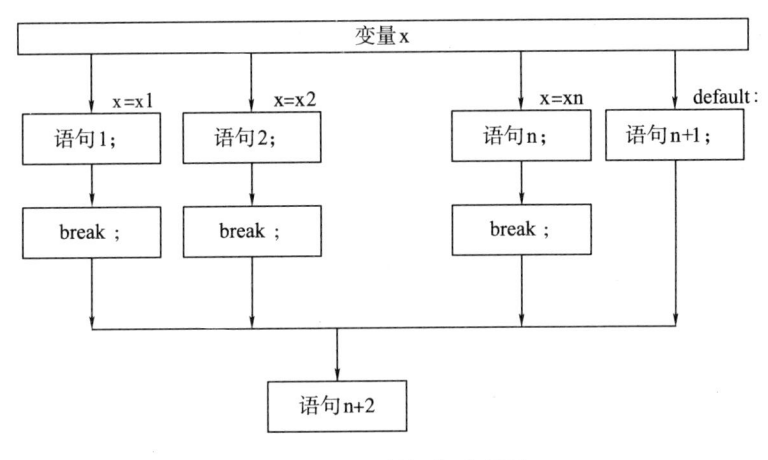

图 2.3.3　开关语句流程图

程序举例：8 路抢答器按键键号识别程序，P1 端口外接八个按键开关，无键按下时端口为高电平，按键按下时与之相接的端口引脚变为低电平，当有键按下时识别键号的程序如下：

```
unsigned char x，y；
x = P1；
switch（x）
{
case 0xfe：y = 1；break；
case 0xfd：y = 2；break；
case 0xfb：y = 3；break；
case 0xf7：y = 4；break；
```

case 0xef: y = 5; break;
case 0xdf: y = 6; break;
case 0xbf: y = 7; break;
case 0x7f: y = 8; break;
default: y = 0;
}

3. 循环结构

在计算机实际运行过程中有许多情况需要重复完成相同的操作,重复的过程是相同的,参与的操作数可能是变化的,重复的次数可能是已知的,也可能是无限重复的,还可能是重复到满足一定条件结束的。

对于需要重复操作的过程,在计算机中用循环来实现,采用循环结构,既可以简化程序,又可以提高编程效率,循环结构的框图如图2.3.4:

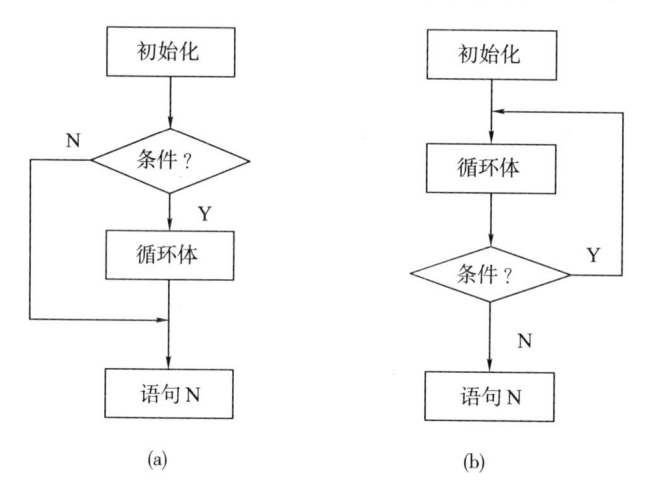

图 2.3.4　两种循环结构

（a）先判断后执行的循环结构；（b）先执行后判断的循环结构

初始化的目的是设置循环次数或循环条件,设置循环过程中需要修改变量的初值,条件是判断循环是否继续的依据,C语言的循环语句都是条件成立继续循环,循环体是循环过程中需要重复执行语句的组合,语句N是循环结束后紧接着执行的语句,即执行语句N时说明本轮循环一定结束了。"先判断后执行"循环结构的循环次数可能为零,而"先执行后判断"的循环结构循环体至少执行一次。

在C语言中有三种循环语句,分别为for语句、while语句和do…while语句,其中for语句和while语句为先判断后执行的循环语句,而do…while语句为先执行后判断的循环语句。

（1）for循环语句。for循环语句多用于循环次数已知的情况,尤其是需要递增（减）变量的情况，其结构形式如下：

  for（＜初始化＞；＜条件表达式＞；＜增量＞）
    循环体；

  初始化语句总是一个赋值语句，用来给循环控制变量赋初值；条件表达式通常是一个关系表达式，决定循环是否结束；增量用来确定循环变量的变化方式，可以递增，也可以递减。

  循环体是重复执行语句的组合，如果循环体由多条语句构成，需要用一对花括号括起来，按语句体处理。

  如果记初始化、条件表达式、增量、循环体分别为语句1、2、3、4，for语句的执行过程为：

  1243243…直到2不成立。

  例如：计算 1＋2＋3＋…＋10

  显然这个计算的过程是重复做加法，加法的一个操作数是上次加法的和，另外一个操作数是一个递增量，为此我们用两个变量，一个用来存放累计和，另一个作为递增控制变量，程序如下：

  int x＝0，i
  for（i＝1；i＜＝10；i＋＋）
  x＋＝i；

  注意：循环执行完毕时i的值是11；

  当然，for语句中三个表达式可以不是一个变量，也可以忽略它们，但中间的分号不能忽略。如果三个表达式全部忽略就成为死循环，除非在循环体中还有退出循环的语句（break语句）。

  例如：计算最小的N，使 1＋2＋3＋…＋N＞100，程序如下：

  int x＝0，i
  for（i＝1；x＜＝100；i＋＋）
  x＋＝i；

  分析该段程序循环完毕后i和x的值是多少。

  for语句可以多层嵌套形成多重循环。

  程序举例：在计算机屏幕上打印99口诀表。

  void main（）
  {
  unsigned char i，j；
  for（i＝1；i＜＝9；i＋＋）
   {
    for（j＝1；j＜＝i；j＋＋）
    printf（"％d＊％d＝％2d"，j，i，i＊j）；

```
        printf ("\n");
    }
}
```

该程序中内层循环以变量 j 作为循环控制变量，循环体只有一条语句，完成横向打印一行 i 个乘法算式；外层循环以 i 作为循环控制变量，循环体包括内层循环语句和换行打印语句。

在编写循环语句、条件语句时由于存在语句嵌套和语句体，为了更清楚程序的嵌套结构，利用 TAB 键，在编程时要养成层次式书写语法的习惯，被包含的语句退行书写，并将成对的花括号对齐。

（2）while 循环语句。while 语句的一般形式为：

while（表达式）

循环体；

当表达式的逻辑值为真时执行循环体，然后再次判断表达式，直到表达式为逻辑假结束循环。

当表达式的值恒为真时就构成了死循环，在 C 语言中经常遇到这种情况，比如在主程序中等待中断发生的语句可以写为：

while（1）；

注意这条循环语句的循环体是一条空语句。在条件语句、循环语句中，如果不完成任何功能，可以直接以分号结束，称为空操作。

实际上，在主程序中必然会有死循环的程序结构或语句，因为计算机的运行过程总是在执行语句，因此，如果我们编写的程序本身不是死循环，那就在主程序的最后加一条上面的等待语句，否则会引起难以预料的结果。while 循环语句通常用在事先不知道循环次数的情况，循环的结束依赖于循环体对循环控制变量的修改，例如计算最小的 N，使 $1+2+3+\cdots+N>100$ 的程序更适合于用 while 语句实现：

int x = 0, i = 1;

while (x <= 100)

x += i ++ ;

如果将程序写为：

int x = 0, i = 1;

while (x <= 100);

x += i ++ ;

分析程序的运行情况。

应用举例：检测 P10 端口的一次按键（t_1 时刻按下按键，电平由高变低，t_2 时刻释放按键，电平由低变高）的程序：

一次按键包括按键按下、按键持续、按键释放三个阶段，其电平变化如图

2.3.5 所示,检测的程序如下:

　　while（P1_0）；//等待下降沿

　　while（！P1_0）；//等待上升沿

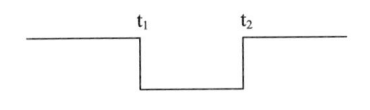

图 2.3.5　P1.0 电平变化

while 语句和 for 语句都是先判断后执行的循环语句,功能可以互换,习惯上 for 语句用于循环次数确定的循环结构,而 while 语句用于循环次数不确定的情况。

while 语句也可以多层嵌套形成多重循环。

（3）do…while 循环语句。do…while 循环语句的形式:

do

循环体;

while（表达式）

do…while 循环语句首先执行一次循环体,然后判断表达式的逻辑值,为真继续执行循环体,再判断、执行,直到表达式的逻辑值为假,退出循环。

应用举例:假定在 P1 端口连接了 8 个开关,开关的公共端接地,检测是否有键按下的程序如下:

unsigned char x;

do

x = P1;

while（x！= 0xff）;

do…while 循环语句也可以嵌套形成多重循环。

（4）break 和 continue 语句。在循环语句的循环体中加入 break 语句和 continue 语句可以改变循环的运行过程。

break 语句用在循环语句时退出当前循环层,结束本层循环;continue 语句用在循环语句中不执行循环体中 break 语句后面的语句,直接开始本层的下一次循环。

break 语句用在循环语句和开关语句中,不能用 break 语句结束函数。

第 3 章 单片机的输出与输入
Chapter 3

教学要点：
- 单片机的硬件资源
- 输出控制
- 输入检测
- 编程与调试
- Proteus 软件的使用

3.1 项目四 流水灯

3.1.1 任务要求

用 AT89S51 的某端口做输出，接八个发光二极管 D0、D1、D2、D3、D4、D5、D6、D7，通过编程控制发光二极管的亮、灭状态，每一时刻只能有一个发光二极管处于被点亮状态，时间间隔为 0.2 秒。点亮顺序为 D0、D1、D2、D3、D4、D5、D6、D7、D6、D5、D4、D3、D2、D1，重复循环。（12MHz 晶振，如不说明外接晶振默认为 12MHz）

3.1.2 任务分析与电路设计

1. 硬件资源分配

AT89S51 单片机有四个端口，对于 P0 口，由于其输出时漏极开路，故经常需要外接上拉电阻，而 P1、P2 和 P3 口内部均已有上拉电阻。任务要求控制八个发光二极管，其中一个端口就能满足要求，本设计采用 P2 口做输出。硬件电路图如图 3.1.1 所示。（本图没画出晶振与复位电路，在 Proteus 仿真软件中不影响使用）

2. 输出控制

从硬件电路图可以知道，要想使发光二极管点亮，需要相应端口置高电平，例如要使 D1 点亮，那么对应的 P2.1 就要为高电平，如表 3.1.1 所示，对应的 C 语言语句为 P2 = 0x02;

表 3.1.1 D1 点亮数据表

D7	D6	D5	D4	D3	D2	D1	D0	十六进制
P2.7	P2.6	P2.5	P2.4	P2.3	P2.2	P2.1	P2.0	
0	0	0	0	0	0	1	0	0x02

第3章 单片机的输出与输入

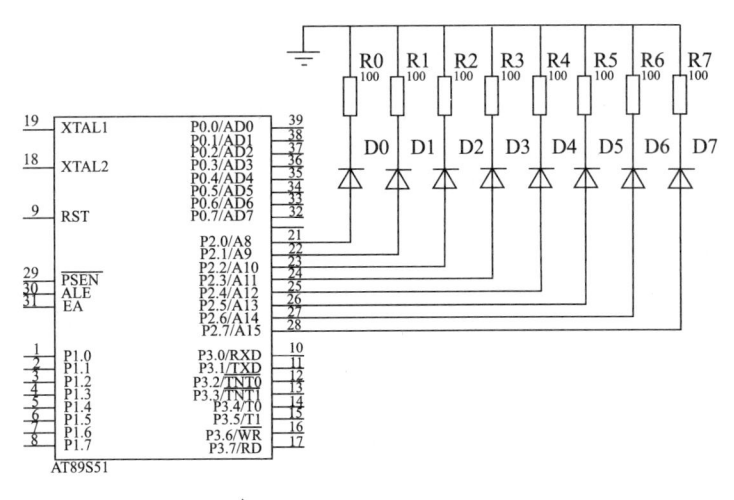

图 3.1.1 流水灯硬件电路图

点亮 D1 的 C 语言程序为：

```
#include <reg51.h>      //包含头文件
void main（void）        //主函数
{
    P2 = 0x02;          //P2口输出，点亮D1
    while（1）;          //无限循环，踏步
}
```

语句"P2 = 0x02；"完成的功能是将数据从 P2 口输出，数据"0x02"的二进制数是"00000010"，对应 P2 口的 P2.7 到 P2.0，所以只有 P2.1 = 1，其他七位都为"0"，由硬件电路图 3.1.1 可知，端口输出高电平，对应发光二极管被点亮，且发光二极管 D1 与 P2.1 相连接，因此点亮了 D1。

若执行"P2 = 0x95；"语句，点亮哪些发光二极管？

"0x95"的二进制数是"10010101"，它和 P2 口的对应关系以及 P2 与八个发光二极管的对应关系如表 3.1.2 所示。

表 3.1.2 P2 = 0x95 数据表

1	0	0	1	0	1	0	1	二进制数
P2.7	P2.6	P2.5	P2.4	P2.3	P2.2	P2.1	P2.0	P2与发光二极管
D7	D6	D5	D4	D3	D2	D1	D0	硬件连接关系

由表 3.1.2 可知发光二极管 D7、D4、D2、D0 点亮。若想使其他发光二极管点亮只需把相应的数据送到 P2 口。P2.7～P2.4 构成高四位，P2.3～P2.0 构成低四位。

思考：D0 和 D7 同时点亮应送什么数据到 P2？

3. 任务分析数据表

通过上述分析，按任务要求顺序点亮发光二极管的数据如表 3.1.3 所示。

表 3.1.3 项目四流水灯数据表

| D7 | D6 | D5 | D4 | D3 | D2 | D1 | D0 | 十六进制 | 数据说明 |
P2.7	P2.6	P2.5	P2.4	P2.3	P2.2	P2.1	P2.0		
0	0	0	0	0	0	0	1	0x01	D0 点亮
0	0	0	0	0	0	1	0	0x02	D1 点亮
0	0	0	0	0	1	0	0	0x04	D2 点亮
0	0	0	0	1	0	0	0	0x08	D3 点亮
0	0	0	1	0	0	0	0	0x10	D4 点亮
0	0	1	0	0	0	0	0	0x20	D5 点亮
0	1	0	0	0	0	0	0	0x40	D6 点亮
1	0	0	0	0	0	0	0	0x80	D7 点亮
0	1	0	0	0	0	0	0	0x40	D6 点亮
0	0	1	0	0	0	0	0	0x20	D5 点亮
0	0	0	1	0	0	0	0	0x10	D4 点亮
0	0	0	0	1	0	0	0	0x08	D3 点亮
0	0	0	0	0	1	0	0	0x04	D2 点亮
0	0	0	0	0	0	1	0	0x02	D1 点亮

4. 延时程序编写

当系统加电后，单片机就开始工作，程序开始一条接一条地执行，单片机每执行一条指令就要花一定的时间，单片机执行一条指令的执行时间是指令周期，指令周期是以机器周期为单位的。MCS-51 单片机规定，一个机器周期为单片机振荡器的 12 个振荡周期。如果单片机时钟电路中的晶振频率为 12MHz，则一个机器周期为 1μs。

单片机的指令运行速度是很快的，要想获得一定的延时，就要编写合适的程序，程序的执行时间等于所需的延时时间。

任务中要求获得 0.2s 的时间长度，当单片机的指令周期是 1μs 时，0.2s 就是 1μs 的 200000 倍。在程序编写中常用循环语句来完成计数和时间延迟，从而获得需要的延时时间。

采用单片机 C 语言编写的一个 0.2s 延时程序如下：
void yanshi02s（void）   //定义延时 0.2s 函数
{
　　unsigned char i, j, k;   //定义3个无符号字符型变量 i、j、k
　　for（i=2；i>0；i--）   //外循环2次，每次约0.1s，延时0.2s
　　for（j=200；j>0；j--）   //外循环200次，每次约0.5ms，延时0.1s

```
        for ( k = 250 ; k > 0 ; k -- ) ;   //内循环 250 次,每次约 2μs,延
                                           时 0.5ms
}
```
延时的时间为:$2 \times 200 \times 250 \times 2\mu s = 200ms = 0.2s$

3.1.3 程序调试与电路仿真

1. 流水灯程序

方法一:直接输出法

按照任务分析数据表 3.1.3 提供的数据,分步顺序编写程序。程序流程图如图 3.1.2 所示,源程序如下:

```
//3 - 1 - 1.c
#include <reg51.h>         //包含头文件
void yanshi02s (void)      //定义 0.2 秒延
                             时函数
{
    unsigned char i, j, k;
    for ( i = 2 ; i > 0 ; i -- )
      for ( j = 200 ; j > 0 ; j -- )
        for ( k = 250 ; k > 0 ; k -- ) ;
}
void main (void)           //主函数
{
    while (1)              //无限循环
    {
        P1 = 0x01 ;        //D0 点亮
        yanshi02s ( ) ;    //延时 0.2s
        P2 = 0x02 ;        //D1 点亮
        yanshi02s ( ) ;    //延时 0.2s
        P1 = 0x04 ;        //D2 点亮
        yanshi02s ( ) ;    //延时 0.2s
        P2 = 0x08 ;        //D3 点亮
        yanshi02s ( ) ;    //延时 0.2s
        P1 = 0x10 ;        //D4 点亮
        yanshi02s ( ) ;    //延时 0.2s
        P2 = 0x20 ;        //D5 点亮
        yanshi02s ( ) ;    //延时 0.2s
```

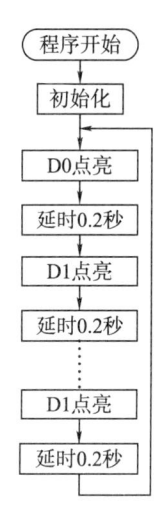

图 3.1.2 流水灯直接输出法流程图

```
        P1 = 0x40;              //D6 点亮
        yanshi02s();            //延时 0.2s
        P2 = 0x80;              //D7 点亮
        yanshi02s();            //延时 0.2s
        P1 = 0x40;              //D6 点亮
        yanshi02s();            //延时 0.2s
        P2 = 0x20;              //D5 点亮
        yanshi02s();            //延时 0.2s
        P2 = 0x10;              //D4 点亮
        yanshi02s();            //延时 0.2s
        P1 = 0x08;              //D3 点亮
        yanshi02s();            //延时 0.2s
        P2 = 0x04;              //D2 点亮
        yanshi02s();            //延时 0.2s
        P2 = 0x02;              //D1 点亮
        yanshi02s();            //延时 0.2s
    }
}
```

方法二：数组法

将用于点亮流水灯的数据放在数组中，让程序每隔一定时间依次读取数组中的数据，并将数据送到端口，控制发光二极管的点亮就实现了流水灯的控制。假设有 N 个数据，当程序读完 N 个数据后，程序又从头开始执行，不断循环，具体的程序流程图如图 3.1.3 所示。可以修改数组里的数据实现任意变化的流水灯。

```
//3-1-2.c
#include <reg51.h>              //包含头文件
unsigned char code shuju[14] = {0x01,
0x02, 0x04, 0x08, 0x10, 0x20, 0x40, 0x80,
0x40, 0x20, 0x10, 0x08,
0x04, 0x02};//定义流水灯数据
void yanshi02s(void) //0.2 秒延时函数
{
    unsigned char i, j, k;
    for (i = 2; i > 0; i--)
```

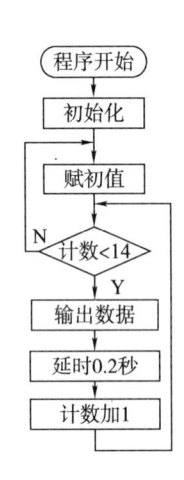

图 3.1.3　流水灯数组法流程图

```
        for（j = 200；j > 0；j --）
            for（k = 250；k > 0；k --）;
}
void main（void）              //主函数
{
    unsigned char jishu；      //定义变量
    while（1）                  //无限循环
     {
       for（jishu = 0；jishu < 14；jishu ++）   //完成14次循环
        {
          P2 = shuju［jishu］； //依次把数组里的数据输出到P2口
          yanshi02s（）；       //延时0.2s
        }
     }
}
```

关于上述两种方法的讨论：

方法一编程结构简单、易学，但程序条数多，方法二采用数组使程序大大地简化，两种方法都可通过修改数据实现任意花样流水灯，在后面的编程中会更多的使用数组的方法，是重点掌握的内容，也是进一步学习的基础。

2. 程序调试：以方法二为例。

（1）进入调试。

点击工具栏"调试"，弹出界面如图3.1.4所示，再点击"Start/Stop"进入调试；

（2）观测语句或函数执行时间。

点击工具栏"外围设备"，弹出界面如图3.1.5所示；点击"I/O – Ports"，选择P2端口进行观测；

点击工具栏里的"步越"进行单步执行，可以看到端口P2的变化，同时在底部状态栏里可以看到执行每条语句所用的累计时间，通过前后两次的累计时间差算出执行每条语句所用的时间。

继续点击"步越"，如图3.1.6所示，观测累计运行时间，此时显示的时间是0.00039700sec。

图 3.1.4 调试源程序对话框

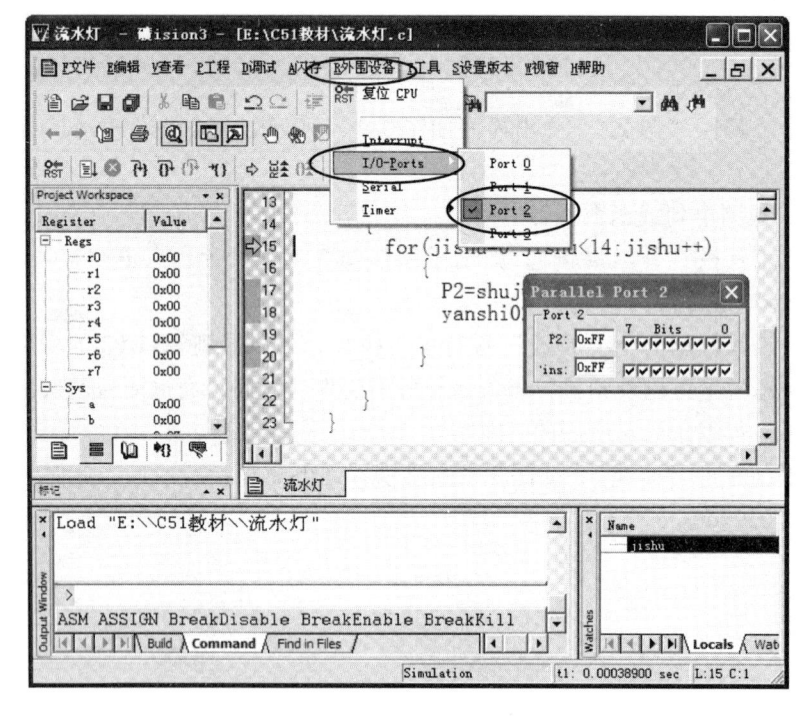

图 3.1.5 观测 P2 端口

第 3 章　单片机的输出与输入

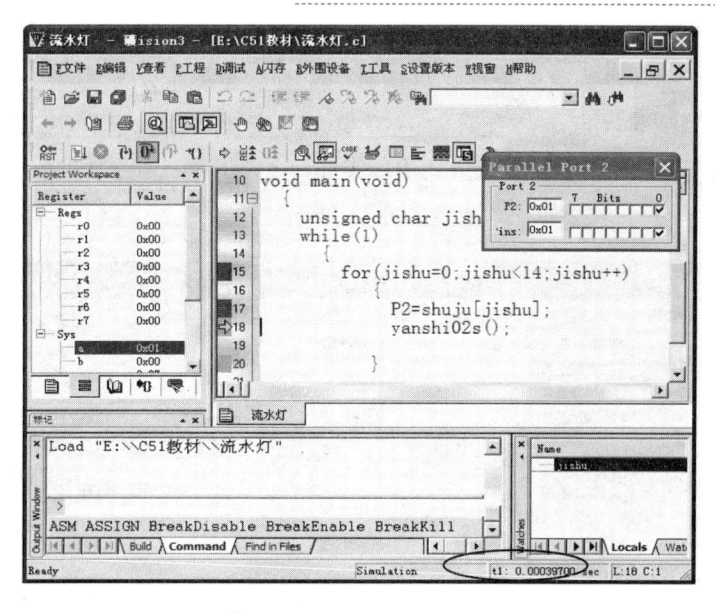

图 3.1.6　观测累计运行时间 1

再点击 "步越"，如图 3.1.7 所示，此时程序执行了 yanshi( ) 2s( ) 函数，我们看到的累计时间是 0.20160800sec，由此可知执行一次 yanshi02s( ) 函数所用的时间是：

0.20160800sec － 0.00039700sec ＝ 0.19763800sec，近似于 0.2s。通过这样的办法可以计算出执行每一条语句所用的时间。

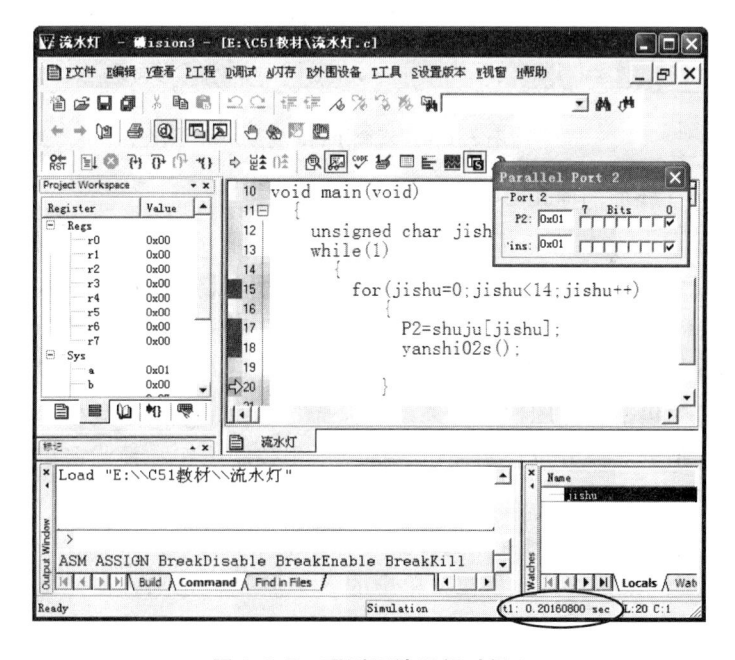

图 3.1.7　观测累计运行时间 2

63

不断点击"步越",通过 P2 口可以观察输出数据的变化,若和设计的方案不一样,可进一步修改该程序,再调试,直到满足要求。

(3) 观测变量。点击"查看"→"观察与堆栈调用视窗"→"watch #1",再按提示点 F2 输入要观察的变量,不断点击"步越",观测变量 jishu 的变化过程以及 P2 口的变化,如图 3.1.8 所示。

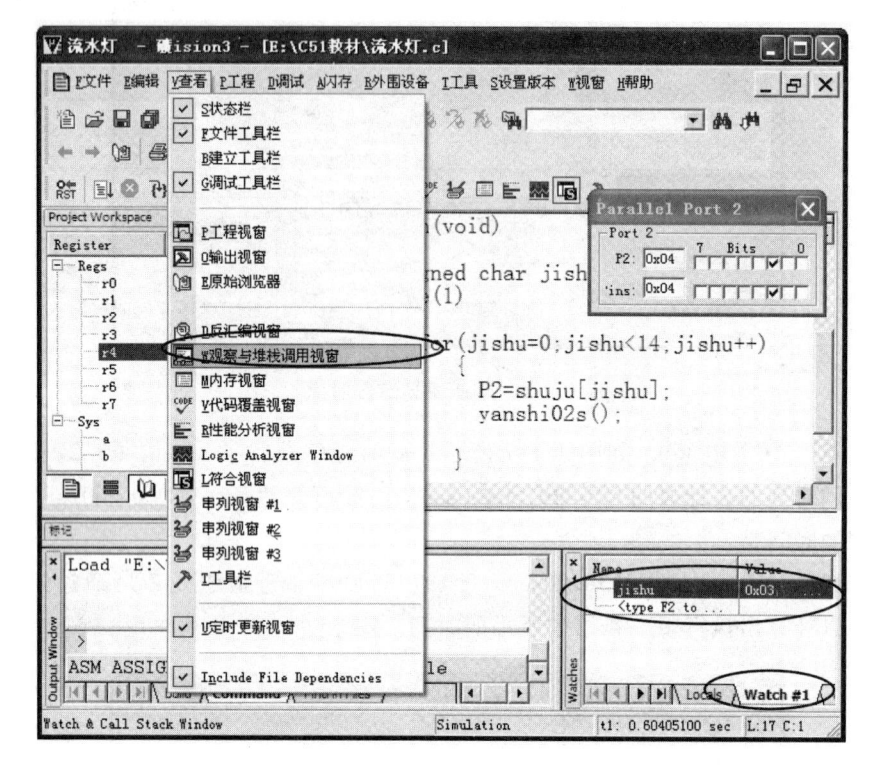

图 3.1.8　观测 jishu 变量

Proteus 仿真软件的使用

运行 Proteus 仿真软件,按要求画出如图 3.1.1 所示的硬件电路图。

双击电脑桌面上的 ISIS 7 Professional 图标或者单击屏幕左下方的"开始"→"程序"→"Proteus 7 Professional"→"ISIS 7 Professional",几秒钟过后进入 Proteus ISIS 的工作界面,如图 3.1.9 所示。

界面窗口中包括:标题栏、主菜单、标准工具栏、绘图工具栏、状态栏、对象选择按钮、预览对象方位控制按钮、仿真进程控制按钮、预览窗口、对象选择器窗口、图形编辑窗口等。

1. 建立一个新的设计项目

单击"File"菜单,选择下拉菜单中的 New Design 选项,在弹出的对话框中选择设计文件的纸张,本项目选择了"DEFAULT",得到如图 3.1.10 所示的设计页面。

图 3.1.9 Proteus ISIS 工作界面

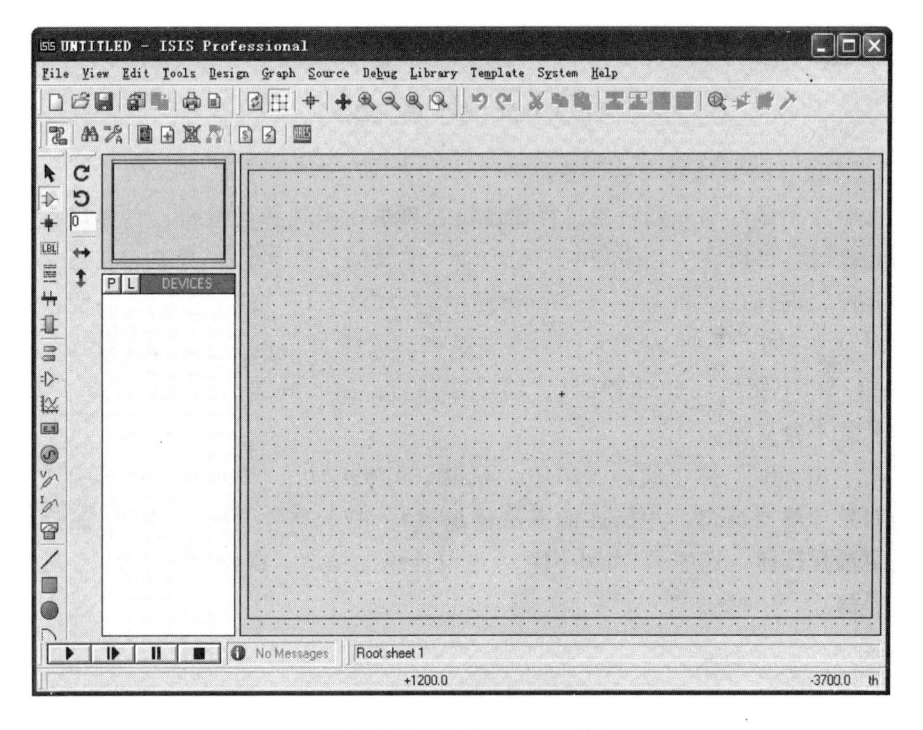

图 3.1.10 设计页面对话框

2. 保存设计项目

选择你要保存的文件路径，输入工程项目文件的名称，如保存的路径为"第三章"文件夹，工程项目的名称为"流水灯"，单击保存，如图 3.1.11 所示。

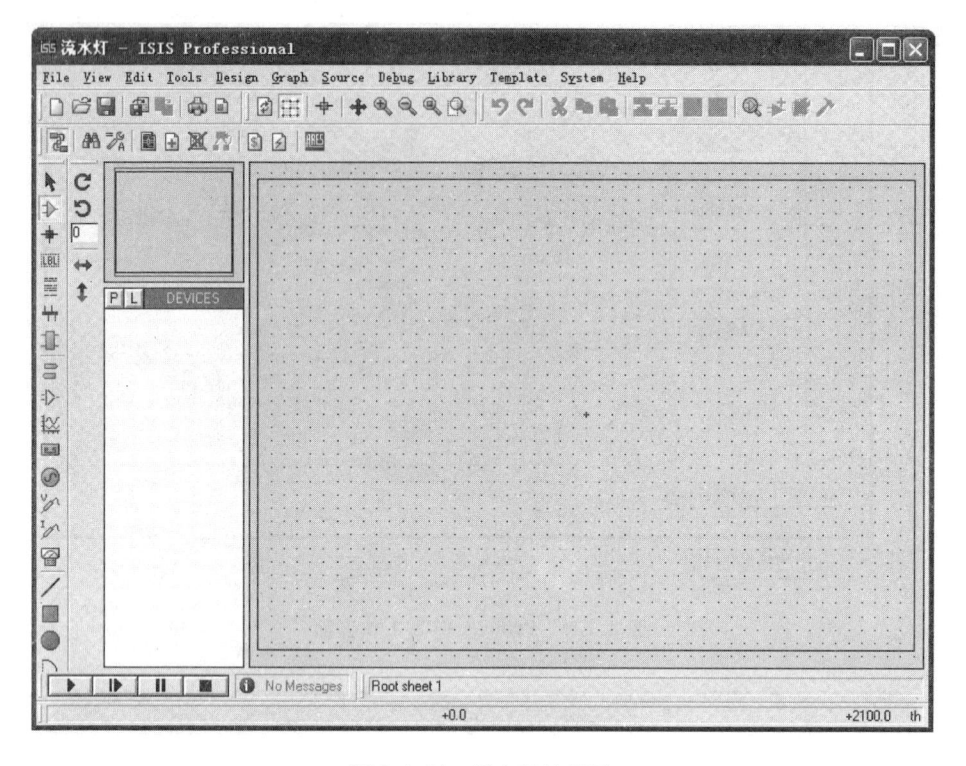

图 3.1.11　保存设计项目

3. 为设计项目选择电路元器件

将所需元器件加入到对象选择器窗口，单击对象选择器按钮，在为设计项目添加元件时，可以在"Keywords"栏中输入需要的元件名称，对于不熟悉元件名称的元件，可以在"Pick Devices"页面中的"Category"栏下选择元件所在的系列。附录 B 列出了一些常用元件的所在系列。选择 Microprocessor ICs 系列，选择 51 核单片机中使用较多的 89C51，选定型号后，单击确定，出现如图 3.1.12 所示的开发平台界面。

在"Results"栏中的列表项中，双击"AT89C51"，则可将"AT89C51"添加至对象选择器窗口。用同样的方法添加 R0—R7、D0—D7（LED）。在绘图工具栏中选择按钮，选中"GROUND"，为设计添加接地。得到如图 3.1.13 所示的设计界面。

第 3 章　单片机的输出与输入

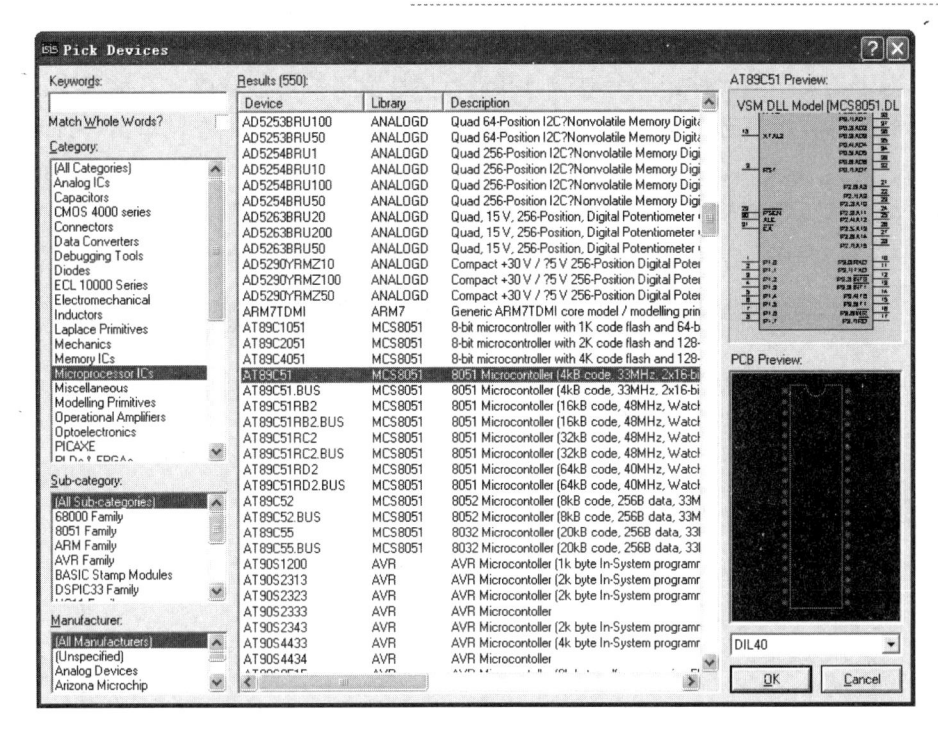

图 3.1.12　选择元器件窗口

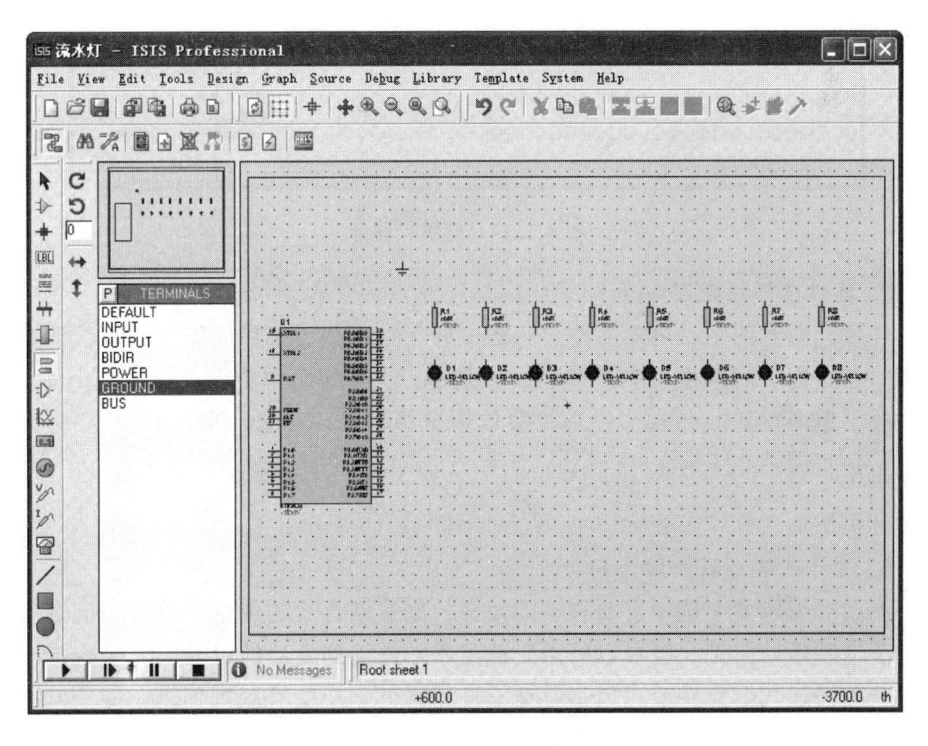

图 3.1.13　添加元件后的窗口

67

4. 编辑电路原理图元件

对于电路中的元件，必要时需对其进行属性或参数进行修改，右键选中需要编辑的元件，出现选择菜单，在菜单中选择"Edit Properties"左键单击，打开编辑窗，可以修改元件的名称、值和 PCB 封装等属性。如图 3.1.14 所示是编辑 LED 元件的元件编辑窗，可将 D1 修改为 D0，选择"Hidden"选项，隐藏元件值"LED – YELLOW"，用同样的方法将需要修改参数值的元件修改。

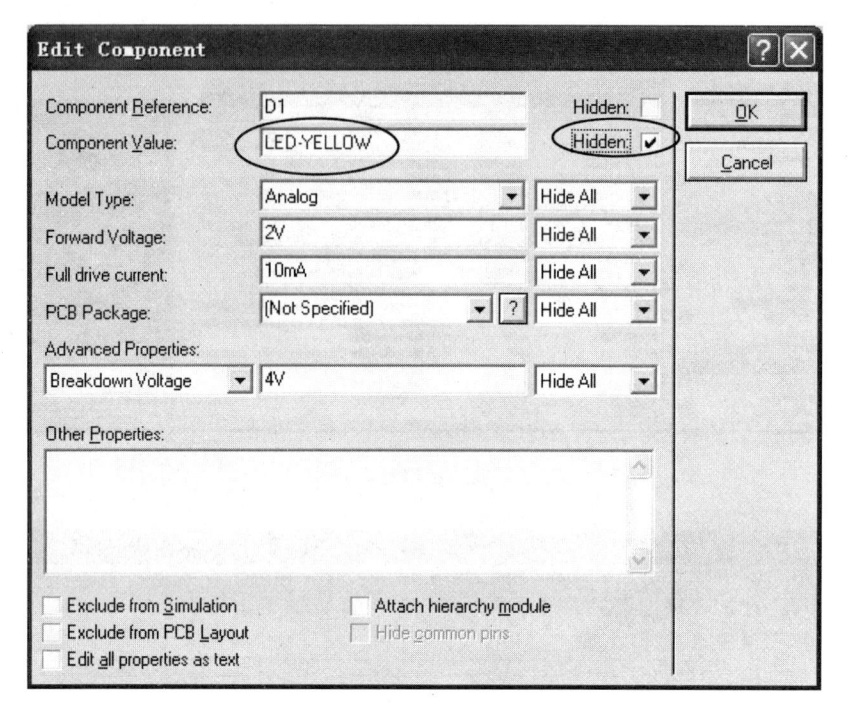

图 3.1.14 编辑元器件

5. 编辑设计原理图界面

在原理图界面中，将不需要显示的一些项目隐藏，把界面编辑成简洁清爽的界面。如界面中的网格，单击"View"菜单，在下拉菜单中将选中的"Grid"选项去掉。单击"Template"，在下拉菜单中选择"Set Design Defaults"，在弹出的对话框中将选中的"Show hidden text?"选项去掉。选择绘图工具栏中的"A"，为单片机添加名称"AT89S51"。界面如图 3.1.15 所示。

6. 设计电路元器件的布局与连线

在图形编辑窗中选择需要移动的元件，放置到合适的位置。单击右键选中元件，单击并拖动左键，就可以将需要移动的元件移到合适的位置。元件连线时将鼠标移到需连线的元件节点单击左键，移到到下一连线节点再单击左键，就可将两个节点连接了。用同样的方法将所有需要连接的节点连接。得到如图 3.1.16 所示的电路原理图。

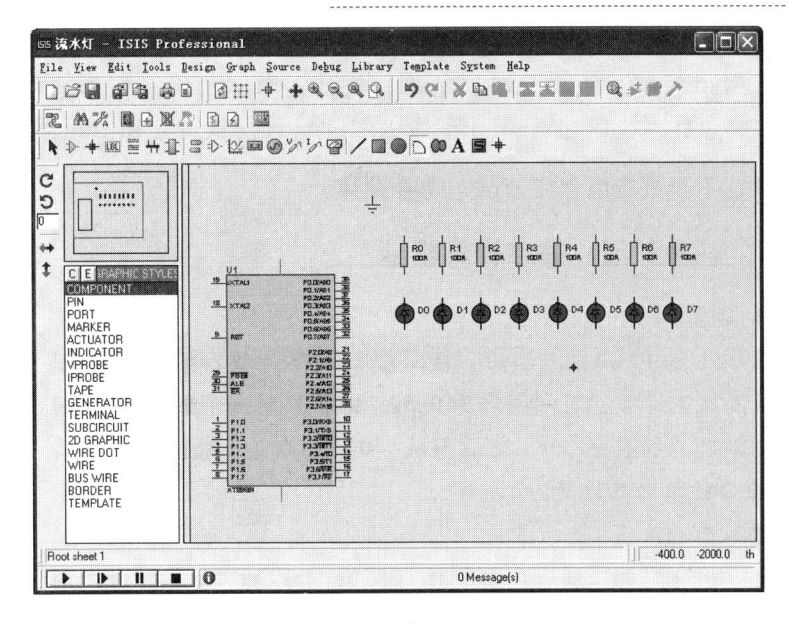

图 3.1.15　编辑元器件后的界面

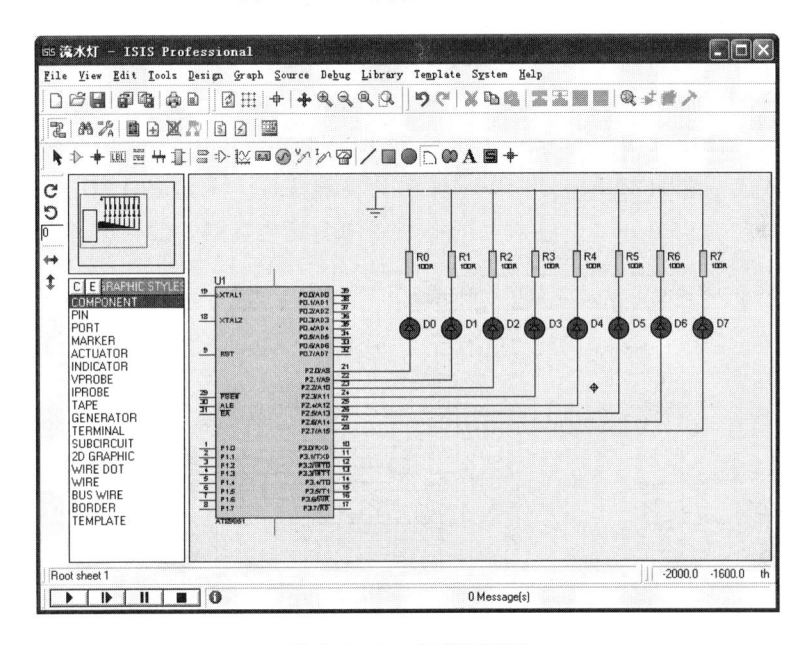

图 3.1.16　电路原理图

7. 保存设计的原理图电路文件

单击"🖫",保存原理图电路文件。到此,流水灯电路原理图就设计完成了。接下来需要做的就是将在 Keil C51 软件中编译生成的 .Hex 文件添加到原理图的单片机中就可以了。

8. 为单片机添加 .Hex 程序文件

在原理图中右键选中单片机，单击左键，在弹出的对话框中选中 Program File 选项，再单击"![]"，添加 .Hex 文件。保存后就可以进行电路仿真了，根据仿真现象，不断进行源程序调试，完善设计。

3.1.4 任务扩展：静态数码显示

1. 任务要求

用 AT89S51 的 P2 口做输出口，接一位 LED 数码管，编写程序，使数码管显示从 0 到 9 的加 1 计数，时间间隔为 0.5s。即每显示一个数字后，保持 0.5s，再显示下一个，显示到数字"9"之后再从"0"开始，不断循环。

2. 任务分析与电路设计

（1）硬件电路。

电路组成：这里选择具有内部程序存储器的 AT89S51 单片机作为控制电路，P2 口接一个一位共阴数码管，其中 P2.0 到 P2.6 分别连接数码管的 a～f 引脚，硬件简化电路原理图如图 3.1.17 所示。

电路分析：要使 LED 数码管依次显示数字，则 P2 口对应输出七段数码管数字显示对应的编码即可。为了限制流过 LED 的电流使其不至于超载，一般需要在回路中接入合适的限流电阻。根据驱动 LED 的电流电压可计算出限流电阻，在这里取限流电阻为 150Ω。当 P2.x 输出为高电平时，对应的 LED 亮，输出低电平时，对应的 LED 不亮。在后面的电路图中为简化电路，没有加上限流电阻。

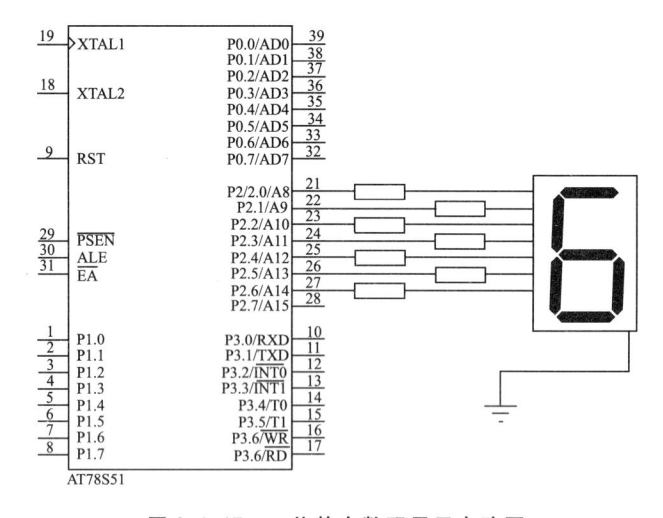

图 3.1.17 一位静态数码显示电路图

（2）设计思想。

实现任务的思路是：如同采用数组方法编写的流水灯程序一样，先将显示 0

到9的显示段码放到数组duanma[]里，再依次读取。由任务分析数据表3.1.4可得到数组里的数据。

1）程序开始时，给数组元素的变量赋初始值0，duanma[0]是第一个数据，并将数组中第1个元素送P2端口；

2）延时0.5s后，将变量jishu加1，并判断是否已读取到第10个元素；duanma[9]是第十个数据；

3）如果已经读取完，则对变量jishu重新赋值0，如果没有，则继续读取数组中第jishu个元素送到P2端口，依次循环。

表3.1.4 任务分析数据

数码管与P2口的硬件连接关系	h P2.7	g P2.6	f P2.5	e P2.4	D P2.3	c P2.2	b P2.1	a P2.0	P2口输出十六进制	功能说明
输出电平	0	0	1	1	1	1	1	1	0x3f	显示0
	0	0	0	0	0	1	1	0	0x06	显示1
	0	1	0	1	1	0	1	1	0x5b	显示2
	0	1	0	0	1	1	1	1	0x4f	显示3
	0	1	1	0	0	1	1	0	0x66	显示4
	0	1	1	0	1	1	0	1	0x6d	显示5
	0	1	1	1	1	1	0	1	0x7d	显示6
	0	0	0	0	0	1	1	1	0x07	显示7
	0	1	1	1	1	1	1	1	0x7f	显示8
	0	1	1	0	1	1	1	1	0x6f	显示9

注意：上述任务分析表给出的段码是根据图3.1.17得到的，硬件连接的不同段码值也会不同；同样的硬件连接共阴、共阳的段码值可以通过取反互相得到。

3. 任务编程及调试

程序流程图如图3.1.18所示，源程序如下：

```
//3-1-3.c
#include <reg51.h>              //包含头文件
unsigned char duanma[10] = {0x3f, 0x06, 0x5b,
0x4f, 0x66, 0x6d, 0x7d, 0x07, 0x7f, 0x6f};
                                //定义0到9数字的段码
void yanshi05s(void)            //0.5秒延时函数
{
```

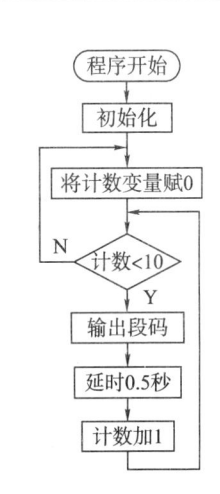

图3.1.18 一位静态数码显示加1流程图

```
    unsigned char i, j, k;
    for (i = 5; i > 0; i--)
    for (j = 200; j > 0; j--)
    for (k = 250; k > 0; k--);
}
void main (void)                        //主函数
{
    unsigned char jishu;                //定义变量
    while (1)                           //无限循环
    {
        for (jishu = 0; jishu < 10; jishu ++) //循环10次
        {
            P2 = duanma [jishu];        //依次将0到9的段码送到P2口
            yanshi05s ();               //延时0.5s
        }
    }
}
```

3.1.5 任务练习

（1）D0到D7依次点亮，然后再从D0到D7点亮，不断循环，延时时间为0.2秒（二种方法）。硬件简化电路如图3.1.19所示。

方法一：移位法

```
//3-1-4.c
#include <reg51.h>  //包含头文件
void yanshi02s (void) //0.2秒延时函数
{
    unsigned char i, j, k;
    for (i = 2; i > 0; i--)
    for (j = 200; j > 0; j--)
    for (k = 250; k > 0; k--);
}
void main (void)                        //主函数
{
    unsigned char shuju, jishu;         //定义变量
    while (1)                           //无限循环
    {
```

第 3 章　单片机的输出与输入

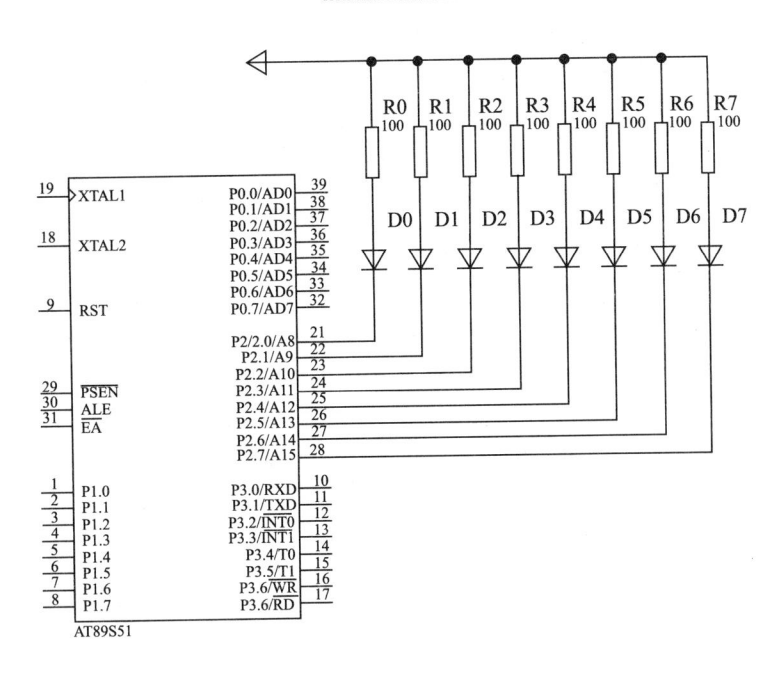

图 3.1.19　LED 控制电路图

```
shuju = 0xfe;                              //赋初值
for ( jishu = 0 ; jishu < 8 ; jishu ++ )   //语句体循环 8 次
    {
     P2 = shuju ;                          //LED 数据送 P2 口输出
     yanshi02s ( ) ;                       //延时 0.2s
     shuju = ( shuju << 1 ) + 1 ;          //数据左移一位后加 1
    }
}
```

为什么用 shuju = (shuju << 1) + 1 而不是 shuju = shuju << 1？由于执行左移指令后变量 shuju 的最高位被移出，最低位补 0，我们设计的硬件电路是低电平点亮的，这样会出现柱状灯效果，而不是流水灯效果。可以将上述软件修改成 shuju = shuju << 1；编译、下载到仿真软件，观察演示效果。

方法二：循环移位法

```
//3 - 1 - 5. c
#include < reg51. h >                //包含头文件
#include < intrins. h >              //包含头文件，_ crol_ 在此头文件里
void yanshi02s ( void )              //0.2s 延时函数
{
```

```c
    unsigned char i, j, k;
    for (i = 2; i > 0; i -- )
      for (j = 200; j > 0; j -- )
        for (k = 250; k > 0; k -- );
  }
void main (void)                          //主函数
  {
    unsigned char shuju = 0xfe;  //定义LED数据的初始值,D0点亮
    while (1)                             //无限循环
      {
        P2 = shuju;                       //LED数据送P2口输出
        yanshi02s ( );                    //延时0.2秒
        shuju = _ crol_ (shuju, 1);       //LED数据循环左移一位
      }
  }
```

讨论:方法一和方法二都是采用了移位的方法,只有前后数据有一定的关系,通过移位得到下一位时才能采用。在采用高电平点亮发光二极管时我们的编程方法看不出二者的区别,但在采用低电平点亮的电路时,二者是不一样的。例如数据 j = 0xfe,二进制数为 11111110B,左移一位(shuju = shuju << 1;),高位被移出,低位补 0,结果为 11111100B,会有两个发光二极管点亮,而采用循环左移时(shuju = _ crol_ (shuju, 1);),高位被移到最低位,而不是被移出,结果为 11111101B,只有一个发光二极管点亮。

(2) 两位数码显示从 0 到 99,然后再从 0 到 99,不断循环,延时时间为 0.5 秒。硬件简化电路如图 3.1.20 所示。

方法一:十进制法

程序流程图如图 3.1.21 所示,参考源程序如下:

```c
//3 - 1 - 6.c
#include <reg51.h>   //包含头文件
unsigned char duanma [10] = {0x3f, 0x06, 0x5b, 0x4f, 0x66,
0x6d, 0x7d, 0x07, 0x7f, 0x6f};  //定义0到9数字的段码
void yanshi05s (void)  //0.5秒延时函数
  {
    unsigned char i, j, k;
    for (i = 5; i > 0; i -- )
      for (j = 200; j > 0; j -- )
        for (k = 250; k > 0; k -- );
```

第 3 章 单片机的输出与输入

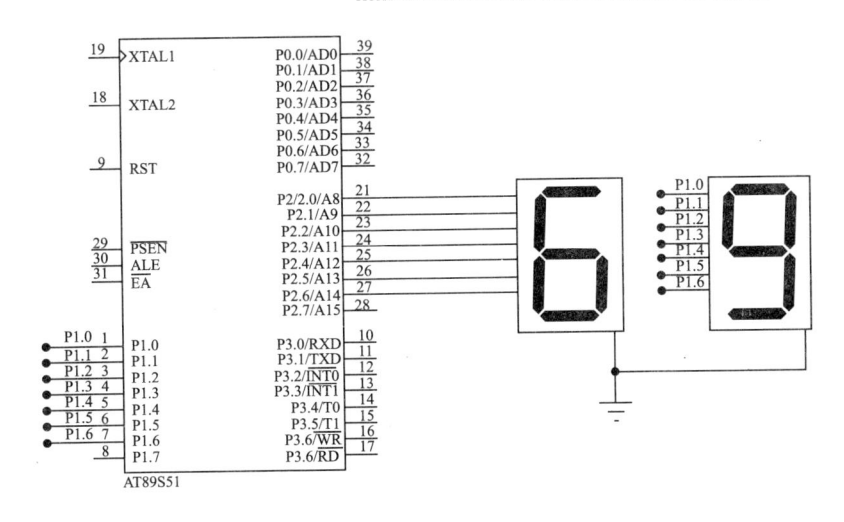

图 3.1.20 二位静态数码显示电路图

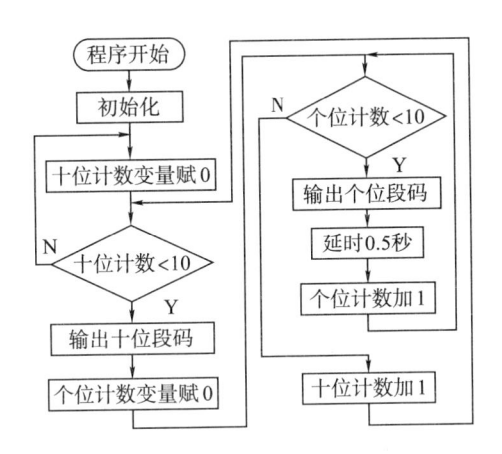

图 3.1.21 十进制法流程图

```
}
void main ( void )                         //主函数
{
    unsigned char jishu1 , jishu2 ;        //定义两个变量
    while ( 1 )                            //无限循环
    {
      for ( jishu2 = 0 ; jishu2 < 10 ; jishu2 ++ )   //语句体循环 10 次
      {
        P2 = duanma [ jishu2 ] ;           //十位上的段码送 P2 口输出
        for ( jishu1 = 0 ; jishu1 < 10 ; jishu1 ++ ) //语句体循环 10 次
        {
```

```
        P1 = duanma［jishu1］;          //个位上的段码送 P1 口输出
        yanshi05s（）;                   //延时 0.5 秒
      }
    }
  }
}
```

方法二：数据拆分法

程序流程图如图 3.1.22 所示，参考源程序如下：

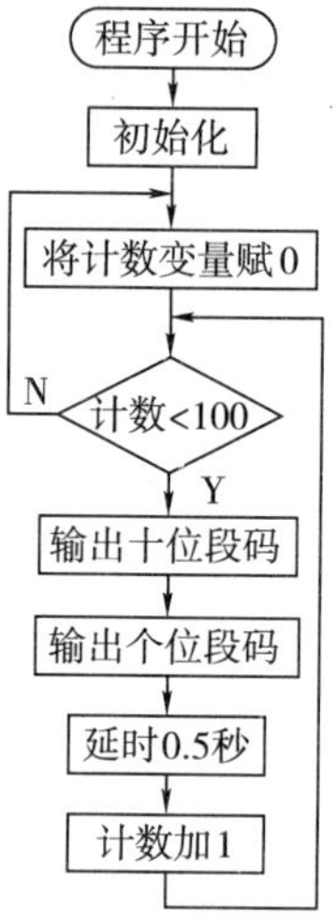

```
//3-1-7.c
#include <reg51.h>    //包含头文件
unsigned char duanma［10］=
{0x3f, 0x06, 0x5b, 0x4f, 0x66,
0x6d, 0x7d, 0x07, 0x7f, 0x6f};
//定义 0 到 9 数字的段码
void yanshi05s（void）    //0.5 秒延时函数
{
    unsigned char i, j, k;
    for（i=5; i>0; i--）
      for（j=200; j>0; j--）
        for（k=250; k>0; k--）;
}
void main（void）                 //主函数
{
    unsigned char jishu;          //定义变量
    while（1）                    //无限循环
    {
      for（jishu=0; jishu<100; jishu++）   //语句体循环 100 次
      {
        P2 = duanma［jishu/10］;   //分离十位，送 P2 口输出
        P1 = duanma［jishu%10］;   //分离个位，送 P1 口输出
        yanshi05s（）;              //延时 0.5 秒
      }
    }
}
```

图 3.1.22　数据拆分法流程图

方法一中十位、个位是由两个变量 jishu2、jishu1 分别定义，利用十进制数逢十进一的原则，个位上的变量 jishu1 变化十次，十位上的变量变化一次，可用

二重循环完成，里层循环完成个位变化，外层循环完成十位变化。方法二中是由一个变量 jishu 定义，通过将变量 jishu 拆分得到数据的十位和个位，方法二中语句"P2 = duanma［jishu/10］;"中的"jishu/10"完成了对"jishu"十位上数的分离;"P1 = duanma［jishu%10］;"中的"jishu%10"完成了对"jishu"个位上数的分离；分离后的十位、个位数分别查段码表送 P2、P1 口输出，在后面的动态扫描程序中经常要用到数据拆分法。

3.1.6 思考题

（1）硬件电路图如图 3.1.19 所示，两个灯同时点亮，两端往中间移动，再往两端移动，不断循环，状态表如表 3.1.5 所示，试编写程序实现该功能。

表 3.1.5 LED 数据状态表

D7	D6	D5	D4	D3	D2	D1	D0	十六进制	数据说明
P2.7	P2.6	P2.5	P2.4	P2.3	P2.2	P2.1	P2.0		
0	1	1	1	1	1	1	**0**		D0、D7 点亮
1	**0**	1	1	1	1	**0**	1		D1、D6 点亮
1	1	**0**	1	1	**0**	1	1		D2、D5 点亮
1	1	1	**0**	**0**	1	1	1		D3、D4 点亮
1	1	**0**	1	1	**0**	1	1		D5、D2 点亮
1	**0**	1	1	1	1	**0**	1		D6、D1 点亮

（2）硬件电路图如图 3.1.19 所示，柱状灯的设计，开始一个灯点亮，接着二个、三个到八个灯全亮，然后全灭，再重新开始，不断循环，试编写程序实现该功能。

（3）硬件电路图如图 3.1.17 所示，一位数码显示从 9 开始递减到 0，延时时间为 1 秒，然后再重 9 开始，不断循环，试编写程序实现该功能。

（4）硬件电路图如图 3.1.20 所示，二位数码显示从 0 开始依次加到 59，然后再从 0 开始，模仿数字钟的秒位，延时时间为 1 秒。试编写程序实现该功能。

3.2 项目五 单键控制数码显示（静态）

3.2.1 任务要求

用单键（即独立键盘中的按键）实现对两位数码显示进行控制，初始显示为 00，每按一次按键，数码显示的值加 1，加到 59 时再加 1 归 0，模仿数字钟的秒位。

3.2.2 任务分析及电路设计

1. 硬件资源分配

按键 k1 接 P1.0,数码显示十位接 P2 口,数码显示个位接 P3 口。如图 3.2.1 所示。

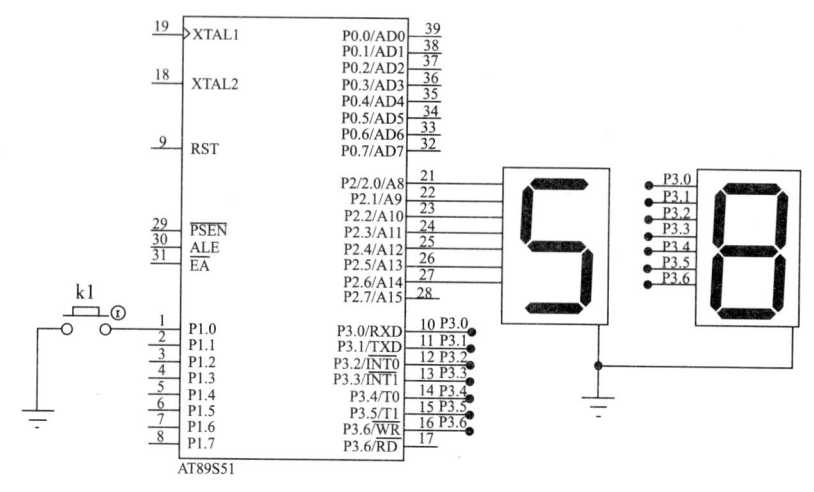

图 3.2.1 按键控制数码显示电路图

2. 输入检测

与输出的方向不同,在输出控制中语句是:Pn = shuju;

其中 n 是 0 到 3,是把数据送到端口;而输入正相反,是把端口的数据读入,语句格式为:saomiao = Pn;执行该语句就把端口的当前状态读到变量 saomiao 里。

3. 去抖动

在软件设计中,当单片机检测到有键按下时,可以先延时一段时间越过抖动过程再对按键识别。实际应用中,一般希望按键一次按下单片机只处理一次,但由于单片机执行程序的速度很快,按键一次按下可能被单片机多次处理。为避免此问题,可在按键第一次按下时延时 10ms(机械特点不同延时时间也不同)之后再次检测按键是否按下,如果此时按键仍然按下,则确定有按键输入。执行完按键处理程序后,要等待按键释放,这样便可以避免按键的重复处理。

3.2.3 任务编程及调试

程序流程图如图 3.2.2 所示,源程序如下:

```
//3-2-1.c
```

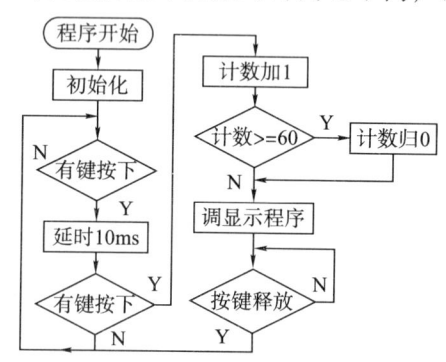

图 3.2.2 按键控制数码显示流程图

```c
#include <reg51.h>
//包含头文件
unsigned char duanma [10] = {0x3f, 0x06, 0x5b, 0x4f, 0x66,
0x6d, 0x7d, 0x07, 0x7f, 0x6f};    //定义0到9数字的段码
sbit k1 = P1^0;                    //按键定义
void yanshi10ms (void)             //10ms 延时函数
{
    unsigned char j, k;
    for (j = 20; j > 0; j -- )
      for (k = 250; k > 0; k -- );
}
void main (void)                   //主函数
{
    unsigned char jishu;           //定义变量
    P2 = duanma [jishu/10];        //十位初始显示0
    P3 = duanma [jishu%10];        //个位初始显示0
    while (1)                      //无限循环
    {
      if (k1 == 0)                 //判断 k1 是否按下
       {
        yanshi10ms ();             //延时 10ms
        if (k1 == 0)               //去抖动,二次判断
         {
          jishu ++ ;                //完成计数加1功能
          if (jishu >= 60)          //判断是否加到上限
            jishu = 0;              //是,计数归0
          P2 = duanma [jishu/10];   //送十位到 P2 口
          P3 = duanma [jishu%10];   //送个位到 P3 口
         }
        while (k1 == 0);           //等待按键释放
       }
    }
}
```

语句 jishu = jishu + + 是通过按键来执行的,若能改成每秒钟执行一次 jishu = jishu + + ,就变成了数字钟的秒位显示程序。

3.2.4 任务扩展：八键控制数码显示（独立按键）

1. 任务要求

八位按键，任一按键按下，数码管显示该键的键号，例如 k6 键按下，数码显示 6。

2. 任务分析及电路设计

硬件简化电路如图 3.2.3 所示，八位按键接到 P1 口，数码显示接到 P2 口。按键检测方法同单键，如何判断是哪一键按下呢？首先判断是否有键按下，无键按下时 P1 口的值为：0xff，一旦有键按下，P1 口的值不再是 0xff，依此可判断是否有键按下；其次判断是哪一键按下，由硬件电路可知如果有键按下，例如 k6 按下，那么 P1.5 就与地接通，从而使 P1.5=0，此时 P1 端口的值变为 11011111（二进制），十六进制为 0xdf，哪一键按下对应的那一位就为 0。我们可以通过计算得到每一键按下的键值，从 k1 到 k8 分别为 "0xfe, 0xfd, 0xfb, 0xf7, 0xef, 0xdf, 0xbf, 0x7f"。一旦有键按下，读取端口的状态，再到键值表里去查找所在位置，从而识别出是哪一键按下。也可通过移位的方法识别出按下的键值。下面用两种方法实现。

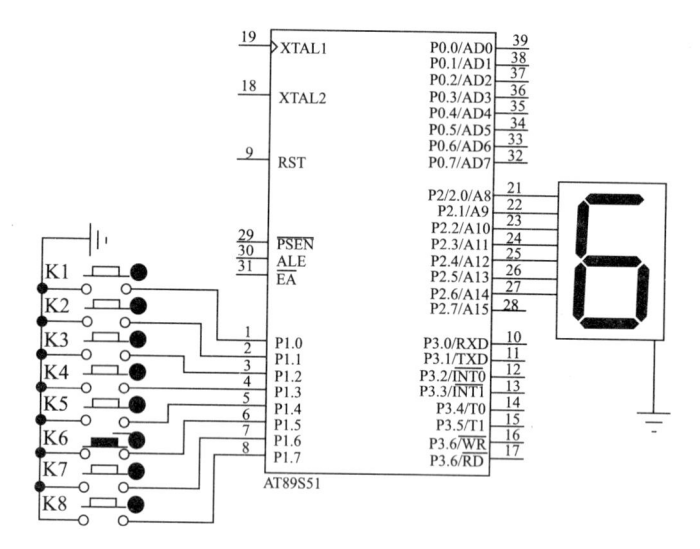

图 3.2.3 八键控制数码显示电路图

3. 任务编程及调试

方法一：查表法

//3-2-2.c

程序流程图如图 3.2.4 所示，源程序如下：

#include <reg51.h>　　//包含头文件

unsigned char duanma［10］=
｛0x3f, 0x06, 0x5b, 0x4f, 0x66,
0x6d, 0x7d, 0x07, 0x7f, 0x6f｝；
//定义 0 到 9 数字的段码
unsigned char jianma［8］=
｛0xfe, 0xfd, 0xfb, 0xf7, 0xef, 0xdf,
0xbf, 0x7f｝；
//k1 到 k8 的键码
void yanshi20ms（void）　　//延时 20ms
｛
　　unsigned char j, k;
　　for（j = 40; j > 0; j --）
　　for（k = 250; k > 0; k --）;
｝
void main（void）　　　　　　　　　　　//主函数
｛
　　unsigned char jishu, jianhao, saomiao;　　//定义变量
　　P2 = 0x3f;　　　　　　　　　　　　　　//初始显示 0
　　while（1）　　　　　　　　　　　　　　//无限循环
　　｛
　　　P1 = 0xff;　　　　　　　　　　　　　//P1 端口置 1
　　　saomiao = P1;　　　　　　　　　　　//读 P1 端口的状态
　　　if（saomiao! = 0xff）　　　　　　　//判断是否有键按下
　　　｛
　　　　yanshi20ms（）;　　　　　　　　　//延时 20ms, 去抖动
　　　　saomiao = P1;　　　　　　　　　　//再读取 P1 端口的状态
　　　　if（saomiao! = 0xff）　　　　　　//二次判断
　　　　｛
　　　　　for（jishu = 0; jishu < 8; jishu ++）　　//循环 8 次
　　　　　｛
　　　　　　if（saomiao == jianma［jishu］）　　//与表中的数据对比
　　　　　　｛
　　　　　　　jianhao = jishu + 1;　　　　//键号 = 键值在表中的位置 +1
　　　　　　　break;　　　　　　　　　　　//退出循环
　　　　　　｝
　　　　　｝

图 3.2.4　按键控制显示查表示流程图

```c
       P2 = duanma［jianhao］;          //将找到的键号送数码显示
      }
     }
    }
}
```

方法二：移位法

程序流程图如图 3.2.5 所示，源程序如下：

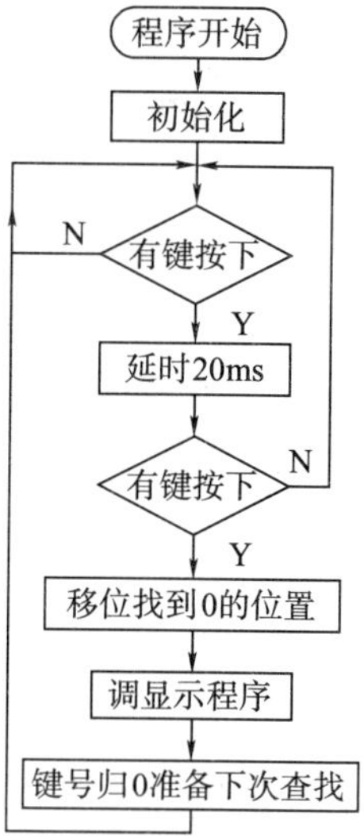

```c
//3-2-3.c
#include <reg51.h>      //包含头文件
unsigned char duanma［8］=
{0x06,0x5b,0x4f,0x66,
0x6d,0x7d,0x07,0x7f};
//定义1到8数字的段码
void yanshi20ms（void）   //延时20ms
{
   unsigned char j, k;
   for（j=40; j>0; j--）
     for（k=250; k>0; k--）;
}
void main（void）         //主函数
{
   unsigned char jianhao, saomiao; //定义变量
   P2 = 0x3f;                      //初始显示0
   while（1）                      //无限循环
    {
     P1 = 0xff;                    //P1端口置1
     saomiao = P1;                 //读取P1端口的状态
     if（saomiao!=0xff）           //判断是否有键按下
       {
         yanshi20ms（）;            //延时20ms去抖动
         saomiao = P1;             //再读取P1端口的状态
         if（saomiao!=0xff）       //二次判断
          {
            while（（saomiao&0x01）!=0）  //0的位置是否在最低位
             {
               jianhao = jianhao + 1;   //键号加1
```

图 3.2.5 按键控制显示移位法流程图

```
            saomiao = saomiao >> 1;    //数据右移一位,再判断
        }
        P2 = duanma [jianhao];        //显示键号
        jianhao = 0;                  //键号清零,准备下次查找
    }
  }
}
```

方法一与方法二的主要区别是查找按键的方法不同,方法一是查表法,将可能的按键值放到数组 jianma [8] 里,扫描得到的键值 saomiao 与键值表里的数据进行对比,找到在数组里的位置,再加 1 得到键号 jianhao,再将键号值查段码表,结果送 P2 口显示;方法二是通过移位,通过计算移动几次能将 0 移到最低位,移动的次数就是键号 jianhao,然后送显示。也可以通过一位一位地查询,和单键判断一样,用 sbit 定义每一位,需要判断 8 次。

3.2.5 任务练习

(1) 双键控制 LED 左移、右移,k1 使点亮的 LED 左移一位,k2 使点亮的 LED 右移一位。硬件电路如图 3.2.6 所示。

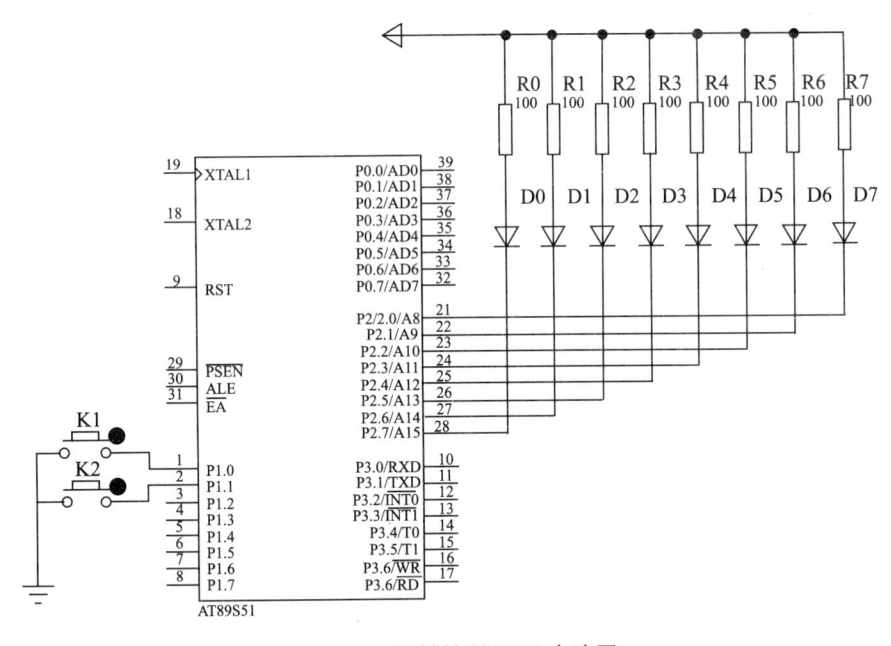

图 3.2.6 双键控制 LED 电路图

程序流程图如图 3.2.7 所示,参考源程序如下:
//3-2-4.c

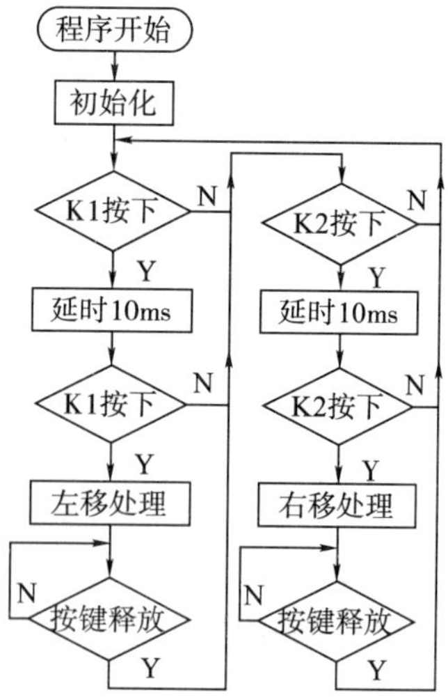

```c
#include <reg51.h>              //包含头文件
#include <intrins.h>            //包含头文件
sbit k1 = P1^0;                 //位定义
sbit k2 = P1^1;                 //位定义
void yanshi10ms (void)          //延时10ms
{
    unsigned char i, j;
    for (i = 20; i > 0; i--)
        for (j = 250; j > 0; j--);
}
void main (void)                //主函数
{
    P2 = 0xfe;                  //初始状态，D0点亮
    while (1)                   //无限循环
    {
        if (k1 == 0)            //k1是否按下
        {
            yanshi10ms ();      //是，延时10ms，去抖动
            if (k1 == 0)        //二次判断
            {
                P2 = _crol_ (P2, 1);   //是，循环左移一位
                while (k1 == 0);       //等待按键释放
            }
        }
        if (k2 == 0)            //k2是否按下
        {
            yanshi10ms ();      //是，延时10ms，去抖动
            if (k2 == 0)        //二次判断
            {
                P2 = _cror_ (P2, 1);   //是，循环右移一位
                while (k2 == 0);       //等待按键释放
            }
        }
    }
}
```

图 3.2.7 按键控制 LED 循环移位法流程图

第 3 章 单片机的输出与输入

}

(2) 开关状态决定显示值,八路开关,一位数码显示,数码显示的值是开关闭合的数量,硬件电路图如图 3.2.8 所示,参考源程序如下:

//3－2－5.c
#include < reg51.h >
unsigned char duanma[10] = {0x3f, 0x06, 0x5b, 0x4f, 0x66,
　　　　　　　　　　　　　0x6d, 0x7d, 0x07, 0x7f, 0x6f}; //段码

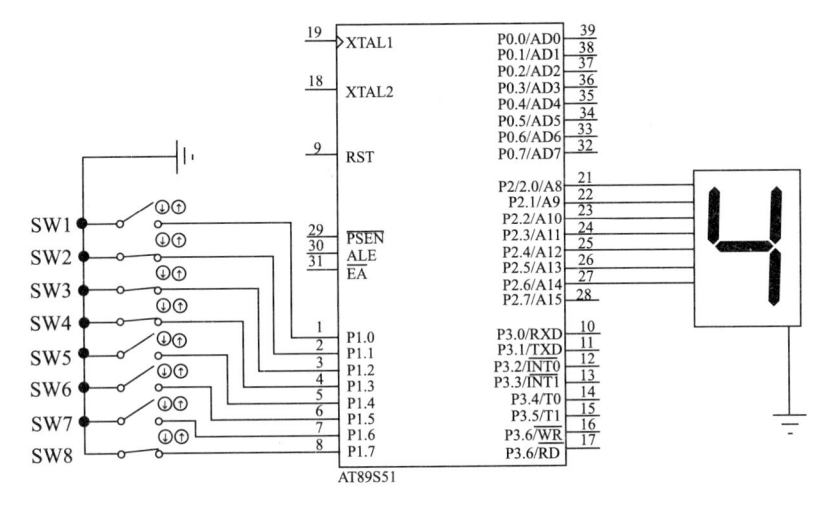

图 3.2.8　开关控制显示电路图

```
void main（void）                    //主函数
{
    unsigned char jishu, jianhao, saomiao;  //定义变量
    P2 = 0x3f;                       //初始显示 0
    while (1)                        //无限循环
    {
        P1 = 0xff;                   //P1 端口置 1
        saomiao = P1;                //读取 P1 端口状态
        if (saomiao! = 0xff)         //是否有开关闭合
        {
            for (jishu = 0; jishu < 8; jishu ++)  //是,用移位方法计算
            {
                if ((saomiao&0x01) == 0)  //最右端是否为 0
                    jianhao ++ ;              //是,计数加 1
                saomiao = saomiao >> 1;       //右移一位
            }
```

```
        }
        P2 = duanma［jianhao］;        //显示开关闭合数
        jianhao = 0;                   //变量赋 0,准备下次计数
    }
}
```

3.2.6 思考题

设计硬件电路,编写程序,实现要求的功能。

(1) 开关决定流水灯流动方向,当开关 SW 打开时,流水灯向右移动;当开关 SW 闭合时,流水灯向左移动;每次流动的时间间隔为 0.2 秒。

(2) 双键 K1、K2 控制两位数码显示,每次点击 K1,数码显示值加 1,加至 99 后,再点击 K1,数码显示值为 00;每次点击 K2,数码显示值减 1,减至 00 后,再点击 K2,数码显示值为 99,初始显示为 00。

(3) 从 40 开始倒计时,每秒减 1,每次点击按键 K1,倒计时值减 3,当小于 10 时不再减;到 0 后,再重新从 40 开始倒计时。

(4) 可预置初值的倒计时器,八位开关的状态决定倒计时从多少处开始倒计,当开关预置的初值小于 20 时,从 20 开始倒计时;当开关预置的初值大于 99 时,从 99 开始倒计时;当开关预置的初值介于 20 和 99 之间时,从开关预置的初值开始倒计时。

3.3 知识链接

3.3.1 AT89S51 单片机的输入/输出端口

AT89S51 单片机上具有 4 个 8 位并行接口,通常把 8 位即 8 根引脚合起来称为一个输入、输出口,计作 P0、P1、P2 和 P3,共 32 根 I/O 引脚。这 4 个端口既可以按字节寻址,还可以按位寻址。

1. P0 端口

P0 口是一组 8 位漏极开路型双向 I/O 口,也即地址/数据总线复用口。作为输出口用时,每位能驱动 8 个 TTL 逻辑门电路,对端口写 "1" 可作为高阻抗输入端用。

在访问外部数据存储器或程序存储器时,这组口线分时转换地址(低 8 位)和数据总线复用,在访问期间激活内部上拉电阻。

在 Flash 编程时,P0 口接收指令字节,而在程序校验时,输出指令字节,校验时,要求外接上拉电阻。

2. P1 端口

P1 是一个带内部上拉电阻的 8 位双向 I/O 口，P1 的输出缓冲级可驱动（吸收或输出电流）4 个 TTL 逻辑门电路。对端口写"1"，通过内部的上拉电阻把端口拉到高电平，此时可作输入口。作输入口使用时，因为内部存在上拉电阻，某个引脚被外部信号拉低时会输出一个电流（I_{IL}）。

Flash 编程和程序校验期间，P1 接收低 8 位地址。同时 P1.5、P1.6、P1.7 具有第二功能，如表 3.3.1 所示。

表 3.3.1 P1.5、P1.6、P1.7 第二功能

端口引脚	第二功能
P1.5	MOSI（用于 ISP 编程）
P1.6	MISO（用于 ISP 编程）
P1.7	SCK（用于 ISP 编程）

3. P2 端口

P2 是一个带有内部上拉电阻的 8 位双向 I/O 口，P2 的输出缓冲级可驱动（吸收或输出电流）4 个 TTL 逻辑门电路。对端口写"1"，通过内部的上拉电阻把端口拉到高电平，此时可作输入口，作输入口使用时，因为内部存在上拉电阻，某个引脚被外部信号拉低时会输出一个电流（I_{IL}）。

在访问外部程序存储器或 16 位地址的外部数据存储器时，P2 口送出高 8 位地址数据。在访问高 8 位地址的外部数据存储器时，P2 口线上的内容（也即特殊功能寄存器（SFR）区中 P2 寄存器的内容），在整个访问期间不改变。

Flash 编程或校验时，P2 亦接收高位地址和其他控制信号。

4. P3 端口

P3 口是一组带有内部上拉电阻的 8 位双向 I/O 口。P3 口输出缓冲级可驱动（吸收或输出电流）4 个 TTL 逻辑门电路。对 P3 口写入"1"时，它们被内部上拉电阻拉高并可作为输入端口。作输入端时，被外部拉低的 P3 口将用上拉电阻输出电流（I_{IL}）。

P3 口除了作为一般的 I/O 口线外，更重要的用途是它的第二功能，如表 3.3.2 所示。

P3 口还接收一些用于 Flash 闪速存储器编程和程序校验的控制信号。

表 3.3.2 P3 口第二功能

端口引脚	第二功能
P3.0	RXD（串行输入口）
P3.1	RXD（串行输入口）
P3.2	$\overline{INT0}$（外部中断 0）

续表

端口引脚	第二功能
P3.3	$\overline{INT1}$（外部中断1）
P3.4	T0（定时/计数器0外部输入）
P3.5	T1（定时/计数器1外部输入）
P3.6	$\overline{WR}$（外部数据存储器写选通）
P3.7	$\overline{RD}$（外部数据存储器读选通）

3.3.2 位定义

对于需要单独访问 SFR（特殊功能寄存器）中的位，C51 的扩充关键字 "sbit"可以访问位寻址对象。"sbit"定义某些特殊位，并接受任何符号名，"＝"号后将绝对地址赋给变量名。

格式为：sbit 位变量名＝特殊功能寄存器名位地址，例如 sbit k1＝P1^0；

k1 只有两种可能为 0 或为 1。

C51 提供关键字"bit"实现位变量的定义及访问。

格式为：bit 位变量名；

例如 bit flag，变量 flag 只有两种可能为 0 或为 1。

bit 与 sbit 不同，bit 不能指定位变量的绝对地址，当需要指定位变量的绝对地址（范围必须在 0x80～0xff）时，需要使用 sbit。

3.3.3 数码管

按段数可以分为七段数码管和八段数码管，八段数码管比七段数码管多一个发光二极管单元（多一个小数点显示）；按能显示多少个"8"可以分为1位、2位、4位、6位、8位等数码管；按发光二极管单元连接方式划分可分为共阳极/共阴极数码管。共阳极数码管是指将所有发光二极管的阳极接到一起形成公共阳极（COM）的数码管。当某一字段发光二极管的阴极为低电平时，相应字段就点亮。共阴极数码管是指将所有发光二极管的阴极接到一起形成公共阴极（COM）的数码管。当某一字段发光二极管的阳极为高电平时，相应字段就点亮。如图 3.3.1 所示。

数码管要正常显示，就要用驱动电路来驱动数码管的各个段码，从而显示出我们要的数字，因此根据数码管的驱动方式的不同，可以分为静态式和动态式两类。

静态驱动也称直流驱动。静态驱动是指每个数码管的每一个段码都由一个单片机的 I/O 端口进行驱动，或者使用如 BCD 码二－十进制译码器译码进行驱动。显示数据时，直接将要显示的数字的编码通过单片机送到段码显示端即可。静态

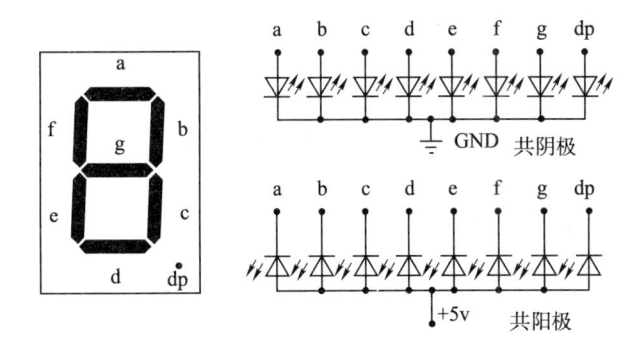

图 3.3.1

驱动的优点是编程简单,显示亮度高,缺点是占用 I/O 端口多,如驱动 6 个数码管静态显示则需要 6×8＝48 根 I/O 端口来驱动,而一个 AT89S51 单片机芯片可用的 I/O 端口才 32 个,实际应用时必须增加译码驱动器进行驱动,硬件电路较复杂。

动态数码管显示一般用在需要多只数码管显示的场合,它采用分时的方法,让每只数码管轮流显示,只要轮流显示的时间间隔选择适当,利用人眼视觉的惰性,就不会感觉到数码管在闪烁。采用动态显示,可以大幅度地降低硬件成本和电源功耗,但编程相对较复杂。

3.3.4 按键

在单片机应用系统中,很多系统都需要向单片机输入数据、传送命令等,是人工控制单片机的主要手段。键盘要通过接口与单片机相连,分为编码键盘和非编码键盘两类。

键盘上闭合键的识别由专用的硬件编码器实现,并产生键编码号或键值的称为编码键盘。非编码键盘又分为:独立键盘和行列式(又称为矩阵式)键盘。

本书主要介绍了独立键盘的编程方法。

上电初始化后便循环调用键盘程序、显示程序、功能处理程序等,程序结构如图 3.3.2 所示。

另外,在键盘的软件设计中还要注意按键的去抖动问题。由于按键一般是由机械式触点构成的,在按键按下和断开的瞬间均有一个抖动过程,时间大约为 10ms(可通过实验进行验证),可能会造成单片机对按键的误识别,即一次按下多次识别。

按键消抖一般有两种方法,即硬件消抖和软件消抖。本书主要介绍软件延时去抖动方法,物理按键抖动波形图如图 3.3.3 所示。

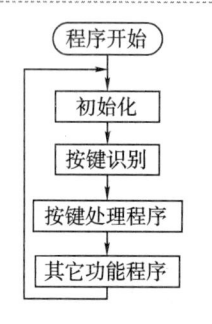

图 3.3.2 按键识别流程图

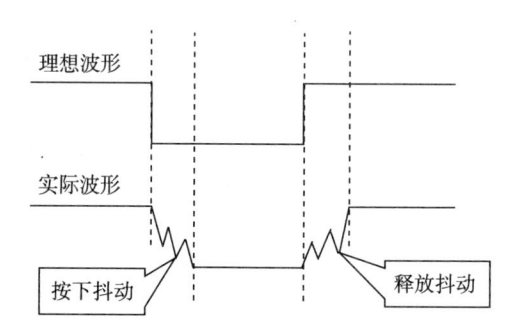

图 3.3.3 按键抖动流程图

第 4 章 单片机的中断与定时

教学要点：
- 中断的概念
- 中断函数的初始化
- 中断的应用
- 定时计数器的应用

4.1 项目六 倒计时

4.1.1 任务要求

二位数码显示（动态扫描），从 60 开始，每秒数值减 1，减到 0 后再从 60 开始，不断循环。

4.1.2 任务分析及电路设计

前面我们已经学习了二位数码显示的程序设计，硬件电路采用了静态数码显示电路，采用动态数码显示电路在软件里需要增加动态扫描程序。硬件简化电路如图 4.1.1 所示，P1 口控制段选，位选由 P2 口的 P2.0 和 P2.1 完成。计时的方法基本一样，正计时用 miao ++ 来实现，倒计时可以用 miao -- 来实现。

前面学习的编程均在主函数中完成，单片机提供的中断功能，使程序的结构发生了改变。程序可以在主函数中完成，也可以在中断服务函数中完成。

针对本项目而言，可有以下几种软件资源分配方案：
(1) 全部在主函数中完成。
(2) 动态扫描在主函数中完成，秒产生在定时中断函数中完成。
(3) 秒产生在主函数中完成，动态扫描在定时中断函数中完成。
(4) 全部在一个定时中断函数中完成。
(5) 动态扫描和秒产生在两个定时中断函数中完成。

下面我们用上述提到的 5 种软件资源分配方案分别编写程序。

4.1.3 任务编程及调试

方法一：全部在主函数中完成。
程序流程图如图 4.1.2 所示，源程序如下：

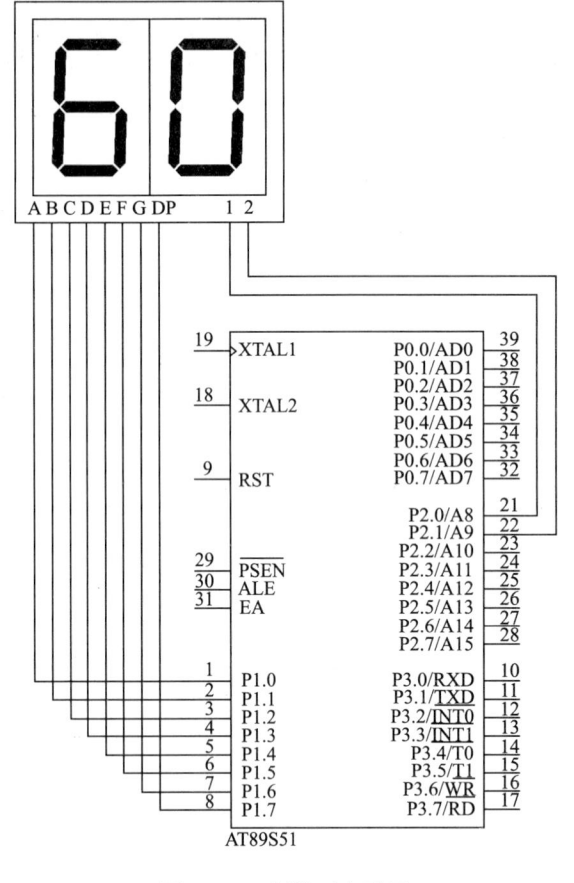

图 4.1.1 倒计时电路图　　图 4.1.2 倒计时方法一流程图

```
//4 - 1 - 1. c
#include <reg51.h>
#define uchar unsigned char
uchar duanma [10] = {0xc0, 0xf9, 0xa4, 0xb0, 0x99,
            0x92, 0x82, 0xf8, 0x80, 0x90};   //段码
uchar weima [2] = {0x01, 0x02};              //位码
uchar jishu1, jishu2, miao = 60;     //定义变量
uchar xianshi [2] = {0, 0};          //显示缓存器
void yanshi10ms (void)               //延时 10ms 函数
{
   uchar i, j;
   for (i = 20; i > 0; i -- )
      for (j = 250; j > 0; j -- );
}
```

第 4 章 单片机的中断与定时

```c
void main ( void )        //主函数
{
  while（1）              //无限循环
    {
      xianshi [0] = duanma [miao/10];      //分离秒的十位
      xianshi [1] = duanma [miao%10];      //分离秒的个位
      // ******************* 动态扫描 *********************
      jishu1 ++ ;                          //指向扫描的下一位
      if ( jishu1 == 2 )  jishu1 = 0;      //完成二位扫描后计数归 0
      P2 = weima [jishu1];                 //送位码
      P1 = xianshi [jishu1];               //送段码
      // ************ 产生 1 秒计时及其处理程序 *****************
      jishu2 ++ ;                          //10ms 计数
      if ( jishu2 == 100 )                 //计 100 次为 1 秒
        {
          jishu2 = 0;                      //计够 1 秒后计数归 0
          miao -- ;                        //秒减 1
          if ( miao == 0xff )  miao = 60;  //减到 0 后再赋初值
        }
      yanshi10ms ( );                      //延时 10ms
    }
}
```

方法二：动态扫描在主函数，秒产生在定时中断服务函数。

程序流程图如图 4.1.3 所示，源程序如下：

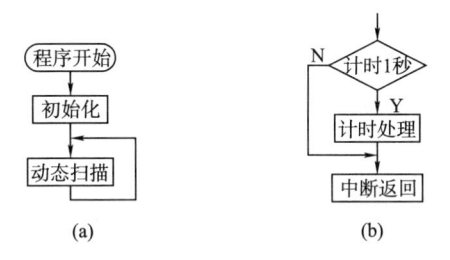

图 4.1.3 倒计时方法二流程图

（a）主函数；（b）定时器 T0 中断函数

```c
//4 - 1 - 2. c
#include < reg51. h >
#define uchar unsigned char
uchar duanma [10] = {0xc0, 0xf9, 0xa4, 0xb0, 0x99,
```

93

```c
                        0x92，0x82，0xf8，0x80，0x90}；   //段码
uchar weima［2］={0x01，0x02}；              //位码
uchar jishu1，jishu2，miao=60；              //定义变量
uchar xianshi［2］={0，0}；                  //显示缓存器
void yanshi10ms（void）                     //延时10ms函数
{
  uchar i，j；
  for（i=20；i>0；i--）
   for（j=250；j>0；j--）；
}
void chushihua（void）                      //初始化函数
{
  TMOD=0x01；                              //定时器T0方式1
  TH0=（65536-50000）/256；                 //50ms定时高八位初始值
  TL0=（65536-50000）%256；                 //50ms定时低八位初始值
  EA=1；ET0=1；TR0=1；                     //CPU、T0允许中断，启动定时
}
void main（void）                           //主函数
{
  chushihua（）；                           //调初始化函数
  while（1）                                //无限循环
    {
  xianshi［0］=duanma［miao/10］；           //分离秒的十位
      xianshi［1］=duanma［miao%10］；       //分离秒的个位
  //******************动态扫描**********************
jishu1++；                                  //指向扫描的下一位
    if（jishu1==2）jishu1=0；               //完成二位扫描后计数归0
    P2=weima［jishu1］；                   //送位码
    P1=xianshi［jishu1］；                 //送段码
  yanshi10ms（）；                          //延时10ms
    }
}
void daojishi（void）interrupt 1            //定时器T0中断服务函数
{
  TH0=（65536-50000）/256；                 //高八位初值重装
  TL0=（65536-50000）%256；                 //低八位初值重装
```

第 4 章 单片机的中断与定时

// **************** 产生 1 秒计时及其处理程序 ****************
  jishu2 ++ ;   //50ms 计数
  if（jishu2 == 20）   //是否计够 1 秒，计 20 次为 1 秒
   {
    jishu2 = 0;   //是，计数归 0
    miao -- ; //秒减 1
    if（miao == 0xff） miao = 60; //减到 0 后再赋初值
   }
 }

方法三：秒产生在主函数，动态扫描在定时中断服务函数。
程序流程图如图 4.1.4 所示，源程序如下：

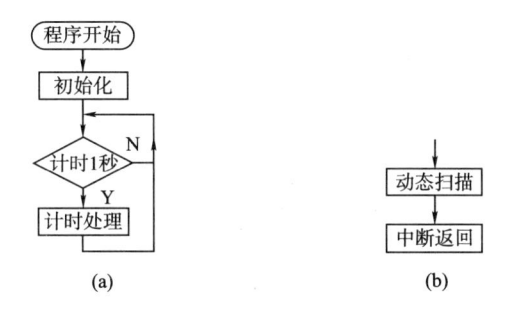

图 4.1.4 倒计时方法三流程图
（a）主函数；（b）定时器 T0 中断函数

```
//4-1-3.c
#include <reg51.h>
#define uchar unsigned char
uchar duanma [10] = {0xc0, 0xf9, 0xa4, 0xb0, 0x99,
                    0x92, 0x82, 0xf8, 0x80, 0x90}; //0 到 9 的段码
uchar weima [2] = {0x01, 0x02};                    //位码
uchar jishu1, jishu2, miao = 60;                   //定义变量及秒赋初值
uchar xianshi [2] = {0, 0};                        //显示缓存器
void yanshi50ms（void）                             //延时 50ms 函数
{
    uchar i, j;
    for（i = 100; i > 0; i--）
        for（j = 250; j > 0; j--）;
}
void chushihua（void）                              //定时器 T0 初始化函数
```

```c
    {
        TMOD = 0x01;                              //定时器 T0 方式 1
        TH0 = (65536 - 10000) /256;               //10ms 定时高八位初始值
        TL0 = (65536 - 10000) %256;               //10ms 定时低八位初始值
        EA = 1; ET0 = 1; TR0 = 1;                 //CPU、T0 允许中断，启动定时器
    }
    void main (void)                              //主函数
    {
        chushihua ();                             //调初始化函数
        while (1)                                 //无限循环
        {
    // ***************** 产生 1 秒计时及其处理程序 ***************
            jishu2 ++;                            //50ms 计数
                if (jishu2 == 20)                 //计够 20 次为 1 秒
                {
                    jishu2 = 0;                   //计够 1 秒后计数归 0
            miao --;                              //秒减 1
            if (miao == 0xff) miao = 60;          //减到 0 后再赋初值
                }
            yanshi50ms ();                        //延时 50ms
            }
    }
    void daojishi (void) interrupt 1              //定时器 T0 中断服务函数
    {
        TH0 = (65536 - 10000) /256;               //高八位初值重装
        TL0 = (65536 - 10000) %256;               //低八位初值重装
        xianshi [0] = duanma [miao/10];           //分离秒的十位
        xianshi [1] = duanma [miao%10];           //分离秒的个位
    // ******************* 动态扫描 **********************
        jishu1 ++;                                //指向扫描的下一位
        if (jishu1 == 2) jishu1 = 0;              //完成二位扫描后计数归 0
        P2 = weima [jishu1];                      //送位码
        P1 = xianshi [jishu1];                    //送段码
    }
```

方法四：动态扫描及秒产生均在一个定时中断服务函数。

程序流程图如图 4.1.5 所示，源程序如下：

第 4 章　单片机的中断与定时

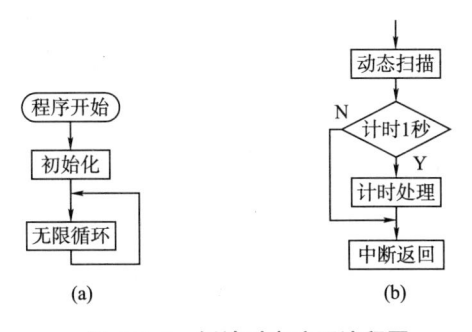

图 4.1.5　倒计时方法四流程图

```
//4-1-4.c
#include <reg51.h>
#define uchar unsigned char
uchar duanma[10]={0xc0, 0xf9, 0xa4, 0xb0,
                  0x99, 0x92, 0x82, 0xf8, 0x80, 0x90};   //段码
uchar weima[2]={0x01, 0x02};                              //位码
uchar jishu1, jishu2, miao=60;                            //定义变量
uchar xianshi[2]={0, 0};                                  //显示缓存器
void chushihua(void)                                      //初始化函数
{
    TMOD=0x01;                        //定时器 T0 方式 1
    TH0=(65536-10000)/256;            //10ms 定时高八位初始值
    TL0=(65536-10000)%256;            //10ms 定时低八位初始值
    EA=1; ET0=1; TR0=1;               //CPU、T0 允许中断,启动定时器
}
void main(void)                       //主函数
{
    chushihua();                      //调初始化函数
    while(1);                         //无限循环,踏步
}
void daojishi(void) interrupt 1       //定时器 T0 中断服务函数
{
    TH0=(65536-10000)/256;            //高八位初值重装
    TL0=(65536-10000)%256;            //低八位初值重装
    xianshi[0]=duanma[miao/10];       //分离秒的十位
    xianshi[1]=duanma[miao%10];       //分离秒的个位
//********************** 动态扫描 **********************
```

```
        jishu1 ++ ;                              //指向扫描的下一位
        if（jishu1 == 2）jishu1 = 0;              //完成二位扫描后计数归 0
        P2 = weima［jishu1］;                     //送位码
        P1 = xianshi［jishu1］;                   //送段码
// ****************** 产生 1 秒计时及其处理程序 **************
        jishu2 ++ ;                              //10ms 计数
        if（jishu2 == 100）                      //计够 100 次为 1 秒
          {
             jishu2 = 0;                         //计够 1 秒后计数归 0
             miao -- ;                           //秒减 1
             if（miao == 0xff）miao = 60;        //减到 0 后再赋初值
          }
      }
```

方法五：动态扫描和秒产生在两个定时中断服务函数

程序流程图如图 4.1.6 所示，源程序如下：

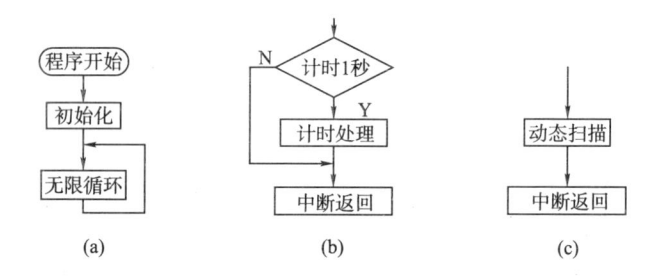

图 4.1.6 倒计时方法五流程图

（a）主函数；（b）定时器 T0 中断函数；（c）定时器 T1 中断函数

```
//4 - 1 - 5.c
#include < reg51.h >
#define uchar unsigned char
uchar duanma［10］= {0xc0, 0xf9, 0xa4, 0xb0, 0x99,
0x92, 0x82, 0xf8, 0x80, 0x90};                  //段码
uchar weima［2］= {0x01, 0x02};                   //位码
uchar jishu1, jishu2, miao = 60;                  //定义变量
uchar xianshi［2］= {0, 0};                       //显示缓存器
void chushihua（void）                            //初始化函数
{
    TMOD = 0x11;                                  //定时器 T0、T1 均设置为方式 1
    TH0 =（65536 - 50000）/256;                  //T0 定时器 50ms 高八位初值
```

```
        TL0 = (65536 - 50000)%256;              //              低八位初值
        TH1 = (65536 - 10000)/256;              //T1 定时器 10ms 高八位初值
        TL1 = (65536 - 10000)%256;              //              低八位初值
        EA = 1; ET0 = 1; TR0 = 1; ET1 = 1; TR1 = 1;   //允许中断,启动定时器
}
void main (void)                                //主函数
{
    chushihua ( );                              //调初始化函数
    while (1);                                  //无限循环,踏步
}
void daojishi (void) interrupt 1   //定时器 T0 中断服务函数,用于产生 1 秒
{
    TH0 = (65536 - 50000)/256;                  //高八位初值重装
    TL0 = (65536 - 50000)%256;                  //低八位初值重装
    jishu2 ++ ;                                 //50ms 计数
    if (jishu2 == 20)                           //每隔 50ms 执行一次,需 20 次计够 1s
        {
            jishu2 = 0;                         //计数归 0
            miao -- ;                           //秒计时减 1,实现倒计时
            if (miao == 0xff)  miao = 60;       //减到 0 后再赋初值
        }
}
void saom (void) interrupt 3       //定时器 T1 中断服务函数,用于完成动态
                                    扫描
{
    TH1 = (65536 - 10000)/256;                  //高八位初值重装
    TL1 = (65536 - 10000)%256;                  //低八位初值重装
    xianshi [0] = duanma [miao/10];             //分离秒的十位
    xianshi [1] = duanma [miao%10];             //分离秒的个位
    jishu1 ++ ;                                 //指向扫描的下一位
    if (jishu1 == 2) jishu1 = 0;                //完成二位扫描后计数归 0
    P2 = weima [jishu1];                        //送位码
    P1 = xianshi [jishu1];                      //送段码
}
```

讨论:在方法一和方法三中,一秒产生均在主函数中完成,一秒等于延时函数所产生的延时时间乘以循环次数 N,例如方法一中,采用 10ms 延时,需循环

100 次才能产生一秒,忽略了执行其他语句所产生的延时时间,所以在这两种方法中,存在一定的计时时间误差,可以通过调试程序找到较为合适的 N 值。在方法二、四、五中,一秒产生均由定时中断服务函数完成,不用编写延时函数,计时时间准确。在方法二中均衡使用了软件资源,在方法四和方法五中,主函数是处于踏步状态,若需要增加其他功能可以在主函数中编写。

4.1.4 任务扩展:连续三个不同时间的倒计时

1. 任务要求

连续三个不同时间的倒计时,分别依次从 40 秒、35 秒、4 秒开始倒计时,不断循环。(为交通灯设计做准备)

2. 任务分析及电路设计

动态扫描和倒计时均在定时器 T0 中断服务函数中完成,在倒计时项目中,是从固定时间开始倒计时,一旦计到 0 时,再从原初值开始倒计时。本任务是要求从三个不同时间初值开始的倒计时,可通过修改倒计时项目实现,当计到 0 时,不是再赋固定初值,而是指向数组的下一个元素,数组由任务要求的三个时间初值组成,硬件电路图如图 4.1.1 所示。

3. 任务编程及调试

程序流程图如图 4.1.7 所示,源程序如下:

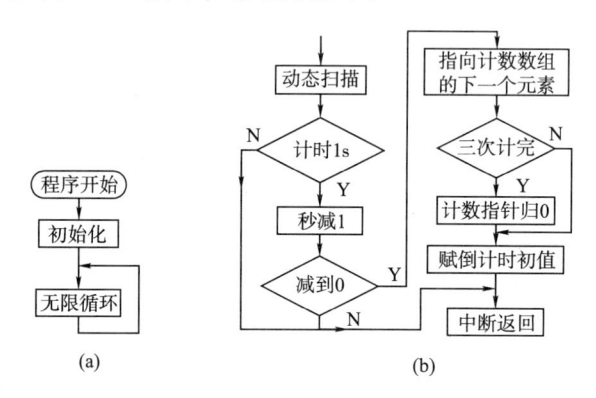

图 4.1.7 三组初始值的倒计时流程图
(a) 主函数; (b) 定时器 T0 中断函数

```
//4-1-6.c
#include <reg51.h>              //包含头文件
#define uchar unsigned char
uchar duanma [10] = {0xc0, 0xf9, 0xa4, 0xb0, 0x99,
0x92, 0x82, 0xf8, 0x80, 0x90};     //段码
uchar weima [2] = {0x01, 0x02};    //位码
uchar xunhuan [3] = {40, 35, 4};   //三组倒计时初始值
```

第4章 单片机的中断与定时

```c
uchar jishu1, jishu2, jishu3, miao;        //定义变量
uchar xianshi[2]={0,0};                    //显示缓存器
void chushihua(void)                       //初始化函数
{
    TMOD = 0x01;                           //T0 方式1
    TH0 = (65536-10000)/256;               //10ms 定时高八位初始值
    TL0 = (65536-10000)%256;               //10ms 定时低八位初始值
    EA = 1;                                //CPU 允许中断
    ET0 = 1;                               //T0 允许中断
    TR0 = 1;                               //启动 T0 定时器
}
void main(void)                            //主函数
{
    miao = xunhuan[0];                     //倒计时赋初值
    chushihua();                           //调定时器 T0 初始化函数
    while(1);                              //无限循环,踏步
}
void daojishi(void) interrupt 1            //定时器 T0 定时中断服务程序
{
    TH0 = (65536-10000)/256;               //高八位初值重装
    TL0 = (65536-10000)%256;               //低八位初值重装
    xianshi[0] = duanma[miao/10];          //分离秒的十位
    xianshi[1] = duanma[miao%10];          //分离秒的个位
    //********************* 动态扫描 *********************
    jishu1++;                              //指向扫描的下一位
    if(jishu1==2) jishu1=0;                //计完二位再重新扫描
    P2 = weima[jishu1];                    //送位码
    P1 = xianshi[jishu1];                  //送段码
    //***************** 产生1秒计时及其处理程序 *************
    jishu2++;                              //用于产生1秒计数
    if(jishu2==100)                        //是否计够1秒,需100次计够1秒
    {
        jishu2 = 0;                        //是,计数归0
        miao--;                            //秒计时减1,实现倒计时
        if(miao==0xff)                     //计时是否到0
        {
```

                jishu3 ++；   //完成一次倒计时，指向下一组倒计时的起始
                                         时间
                if（jishu3 ==3）jishu3 =0；//完成三组不同起始时间倒计时后，计数归0
                miao = xunhuan［jishu3］； //送倒计时的起始时间
            }
        }
    }

4.1.5 任务练习

1. 带控制的倒计时

（1）任务要求。从40开始倒计时，当倒计时大于等于20时发光二极管D1点亮，否则发光二极管D1不亮，当倒计时从40计到0时，再从40开始倒计时，不断循环。

（2）任务分析及电路设计。二位倒计时在前面已经学习了，本任务要求满足条件时，发光二极管D1点亮，否则不亮，只需在原有程序基础上再增加控制D1点亮、熄灭语句即可，由语句"if（miao > =20）D1 =0；else D1 =1；"完成。在硬件电路中采用低电平点亮D1，硬件电路如图4.1.8所示。

（3）任务编程及调试。程序流程图如图4.1.9所示，参考源程序如下：

```
//4-1-7.c
#include <reg51.h>
#define uchar unsigned char
uchar duanma［10］={0xc0, 0xf9, 0xa4, 0xb0, 0x99,
                  0x92, 0x82, 0xf8, 0x80, 0x90}；  //段码
uchar weima［2］={0x01, 0x02}；                    //位码
sbit D1 = P3^0；                                  //P3.0 控制发光二极管
uchar jishu1, jishu2, miao =40；                   //定义变量
uchar xianshi［2］={0, 0}；                        //显示缓存器
void chushihua（void）                             //初始化函数
{
    TMOD =0x01；                                  //T0 方式1
    TH0 =（65536 -10000）/256；                    //10ms 定时高八位初始值
    TL0 =（65536 -10000）%256；                    //10ms 定时低八位初始值
    EA =1；ET0 =1；TR0 =1；                        //CPU、T0 允许中断启动 T0 计数器
}
void main（void）                                  //主函数
```

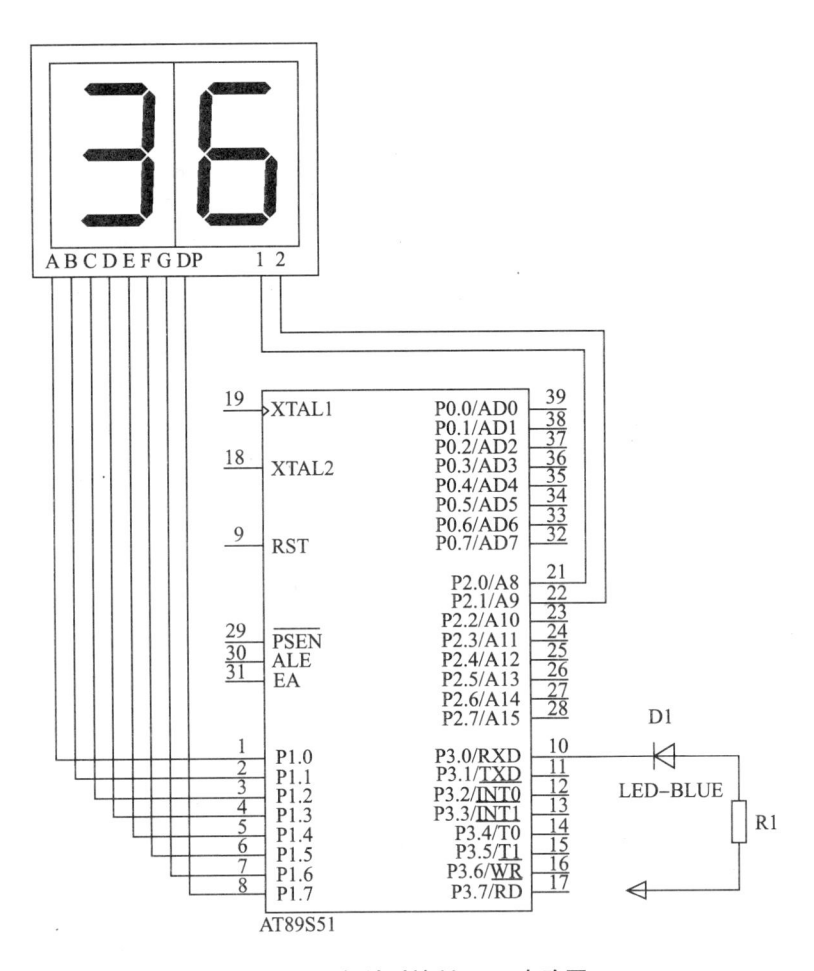

图 4.1.8　倒计时控制 LED 电路图

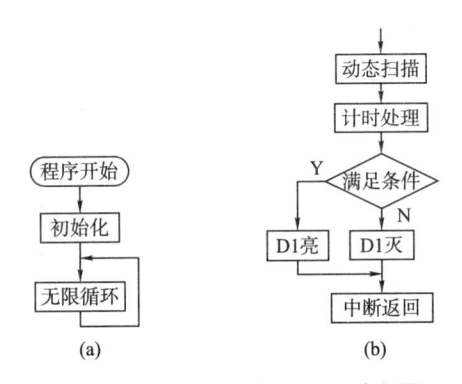

图 4.1.9　倒计时控制 LED 流程图

（a）主函数；（b）定时器 T0 中断函数

```
    {
        chushihua ( );                                //调初始化函数
        while (1);                                    //无限循环,踏步
    }
    void daojishi (void) interrupt 1                  //定时器 T0 中断服务函数
    {
        TH0 = (65536 – 10000) /256;                   //高八位初值重装
        TL0 = (65536 – 10000) %256;                   //低八位初值重装
        xianshi [0] = duanma [miao/10];               //分离秒的十位
        xianshi [1] = duanma [miao%10];               //分离秒的个位
    // ******************** 动态扫描 ************************
        jishu1 ++ ;                                   //指向扫描的下一位
        if (jishu1 == 2) jishu1 = 0;                  //计完二位再重新扫描
        P2 = weima [jishu1];                          //送位码
        P1 = xianshi [jishu1];                        //送段码
    // ******************** 产生 1 秒计时及其处理程序 ************
        jishu2 ++ ;                                   //用于产生 1 秒计数
        if (jishu2 == 100)                            //是否计够 1 秒,10ms 需 100 次
            {
                jishu2 = 0;                           //是,计数归 0
                miao -- ;                             //秒计时减 1,实现倒计时
                if (miao == 0xff)  miao = 40;         //计时到 0 时,再从 40 开始倒计时
            }
    // *************** 发光二极管控制 ***************************
        if (miao > = 20)  D1 = 0;                     //监控秒的值是否满足条件,满足时点亮 D1
        else D1 = 1;                                           不满足时,D1 不亮
    }
```

2. 按键控制倒计时

（1）任务要求。利用独立按键（采用外部中断）控制倒计时,从 40 开始倒计时,每次点击按键 K1,倒计时数值加 10,当倒计时数大于等于 60 时,倒计时显示数为 60,即倒计时数值不大于 60。

（2）任务分析及电路设计。本任务是结合了倒计时和按键控制任务,倒计时由定时器 T0 完成,按键控制由外部中断 0 完成,硬件电路如图 4.1.10 所示。

（3）任务编程及调试。程序流程图如 4.1.11 所示,源程序如下:

第4章 单片机的中断与定时

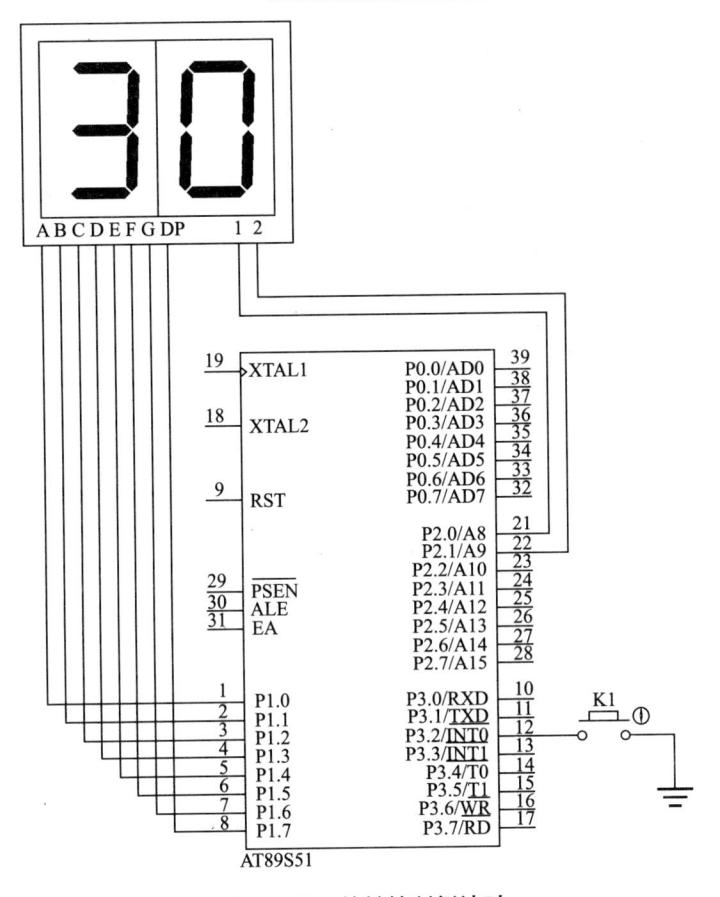

图 4.1.10 按键控制倒计时

(a) 主函数；(b) 定时器 T0 中断函数；(c) 外部中断 0 中断函数

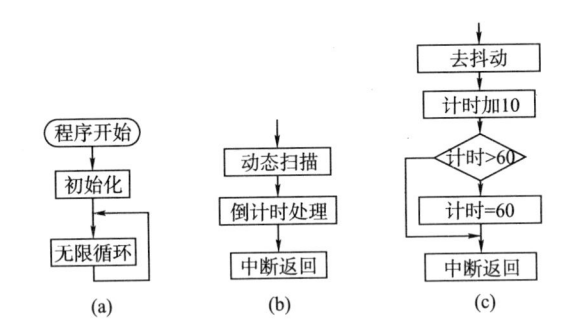

图 4.1.11 按键控制倒计时流程图

(a) 主函数；(b) 定时器 T0 中断函数；(c) 外部中断 0 中断函数

//4 - 1 - 8. c
#include < reg51. h >
#define uchar unsigned char
uchar duanma [10] = {0xc0, 0xf9, 0xa4,

```c
    0xb0, 0x99, 0x92, 0x82, 0xf8, 0x80, 0x90};       //段码
  uchar weima [2] = {0x01, 0x02};                    //位码
  uchar jishu1, jishu2, miao = 40;                   //定义变量
  uchar xianshi [2] = {0, 0};                        //显示缓存器
  void yanshi10ms (void)                             //延时10ms函数
  {
    uchar i, j;
    for (i = 20; i > 0; i--)
      for (j = 250; j > 0; j--);
  }
  void chushihua (void)                              //初始化函数
  {
    TMOD = 0x01;                                     //定时器T0方式1
    TH0 = (65536 - 10000) /256;                      //10ms定时高八位初始值
    TL0 = (65536 - 10000) %256;                      //10ms定时低八位初始值
    EA = 1;                                          //CPU允许中断
    EX0 = 1; IT0 = 1;                                //INT0允许中断,下降沿有效
    ET0 = 1; TR0 = 1;                                //T0允许中断,启动定时器
  }
  void main (void)                                   //主函数
  {
    chushihua ();                                    //调初始化函数
    while (1);                                       //无限循环,踏步
  }
  // ********************* 按键控制 *************************
  void anjian (void) interrupt 0                     //外部中断INT0中断服务函数
  {
    yanshi10ms ();                                   //延时去抖动
    if (INT0 == 0)                                   //二次判断
    {
      miao = miao + 10;                              //每次点击K1,计时加10
      if (miao > 60)  miao = 60;                     //若大于60等于60
    }
  }
  // ********************* 倒计时程序 ***********************
  void daojishi (void) interrupt 1                   //定时器T0中断服务函数
  {
```

第4章 单片机的中断与定时

```
        TH0 = (65536 - 10000)/256;              //高八位初始值重装
        TL0 = (65536 - 10000)%256;              //低八位初始值重装
        xianshi[0] = duanma[miao/10];           //分离秒的十位
        xianshi[1] = duanma[miao%10];           //分离秒的个位
        jishu1 ++;                              //指向扫描的下一位
        if(jishu1 == 2) jishu1 = 0;             //计完二位再重新扫描
        P2 = weima[jishu1];                     //送位码
        P1 = xianshi[jishu1];                   //送段码
        jishu2 ++;                              //用于产生1秒计数
        if(jishu2 == 100)                       //每隔10ms执行一次,需100次计够1秒
        {
            jishu2 = 0;                         //计数归0
            miao --;                            //秒计时减1,实现倒计时
            if(miao == 0xff) miao = 40;         //计时到0时,再从40开始倒
                                                计时
        }
}
```

3. 带状态控制的倒计时

(1) 任务要求。两组倒计时分别从40、20轮流循环,从40开始倒计时时第一位显示H;从20开始倒计时时第一位显示L,第二位均显示 -,其余两位显示倒计时数值。

(2) 任务分析及电路设计。本程序涉及到四位数码显示,用于倒计时的二位显示与前面所学一样,第二位是固定显示内容,第一位的显示内容是变化的,与两组倒计时数值相关联,用数组变量定义两组倒计时数值,可用一变量来定义当前状态,本程序采用变量jishu3定义,当jishu3 = 0时为从40开始倒计时,当jishu3 = 1时从20时开始倒计时,通过语句"if(jishu3 == 2) jishu3 = 0;"保证jishu3在0与1之间变化。故当jishu3 = 0时,第一位应显示"H",当jishu3 = 1时显示"L"。把字符"H、L、-"的显示段码定义到数字显示里,这样可通过执行语句"xianshi[0] = duanma[10 + jishu3];"来实现所要求的功能,硬件电路如图4.1.12所示。

(3) 任务编程及调试。程序流程图如图4.1.13所示,参考源程序如下:

```
//4-1-9.c
#include <reg51.h>
#define uchar unsigned char
uchar duanma[13] = {0xc0, 0xf9, 0xa4, 0xb0, 0x99, 0x92, 0x82, 0xf8,
0x80, 0x90, 0x89, 0xc7, 0xbf};//段码,数字0到9,字符H、L、-
```

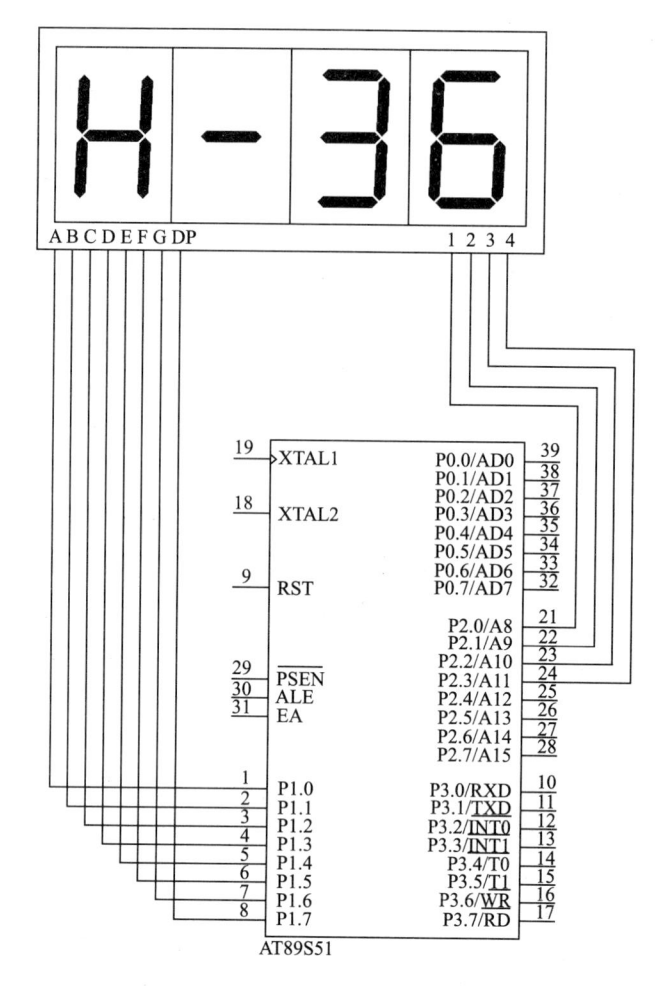

图 4.1.12 状态控制倒计时电路图

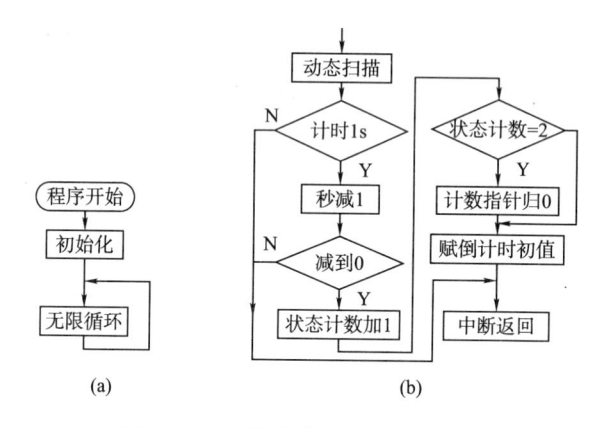

图 4.1.13 状态控制倒计时流程图
(a) 主函数流程图；(b) 定时器 0 中断函数流程图

```c
uchar weima [4] = {0x01, 0x02, 0x04, 0x08};            //位码
uchar xunhuan [2] = {40, 20};                          //倒计时数组
uchar jishu1, jishu2, jishu3, miao;                    //定义变量
uchar xianshi [4] = {0, 0, 0, 0};                      //显示缓存器
void chushihua (void)                                  //初始化函数
{
    TMOD = 0x01;                                       //定时器 T0 方式 1
    TH0 = (65536 - 10000) /256;                        //10ms 定时高八位初始值
    TL0 = (65536 - 10000) %256;                        //10ms 定时低八位初始值
    EA = 1; ET0 = 1; TR0 = 1;                  //CPU、T0 允许中断,启动定时器
}
void main (void)                                       //主函数
{
    miao = xunhuan [0];                                //送初始显示值
    chushihua ();                                      //调初始化函数
    while (1);                                         //无限循环,踏步
}
void daojishi (void) interrupt 1                       //定时器 T0 中断服务函数
{
    TH0 = (65536 - 10000) /256;                        //高八位初值重装
    TL0 = (65536 - 10000) %256;                        //低八位初值重装
// ******************** H、L 控制 ***************************
    xianshi [0] = duanma [10 + jishu3];                //第一位显示
//当 jishu3 = 0 时,显示 H;当 jishu3 = 1 时,显示 L
// ***********************************************************
    xianshi [1] = duanma [12];                         //第二位显示,显示-
    xianshi [2] = duanma [miao/10];                    //第三位显示,秒的十位
    xianshi [3] = duanma [miao%10];                    //第四位显示,秒的个位
// ******************** 动态扫描 ****************************
    jishu1 ++ ;                                        //指向扫描的下一位
    if (jishu1 == 4) jishu1 = 0;                       //完成四位扫描后计数归 0
    P2 = weima [jishu1];                               //送位码
    P1 = xianshi [jishu1];                             //送段码
// **************** 产生 1 秒计时及其处理程序 *****************
    jishu2 ++ ;                                        //10ms 计数
    if (jishu2 == 100)                                 //计够 100 次为 1 秒
```

```
            {
                jishu2 = 0;                            //计够1秒后计数归0
                miao -- ;                              //秒减1，实现倒计时
                if（miao == 0xff）                     //减到0
                {
                    jishu3 ++ ;                        //用于控制显示状态变量加1
                    if（jishu3 == 2）jishu3 = 0;       //如果完成二次，计数归0
                    miao = xunhuan［jishu3］;          //送倒计时初值
                }
            }
        }
```

4.1.6 思考题

（1）利用一位独立按键（采用外部中断）控制倒计时，当倒计时数值大于等于10时，每次点击按键，显示数值减1；当显示数值小于10时，点击按键不再减。画出硬件电路图，编写程序实现该功能。

（2）两组倒计时分别从40、20轮流循环，从40开始倒计时时D1点亮；从20开始倒计时时D2点亮。画出硬件电路图，编写程序实现该功能。

（3）四位动态扫描数码显示，从40开始倒计时，当显示数值大于等于20时第一位显示H，否则显示L，第二位显示–不变，第三、四位显示倒计时数值。画出硬件电路图，编写程序实现该功能。

4.2 项目七 简易交通灯

4.2.1 任务要求

只有红灯、绿灯轮流切换。南北方向绿灯40秒，东西方向绿灯30秒。动态扫描显示时间。

4.2.2 任务分析及电路设计

在倒计时项目里我们已经学习了三组数倒计时程序的编写，本任务要求是二组倒计时，编写方法一样；同倒计时项目相比较，本任务增加了灯的控制，当南北方向绿灯时（40秒倒计时开始），此时东西方向应为红灯，P3.2和P3.5须为高电平；当东西方向绿灯时（30秒倒计时开始），此时南北方向应为红灯，P3.2和P3.5须为高电平；由此可以得到灯的状态码分别是：0x24和0x81。硬件电路如图4.2.1所示，交通灯状态如表4.2.1所示。

第 4 章 单片机的中断与定时

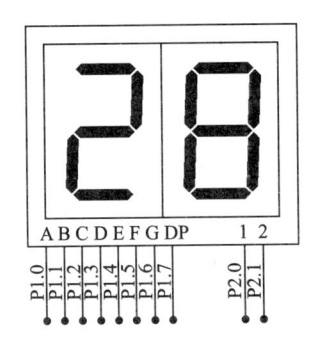

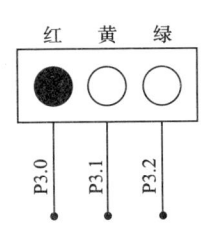

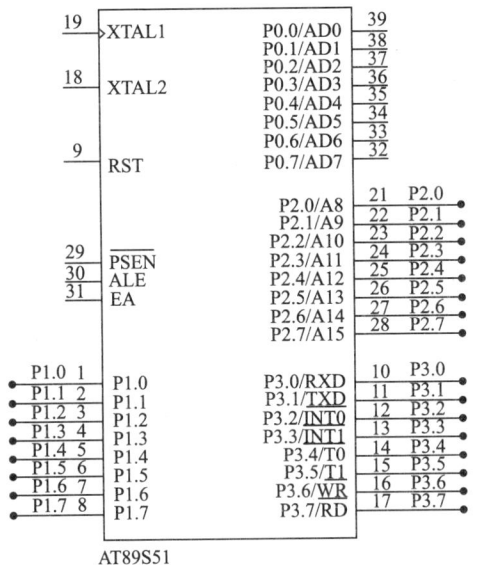

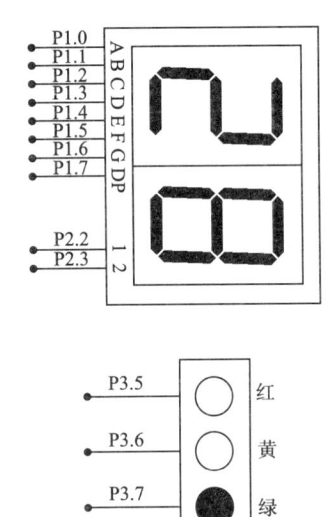

图 4.2.1 简易交通灯电路图

表 4.2.1 简易交通灯状态

灯的状态	P3.7	P3.6	P3.5	P3.4	P3.3	P3.2	P3.1	P3.0	十六进制数
南北绿灯	0	0	1	0	0	1	0	0	0x24
东西绿灯	1	0	0	0	0	0	0	1	0x81

二组倒计时的数值用数组 xunhuan [ ] 定义,用变量 jishu3 定义是 40 秒倒计时还是 30 秒倒计时的状态和交通灯的状态,当变量 jishu3 = 0 时,40 秒倒计时开始,同时交通灯的状态是南北绿灯亮,东西红灯亮;当变量 jishu3 = 1 时,30 秒倒计时开始,同时交通灯的状态是东西绿灯亮,南北红灯亮。变量 jishu3 的当前

值代表了交通灯的当前状态。

4.2.3 任务编程及调试

程序流程图如图 4.2.2 所示，源程序如下：

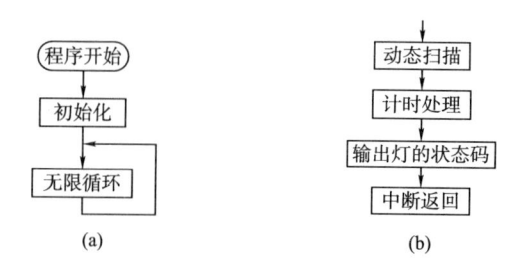

图 4.2.2 简易交通灯流程图

（a）主函数；（b）定时器 T0 中断函数

```
//4-2-1.c
#include <reg51.h>
#define uchar unsigned char
uchar duanma [10] = {0xc0, 0xf9, 0xa4, 0xb0, 0x99,
                    0x92, 0x82, 0xf8, 0x80, 0x90};     //段码
uchar weima [4] = {0x01, 0x02, 0x04, 0x08};            //位码
uchar xunhuan [2] = {40, 30};                           //二组倒计时 数组
uchar dengma [2] = {0x24, 0x81};                        //交通灯状态数组
uchar jishu1, jishu2, jishu3, miao;                     //定义变量
uchar xianshi [4] = {0, 0, 0, 0};                       //显示缓存器
void chushihua (void)                                   //初始化函数
{
    TMOD = 0x01;                                        // T0 方式 1
    TH0 = (65536 - 10000) /256;                         //10ms 定时高八位初值
    TL0 = (65536 - 10000) %256;                         //10ms 定时低八位初值
    EA = 1; ET0 = 1; TR0 = 1;                           //CPU、T0 允许中断,启动定时器
}
void main (void)                                        //主函数
{
    miao = xunhuan [0];                                 //秒送初值
    P3 = dengma [0];                                    //送灯的初始状态码
    chushihua ();                                       //调初始化函数
```

```
        while (1);                          //无限循环,踏步
}
void daojishi (void) interrupt 1            //定时器T0中断服务函数
{
        TH0 = (65536 - 10000) /256;         //高八位初值重装
        TL0 = (65536 - 10000)%256;          //低八位初值重装
        xianshi [0] = duanma [miao/10];     //分离秒的十位
        xianshi [1] = duanma [miao%10];     //分离秒的个位
        xianshi [2] = duanma [miao/10];     //分离秒的十位
        xianshi [3] = duanma [miao%10];     //分离秒的个位
// ******************** 动态扫描 ****************************
        jishu1 ++ ;                         //指向扫描的下一位
        if (jishu1 == 4) jishu1 = 0;        //完成4位扫描后计数归0
        P2 = weima [jishu1];                //送位码
        P1 = xianshi [jishu1];              //送段码
// **************** 产生1秒计时及其交通灯处理程序 ***********
        jishu2 ++ ;                         //10ms 计数
        if (jishu2 == 100)                  //计够100次为1秒
                {
                jishu2 = 0;                 //计够1秒后计数归0
                miao -- ;                   //秒减1,实现倒计时
                if (miao == 0xff)           //秒减到0
                        {
                        jishu3 ++ ;         //指向交通灯的下一个状态
                        if (jishu3 == 2) jishu3 = 0;  //完成二个状态后再重新开始
                        miao = xunhuan [jishu3];      //送数码显示的初值
                        P3 = dengma [jishu3];         //送灯的状态码
                        }
                }
}
```

4.2.4 任务扩展:交通灯

1. 任务要求

交通灯设计,南北方向40秒红灯、35秒绿灯、4秒黄灯;东西方向35秒绿灯、4秒黄灯、40秒红灯,动态扫描显示时间。

2. 任务分析及电路设计

本项目是在简易交通灯的基础上增加了黄灯，无论南北方向还是东西方向的倒计时均由二组变成了三组。本任务要求南北、东西方向倒计时显示的数值是不相同的，我们可以设计两个倒计时，一个对应南北方向，一个对应东西方向，用dxjishu 变量代表东西方向的状态，当 dxjishu = 0 时，东西方向为 35 秒倒计时，绿灯亮；当 dxjishu = 1 时，东西方向为 4 秒倒计时，黄灯亮；当 dxjishu = 2 时，东西方向为 40 秒倒计时，红灯亮。用 nbjishu 变量代表南北方向的状态，变量 nbjishu 具有与变量 dxjishu 同样的功能，只是对应南北方向，二个方向的倒计时是同时开始的。最后再利用控制语句将单独控制的数据组合输出，由语句 dxdeng［dxjishu］| nbdeng［nbjishu］完成东西、南北方向的数据组合，并通过端口输出，完成交通灯的控制。交通灯状态如表 4.2.2 所示，硬件电路如图 4.2.1 所示。

表 4.2.2 交通灯状态

南北方向	倒计时（数组 nbmiao）	40	35	4
	状态标记（变量 nbjishu）	0	1	2
	灯的状态码（数组 nbdeng）	0x01	0x04	0x02
	灯的状态	红灯	绿灯	黄灯
东西方向	倒计时（数组 dxmiao）	35	4	40
	状态标记（变量 dxjishu）	0	1	2
	灯的状态码（数组 dxdeng）	0x80	0x40	0x20
	灯的状态	绿灯	黄灯	红灯

3. 任务编程及调试

主函数完成初始化程序，动态扫描、数码显示、灯控均在 T0 中断服务函数中完成。

程序流程图如图 4.2.3 所示，源程序如下：

```
//4-2-2.c
#include <reg51.h>
#define uchar unsigned char
uchar duanma [10] = {0xc0, 0xf9, 0xa4, 0xb0, 0x99,
    0x92, 0x82, 0xf8, 0x80, 0x90};    //段码
```

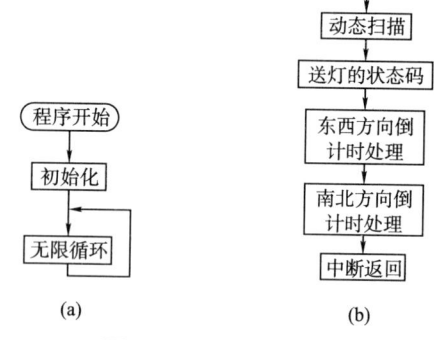

图 4.2.3 交通灯流程图
（a）主函数；（b）定时器 T0 中断函数

```c
uchar weima [4] ={0x01, 0x02, 0x04, 0x08};           //位码
uchar nanbei [3] ={40, 35, 4};  //南北方向三组倒计时对应红、绿、黄灯
uchar dongxi [3] ={35, 4, 40};  //东西方向三组倒计时对应绿、黄、红灯
uchar nbdeng [3] ={0x01, 0x04, 0x02};   //南北方向三组灯的状态红绿黄
uchar dxdeng [3] ={0x80, 0x40, 0x20};   //东西方向三组灯的状态绿黄红
uchar jishu1, jishu2, dxjishu, nbjishu, dxmiao, nbmiao;   //定义变量
uchar xianshi [4] ={0, 0, 0, 0};        //显示缓存器
void chushihua (void)                    //初始化函数
{
    TMOD =0x01;                          //定时器 T0 方式 1
    TH0 = (65536 – 10000) /256;          //10ms 定时高八位初值
    TL0 = (65536 – 10000)%256;           //10ms 定时低八位初值
    EA =1; ET0 =1; TR0 =1;               //CPU、T0 允许中断，启动定时器
}
void  main (void)                        //主函数
    {
    dxmiao = dongxi [0];                 //东西倒计时赋初值
    nbmiao = nanbei [0];                 //南北倒计时赋初值
    P3 = dxdeng [0] | nbdeng [0];        //送灯的初始状态码
    chushihua ();                        //调初始化函数
    while (1);                           //无限循环，踏步
    }
void daojishi (void) interrupt 1         //定时器 T0 中断服务函数
{
    TH0 = (65536 – 10000) /256;          //高八位初值重装
    TL0 = (65536 – 10000)%256;           //低八位初值重装
    xianshi [0] = duanma [nbmiao/10];    //分离南北方向秒的十位
    xianshi [1] = duanma [nbmiao%10];    //分离南北方向秒的个位
    xianshi [2] = duanma [dxmiao/10];    //分离东西方向秒的十位
    xianshi [3] = duanma [dxmiao%10];    //分离东西方向秒的个位
// ******************* 动态扫描 **************************
    jishu1 ++;                           //指向扫描的下一位
    if (jishu1 ==4) jishu1 =0;           //完成四位扫描后计数归 0
    P2 = weima [jishu1];                 //送位码
    P1 = xianshi [jishu1];               //送段码
// ******************* 控制灯的状态 **********************
```

```
        P3 = dxdeng［dxjishu］| nbdeng［nbjishu］;//送灯的状态码
    //***************产生 1 秒计时及处理程序******************
        jishu2 ++ ;                          //10ms 计数
        if（jishu2 == 100）                  //计够 100 次为 1 秒
            {
            jishu2 = 0;                      //计够 1 秒后计数归 0
            dxmiao -- ; nbmiao -- ;          //东西、南北秒各减 1,实现倒计时
            if（dxmiao == 0xff)              //东西方向秒减到 0
                {
                dxjishu ++ ;                 //指向东西方向交通灯的下一个状态
                if（dxjishu == 3） dxjishu = 0;//完成三个状态后再重新开始
                dxmiao = dongxi［dxjishu］;   //送东西方向数码显示的初值
                }
            if（nbmiao == 0xff)              //南北方向秒减到 0
                {
                nbjishu ++ ;                 //指向南北方向交通灯的下一个状态
                if（nbjishu == 3） nbjishu = 0;//完成三个状态后再重新开始
                nbmiao = nanbei［nbjishu］;   //送南北方向数码显示的初值
                }
            }
        }
```

4.2.5 任务练习

1. 可键控的交通灯

（1）任务要求。南北方向 40 秒红灯、35 秒绿灯、4 秒黄灯；东西方向 35 秒绿灯、4 秒黄灯、40 秒红灯,动态扫描显示时间。通过点击按键增加当前显示的时间,每点击一次,当前显示的最大数值不大于 50 时,增加 10 秒,即最大可增加到 60 秒。

（2）任务分析及电路设计。本任务是在带显示的交通灯基础上增加了按键控制,按键控制既可以在主函数中完成,也可以在外部中断函数中完成,本程序选用了外部中断函数完成按键控制。硬件电路示意图如图 4.2.4 所示。P1 端口为段选,P0 端口为位选,P2 端口为灯控,P3.2 为键控端。

（3）任务编程及调试。程序流程图如图 4.2.5 所示,源程序如下：

```
//4 - 2 - 3. c
#include < reg51. h >                        //包含头文件
#define uchar unsigned char                  //定义
```

第4章 单片机的中断与定时

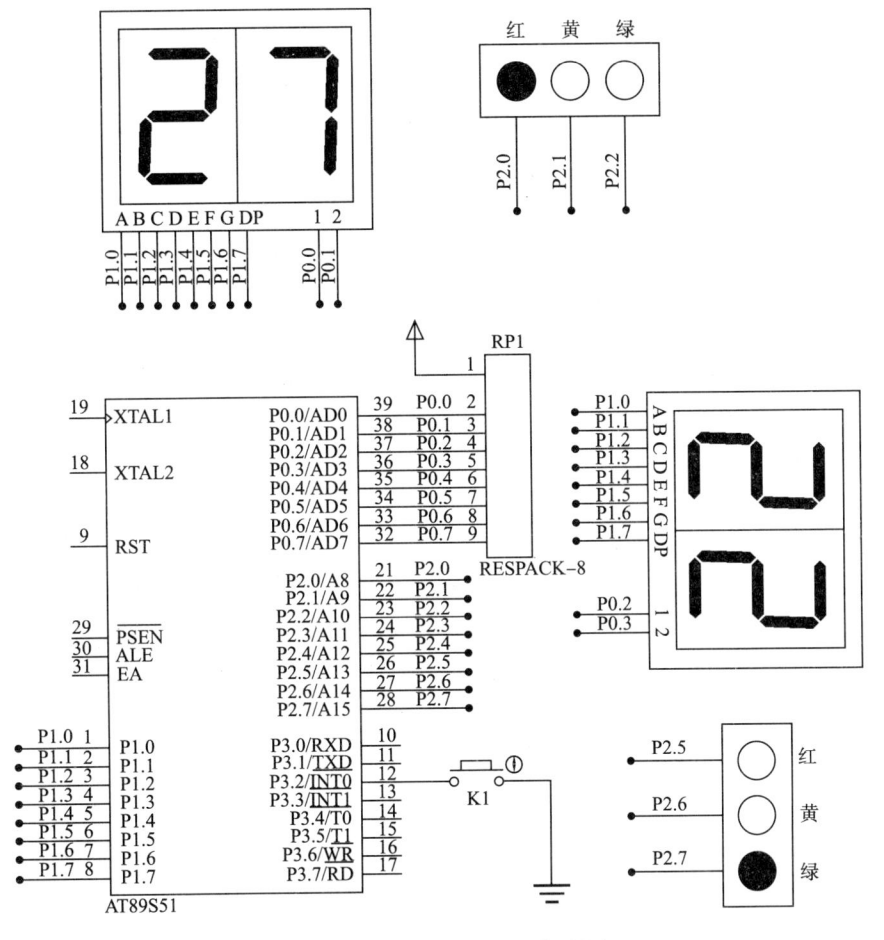

图 4.2.4 可键控交通灯电路图

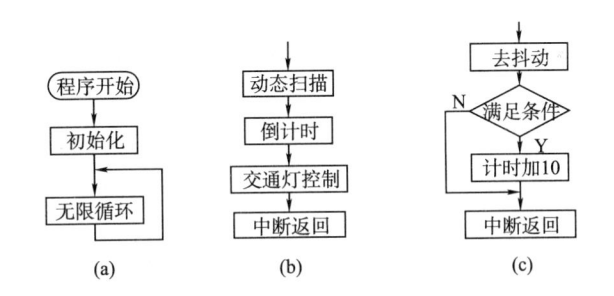

图 4.2.5 可键控交通灯时间流程图

(a) 主函数；(b) 定时器 T0 中断函数；(c) 外部中断 0 中断函数

uchar duanma [10] = {0xc0, 0xf9, 0xa4, 0xb0, 0x99,
     0x92, 0x82, 0xf8, 0x80, 0x90}; //段码

```c
uchar weima [4] = {0x01, 0x02, 0x04, 0x08};              //位码
uchar nanbei [3] = {40, 35, 4};  //南北方向三组倒计时对应红、绿、黄灯
uchar dongxi [3] = {35, 4, 40};  //东西方向三组倒计时对应绿、黄、红灯
uchar nbdeng [3] = {0x01, 0x04, 0x02};   //南北方向三组灯的状态红
                                           绿黄
uchar dxdeng [3] = {0x80, 0x40, 0x20};   //东西方向三组灯的状态绿
                                           黄红
uchar jishu1, jishu2, dxjishu, nbjishu, dxmiao, nbmiao;  //定义变量
uchar xianshi [4] = {0, 0, 0, 0};        //显示缓存器
void yanshi10ms (void)                   //延时10ms函数
{
  uchar i, j;
    for (i = 20; i > 0; i -- )
      for (j = 250; j > 0; j -- );
}
void chushihua (void)                    //初始化函数
{
  TMOD = 0x01;                           //定时器T0方式1
  TH0 = (65536 – 10000) /256;            //10ms定时高八位初值
  TL0 = (65536 – 10000)%256;             //10ms定时低八位初值
  EA = 1; ET0 = 1; EX0 = 1; IT0 = 1; TR0 = 1;
// CPU、T0、INT0允许中断,外部中断下降沿触发,启动定时器
}
void main (void)                         //主函数
{
  dxmiao = dongxi [0];                   //东西倒计时赋初值
  nbmiao = nanbei [0];                   //南北倒计时赋初值
  chushihua ();                          //调初始化函数
  while (1);                             //无限循环,踏步
}
void anjian (void) interrupt 0           //外部中断INT0中断服务函数
{
  yanshi10ms ();                         //延时去抖动
  if (INT0 ==0);                         //二次判断
    {
// ********************* 按键控制 *********************
```

第 4 章　单片机的中断与定时

```
      if ((dxmiao <=50) && (nbmiao <=50));    //东西、南北当前显示
                                                    值不大于50
      {
        dxmiao +=10;                           //东西显示值加10
        nbmiao +=10;                           //南北显示值加10
      }
   // ***************************************************
   }
}
void daojishi (void) interrupt 1              //定时器T0中断服务函数
{
   TH0 = (65536 - 10000) /256;                //高八位初值重装
   TL0 = (65536 - 10000)%256;                 //低八位初值重装
   xianshi [0] = duanma [nbmiao/10];          //分离南北方向秒的十位
   xianshi [1] = duanma [nbmiao%10];          //分离南北方向秒的个位
   xianshi [2] = duanma [dxmiao/10];          //分离东西方向秒的十位
   xianshi [3] = duanma [dxmiao%10];          //分离东西方向秒的个位
// ****************** 动态扫描 **************************
   jishu1 ++;                                 //指向扫描的下一位
   if (jishu1 ==4) jishu1 =0;                 //完成四位扫描后计数归0
   P0 = weima [jishu1];                       //送位码
   P1 = xianshi [jishu1];                     //送段码
// ****************** 控制灯的状态 ***********************
   P2 = dxdeng [dxjishu] | nbdeng [nbjishu];  //送灯的状态码
                     //东西方向状态和南北方向状态组合输出
// ****************** 产生1秒计时及处理程序 ****************
   jishu2 ++;                                 //10ms 计数
   if (jishu2 ==100)                          //计够100次为1秒
      {
        jishu2 =0;                            //计够1秒后，计数归0
        dxmiao --; nbmiao --;                 //东西、南北秒各减1，实现倒计时
        if (dxmiao ==0xff)                    //东西方向是否减到0
           {
             dxjishu ++;         //是，指向东西方向交通灯的下一个状态
             if (dxjishu ==3) dxjishu =0;     //完成三个状态后再重新开始
             dxmiao = dongxi [dxjishu];       //送东西方向数码显示的初值
```

```
            }
        if ( nbmiao == 0xff )              //南北方向是否减到 0
            {
                nbjishu ++ ;               //是,指向南北方向交通灯的下一个状态
                if ( nbjishu ==3 ) nbjishu =0;  //完成三个状态后再重新开始
                nbmiao = nanbei [nbjishu];      //送南北方向数码显示的初值
            }
        }
    }
```

2. 绿灯闪的交通灯

（1）任务要求。南北方向 40 秒红灯、35 秒绿灯、4 秒黄灯；东西方向 35 秒绿灯、4 秒黄灯、40 秒红灯,当绿灯倒计时还有 5 秒时,开始闪烁。

（2）任务分析及电路设计。本任务是在交通灯的基础上增加了在绿灯期间还剩 5 秒时,绿灯开始闪烁,由于东西方向绿灯和南北方向绿灯的控制端不同,在编程时要注意区分,通过交通灯状态表 4 - 2,可以发现当 dxjishu = 0 时,东西方向处于绿灯状态；当 nbjishu = 1 时,南北方向处于绿灯状态,控制绿灯程序既可以放在主函数里完成,也可放在中断函数里完成,本程序将绿灯闪烁控制程序放在了主函数里完成。硬件电路示意图如图 4.2.1 所示。

（3）任务编程及调试。程序流程图如图 4.2.6 所示,源程序如下：

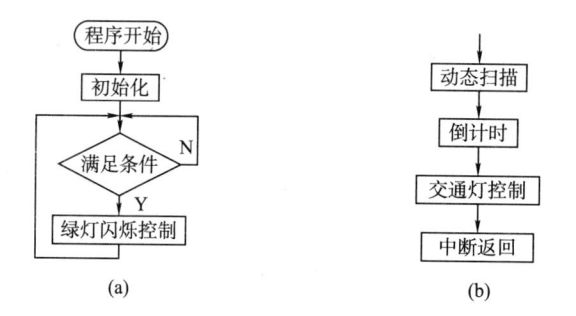

图 4.2.6 绿灯闪烁交通灯流程图
（a）主函数；（b）定时器 T0 中断函数

```
//4 - 2 - 4. c
#include < reg51. h >
#define uchar unsigned char
uchar duanma [10] = {0xc0, 0xf9, 0xa4, 0xb0, 0x99,
                     0x92, 0x82, 0xf8, 0x80, 0x90};    //段码
uchar weima [4] = {0x01, 0x02, 0x04, 0x08};             //位码
uchar nanbei [3] = {40, 35, 4}; //南北方向三组倒计时对应红、绿、黄灯
```

```c
uchar dongxi [3] = {35, 4, 40};        //东西方向三组倒计时对应绿、黄、红灯
uchar nbdeng [3] = {0x01, 0x04, 0x02};  //南北方向三组灯的状态红
                                        绿黄
uchar dxdeng [3] = {0x80, 0x40, 0x20};  //东西方向三组灯的状态绿
                                        黄红
uchar jishu1, jishu2, dxjishu, nbjishu, dxmiao, nbmiao;  //定义变量
uchar xianshi [4] = {0, 0, 0, 0};       //显示缓存器
void chushihua (void)                   //初始化函数
{
   TMOD = 0x01;                         //定时器T0方式1
   TH0 = (65536 - 10000) /256;          //10ms初值
   TL0 = (65536 - 10000) %256;
   EA = 1; ET0 = 1; TR0 = 1;            // CPU、T0、允许中断，启动定时器
}
sbit k1 = P3^2;                         //位定义，东西绿灯
sbit k2 = P3^7;                         //位定义，南北绿灯
void yanshi02s (void)                   //延时0.2秒函数
{
   uchar i, j, k;
   for (i = 2; i > 0; i -- )
    for (j = 200; j > 0; j -- )
     for (k = 250; k > 0; k -- );
}
void main (void)                        //主函数
{
   dxmiao = dongxi [0];                 //东西倒计时赋初值
   nbmiao = nanbei [0];                 //南北倒计时赋初值
   P3 = dxdeng [0] | nbdeng [0];        //送灯的初始状态码
   chushihua ();                        //调初始化函数
   while (1)                            //无限循环
    {
//***************控制东西方向绿灯闪烁********************
if ((dxjishu == 0) && (dxmiao < 5))    //东西绿灯状态，同时满足计时小
                                        于5
{
   k2 = ~k2;                            //东西绿灯控制端口取反，实现闪烁
```

```
       yanshi02s（）;                      //延时0.2秒，控制闪烁频率
    }
       // ****************** 控制南北方向绿灯闪烁 *********************
    if（(nbjishu == 1）&&（nbmiao < 5））//南北绿灯状态，同时满足计时小
                                          于5
    {
       k1 = ~ k1;                         //南北绿灯控制端口取反，实现闪烁
       yanshi02s（）;                      //延时0.2秒，控制闪烁频率
    }
       // *******************************************************
    }
}
void daojishi（void）interrupt 1            //定时器T0中断服务函数
{
    TH0 =（65536 – 10000）/256;              //高八位初值重装
    TL0 =（65536 – 10000）%256;              //低八位初值重装
    xianshi［0］= duanma［nbmiao/10］;        //分离南北方向秒的十位
    xianshi［1］= duanma［nbmiao%10］;        //分离南北方向秒的个位
    xianshi［2］= duanma［dxmiao/10］;        //分离东西方向秒的十位
    xianshi［3］= duanma［dxmiao%10］;        //分离东西方向秒的个位
    // ******************* 动态扫描 ***************************
    jishu1 ++;                              //指向扫描的下一位
    if（jishu1 == 4）jishu1 = 0;             //完成4位扫描后计数归0
    P0 = weima［jishu1］;                    //送位码
    P1 = xianshi［jishu1］;                  //送段码

    // ****************** 产生1秒计时及处理程序 ********************
    jishu2 ++;                              //10ms 计数
    if（jishu2 == 100）                      //计够100次为1秒
       {
          jishu2 = 0;                       //计够1秒后计数归0
          dxmiao -- ; nbmiao --;            //东西、南北秒各减1，实现倒计时
          if（dxmiao == 0xff）               //东西方向秒减到0
             {
                dxjishu ++;                 //指向东西方向交通灯的下一个状态
                if（dxjishu == 3）dxjishu = 0;//完成三个状态后再重新开始
```

```
                    dxmiao = dongxi［dxjishu］;    //送东西方向数码显示的初值
                }
            if（nbmiao ==0xff)                     //南北方向秒减到 0
                {
                    nbjishu ++ ;                   //指向南北方向交通灯的下一个状态
                    if（nbjishu ==3) nbjishu =0;//完成三个状态后再重新开始
                    nbmiao = nanbei［nbjishu］;    //送南北方向数码显示的初值
                }
// ******************* 控制灯的状态 ***************************
    P2 = dxdeng［dxjishu］| nbdeng［nbjishu］;//送灯的状态码
        //本条语句在交通灯程序里是每 10ms 执行一次, 在本程序是每
        秒执行一次, 注意观察放在不同位置的区别
// ***********************************************************
    }
        }
```

4.2.6 思考题

（1）设计手动、自动一体的交通灯。当开关 SW 闭合时，自动控制状态；当开关 SW 打开时，手动状态，每次点击按键 K1，东西、南北方向的红绿灯发生一次变化，画出硬件电路图，编写程序实现该功能。

（2）黄灯闪的交通灯。南北方向 40 秒红灯、35 秒绿灯、4 秒黄灯；东西方向 35 秒绿灯、4 秒黄灯、40 秒红灯，当黄灯倒计时时，开始闪烁，画出硬件电路图，编写程序实现该功能。

4.3 项目八 数字钟

4.3.1 任务要求

六位数码显示，采用动态扫描方式，两位显示时位，两位显示分位，两位显示秒位，初始时间为 23 点 58 分 46 秒。

4.3.2 任务分析及电路设计

在两位数码显示中已经学习了如何显示、如何产生 1 秒计时，数字钟里又增加了分位和时位，我们知道当秒位计够 60 秒时，自身归 0，同时让分位上加 1，当分位计够 60 时，分位归 0，时位加 1，当时位计够 24 时，时位归 0，数字钟的程序就是按照这样的逻辑关系进行编写的。硬件电路如图 4.3.1 所示。

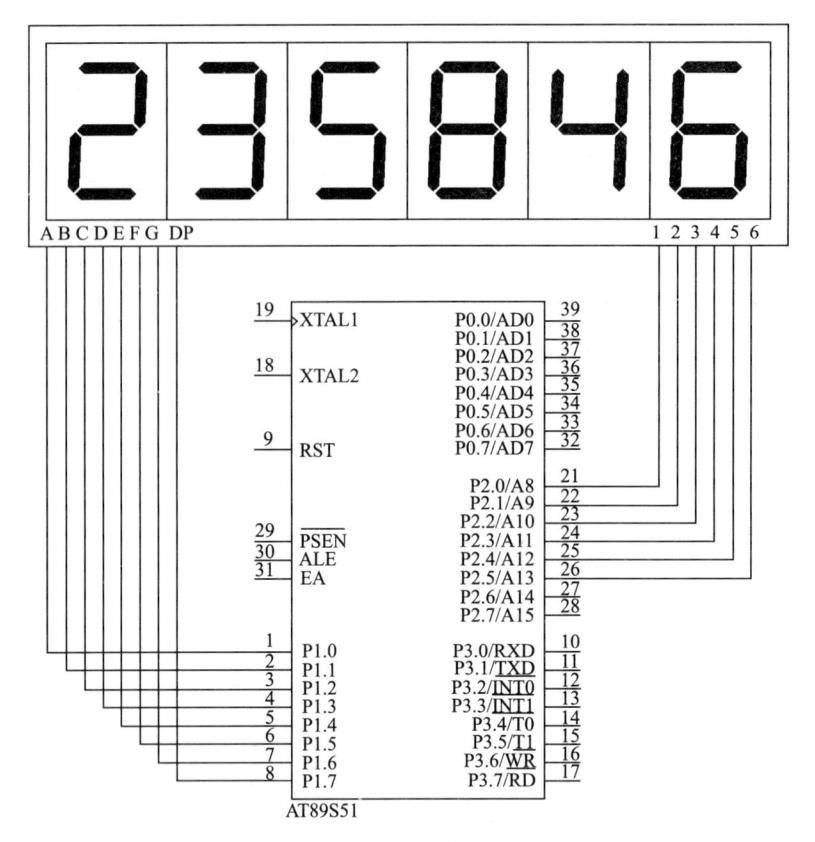

图 4.3.1　数字电钟电路图

4.3.3　任务编程及调试

程序流程图如图 4.3.2 所示，源程序如下：

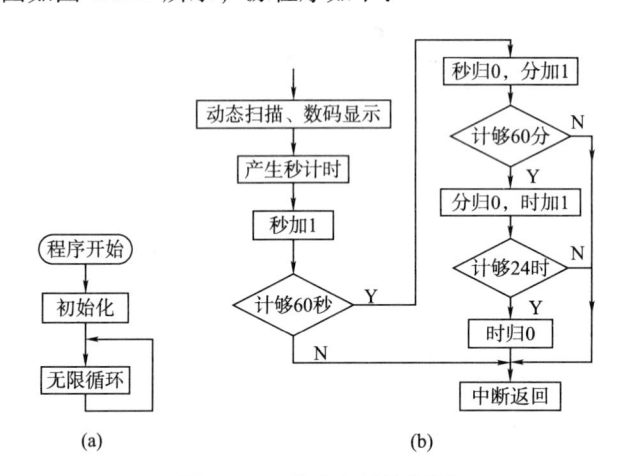

图 4.3.2　数字电钟流程图
（a）主函数；（b）定时器 T0 中断函数

```c
//4-3-1.c
#include <reg51.h>
#define uchar unsigned char
uchar duanma[10]={0xc0,0xf9,0xa4,0xb0,0x99,
                  0x92,0x82,0xf8,0x80,0x90};       //段码
uchar weima[6]={0x01,0x02,0x04,0x08,0x10,0x20};    //位码
uchar jishu1,jishu2,shi,fen,miao;                  //定义变量
uchar xianshi[6]={0,0,0,0,0,0};                    //显示缓存器
void chushihua(void)                               //初始化函数
{
    TMOD=0x01;                                     //T0方式1
    TH0=(65536-5000)/256;                          //5ms定时高
                                                   //八位初始值
    TL0=(65536-5000)%256;                          //5ms定时低
                                                   //八位初始值
    EA=1;ET0=1;TR0=1;              //CPU允许中断、T0允许中断、启动
}
//*********************主函数***************************
void main(void)                                    //主函数
{
    shi=23;fen=58;miao=46;                         //初始显示
                                                   //数据
    chushihua();                                   //调初始化
                                                   //函数
    while(1);                                      //无限循环，
                                                   //踏步
}
//*******************定时器T0中断服务程序******************
void shuzizhong(void) interrupt 1    //定时器T0中断服务函数
{
    TH0=(65536-5000)/256;                          //高八位初值重装
    TL0=(65536-5000)%256;                          //低八位初值重装
//**************时、分、秒显示数据处理*********************
    xianshi[0]=duanma[shi/10];                     //分离时位上的十位
    xianshi[1]=duanma[shi%10];                     //分离时位上的个位
    xianshi[2]=duanma[fen/10];                     //分离分位上的十位
```

```
            xianshi［3］= duanma［fen%10］;              //分离分位上的个位
            xianshi［4］= duanma［miao/10］;            //分离秒位上的十位
            xianshi［5］= duanma［miao%10］;            //分离秒位上的个位
// ********************* 动态扫描六位 *********************
jishu1 ++ ;                                              //指向扫描的下一位
    if（jishu1 == 6）jishu1 = 0;                         //完成六位扫描后计数归 0
    P2 = weima［jishu1］;                                //送位码
    P1 = xianshi［jishu1］;                              //送段码
// *********** 产生时、分、秒以及相互之间的逻辑关系 ********
jishu2 ++ ;
    if（jishu2 == 200）//由于定时是 5000μs, 需要计 200 次才能产生 1 秒
        {
            jishu2 = 0;                                  //计够 1 秒, 计数归 0
            miao ++ ;                                    //秒加 1
            if（miao == 60）                            //是否计到 60 秒
                {
                    miao = 0;                            //是, 秒归 0
                    fen ++ ;                             //分加 1
                    if（fen == 60）                     //分是否计到 60 分
                        {
                            fen = 0;                     //是, 分归 0
                            shi ++ ;                     //时加 1
                            if（shi == 24）             //时是否计到 24 时
                                shi = 0;                 //是, 时归 0
                        }
                }
        }
}
```

4.3.4　任务扩展：带 LED 灯闪的数字钟

1. 任务要求

带 LED 灯闪的数字钟, 时位和分位中间有两个 LED, 分位和秒位中间有两个 LED, LED 亮 0.5 秒, 灭 0.5 秒, 一闪一闪的效果。

2. 任务分析及电路设计

本任务是在数字钟的基础上增加了 LED 闪烁灯的效果, LED 灯闪烁控制与数字钟同在定时器 T0 中断服务函数中完成。硬件电路图如图 4.3.3 所示。

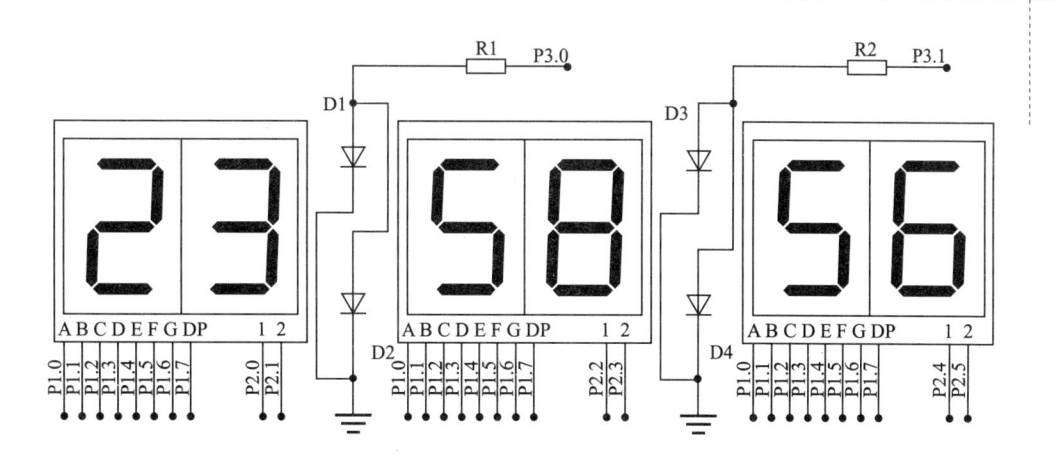

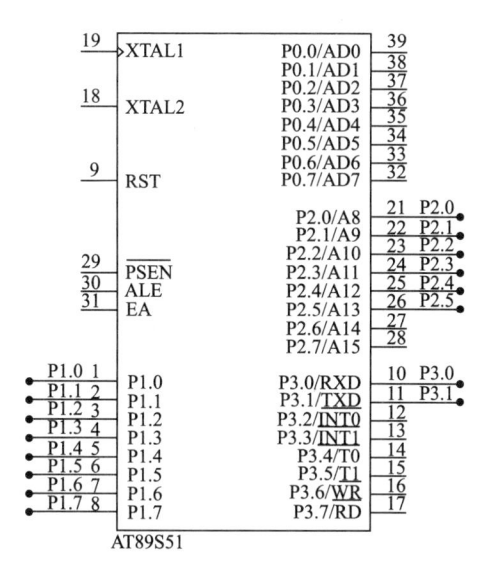

图 4.3.3 带 LED 闪的数字钟电路图

3. 任务编程及调试

参考程序如下：

```
//4-3-2.c
#include <reg51.h>
#define uchar unsigned char
uchar duanma[10]={0xc0, 0xf9, 0xa4, 0xb0, 0x99,
                  0x92, 0x82, 0xf8, 0x80, 0x90};    //段码
uchar weima[6]={0x01, 0x02, 0x04, 0x08, 0x10, 0x20};  //位码
uchar jishu1, jishu2, shi, fen, miao, banmiao;         //定义变量
uchar xianshi[6]={0, 0, 0, 0, 0, 0};                   //显示缓存器
sbit D1 = P3^0;                                        //定义端口
```

```c
    sbit D2 = P3^1;                              //定义端口
    voidchushihua(void)                          //初始化函数
    {
        TMOD = 0x01;                             //定时器T0方式1
        TH0 = (65536 - 10000)/256;               //10ms定时高八位初始值
        TL0 = (65536 - 10000)%256;               //10ms定时低八位初始值
        EA = 1; ET0 = 1; TR0 = 1;                //CPU、T0允许中断, 启动定时器
    }
    void main(void)                              //主函数
    {
        shi = 23; fen = 58; miao = 46;           //显示初值
        chushihua();                             //调初始化函数
        while(1);                                //无限循环, 踏步
    }
// ********************* 定时器T0中断服务程序 ***************
    void shuzizhong(void) interrupt 1            //定时器T0中断服务函数
    {
        TH0 = (65536 - 5000)/256;                //高八位定时初值重装
        TL0 = (65536 - 5000)%256;                //低八位定时初值重装
// *************** 时、分、秒显示数据处理 ********************
        xianshi[0] = duanma[shi/10];             //分离时位上的十位
        xianshi[1] = duanma[shi%10];             //分离时位上的个位
        xianshi[2] = duanma[fen/10];             //分离分位上的十位
        xianshi[3] = duanma[fen%10];             //分离分位上的个位
        xianshi[4] = duanma[miao/10];            //分离秒位上的十位
        xianshi[5] = duanma[miao%10];            //分离秒位上的个位
// ********************* 动态扫描 ***************************
        jishu1 ++;                               //指向扫描的下一位
        if(jishu1 == 6) jishu1 = 0;              //完成六位扫描后计数 归0
        P2 = weima[jishu1];                      //送位码
        P1 = xianshi[jishu1];                    //送段码
// ****************** 控制LED灯闪烁 ************************
        jishu2 ++;                               //5ms计数
        banmiao ++;                              //0.5秒计数
        if(banmiao == 100)                       //计够100为0.5秒
        {
```

```
            banmiao = 0;                          //0.5 秒计数归 0
            D1 = ~D1;                             //D1、D2  LED 灯闪烁
            D2 = ~D2;                             //D3、D4  LED 灯闪烁
        }
// ********** 产生时、分、秒以及相互之间的逻辑关系 **************

        if (jishu2 == 200)         //由于定时是 5ms,需要计 200 次才能产生 1 秒
        {
            jishu2 = 0;                           //1 秒的计数归 0
            miao ++;                              //秒加 1
            if (miao == 60)                       //是否计到 60 秒
            {
                miao = 0;                         //是,秒归 0
                fen ++;                           //分加 1
                if (fen == 60)                    //分是否计到 60 分
                {
                    fen = 0;                      //是,分归 0
                    shi ++;                       //时加 1
                    if (shi == 24)                //时是否计到 24 时
                        shi = 0;                  //是,时归 0
                }
            }
        }
    }
}
```

4.3.5 任务练习

1. 可调时间的数字钟

(1) 任务要求。具有四个按键,每次点击 k1 键具有停止/运行轮流切换功能,在时钟停止状态下,每次点击 k2 键完成时加 1 功能,每次点击 k3 键完成分加 1,每次点击 k4 键完成秒加 1 功能。当时钟处于运行状态下,点击 k2、k3、k4 键无反应。

(2) 任务分析及电路设计。本任务是将数字钟和按键控制结合在一起,数字钟程序同前面学习的一样,在定时器 T0 中断服务函数中完成,按键控制在主函数中完成,由任务要求知道,k1 键具有控制数字钟停止/运行功能,状态轮流切换,具有两个状态,状态的变化可用 bit 定义,k1 到 k4 的按键定义以及识别已经学习了,要注意 k2、k3、k4 是在 k1 位于停止状态时才起作用,否则秒不加

1,即我们看到的显示不变。硬件电路图如图 4.3.4 所示。

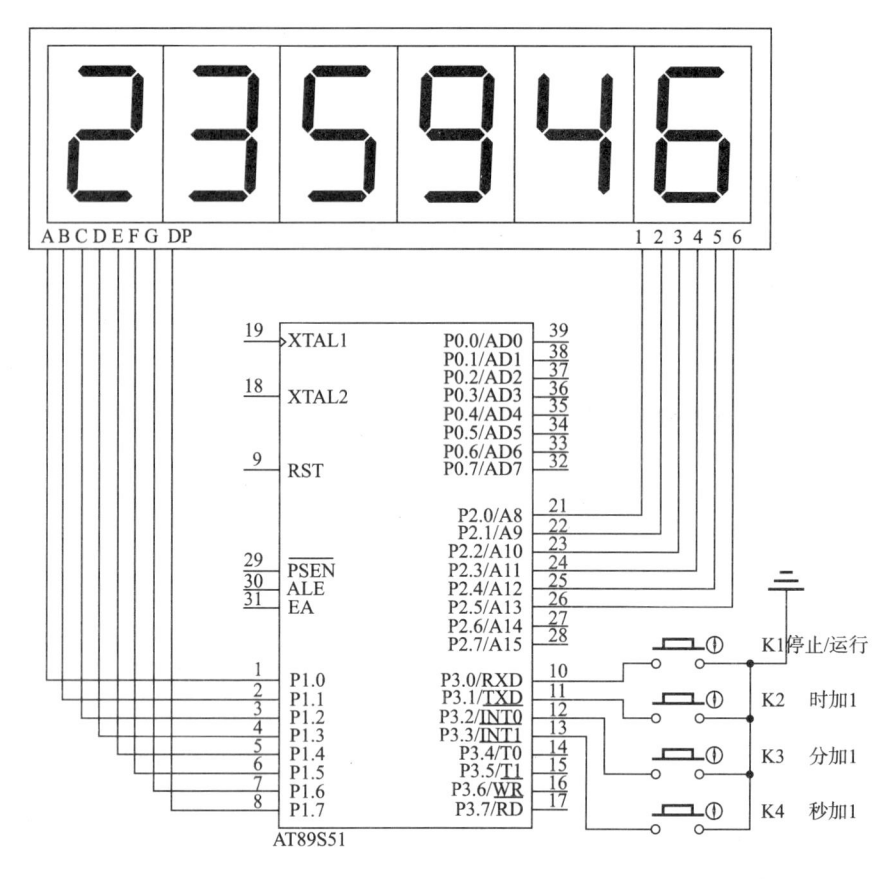

图 4.3.4 可调时间数字钟电路图

(3) 任务编程及调试。

//4-3-3.c
#include <reg51.h>
#define uchar unsigned char
uchar duanma [10] = {0xc0, 0xf9, 0xa4, 0xb0, 0x99,
　　　　　　　　　　 0x92, 0x82, 0xf8, 0x80, 0x90};　　　　//段码
uchar weima [6] = {0x01, 0x02, 0x04, 0x08, 0x10, 0x20}; //位码
uchar jishu1, jishu2, shi, fen, miao;　　　　　　　　　　//定义变量
uchar xianshi [6] = {0, 0, 0, 0, 0, 0};　　　　　　　　　//显示缓存器
bit kaiting = 0;　　　　//位定义，kaiting = 0 时，运行；kaiting = 1 时，停止
sbit k1 = P3^0; sbit k2 = P3^1;　　　　　　　　　　　　　//按键 k1、k2 定义
sbit k3 = P3^2; sbit k4 = P3^3;　　　　　　　　　　　　　//按键 k3、k4 定义
void yanshi20ms（void）　　　　　　　　　　　　　　　　　//延时 0.2 秒

第4章 单片机的中断与定时

```
    {
      uchar i, j;
      for (i = 40; i > 0; i -- )
      for (j = 250; j > 0; j -- );
    }
    void chushihua (void)              //初始化函数
    {
      TMOD = 0x01;                     //T0 方式 1
      TH0 = (65536 - 5000) /256;       //5ms 定时高八位初始值
      TL0 = (65536 - 5000) %256;       //5ms 定时低八位初始值
      EA = 1; ET0 = 1; TR0 = 1;        //CPU、T0 允许中断,启动定时器
    }
    void main (void)                   //主函数
    {
      uchar saomiao;                   //定义变量
      shi = 23; fen = 58; miao = 46;   //初始显示
      chushihua ();                    //调初始化函数
      while (1)                        //无限循环
       {
       // ********************* 按键识别 **************************
        P3 = 0xff;                     //端口置高电平
        saomiao = P3;                  //读端口
        if (saomiao! = 0xff)           //有键按下
       {
         yanshi20ms ();                //是,延时 20ms 去抖动
         saomiao = P3;                 //读端口
         if (saomiao! = 0xff)          //确认有键按下
           {
           // *********** 采用查询方式判断是哪一键按下 **********
              if (k1 == 0)             //k1 键按下
               {
                 kaiting = ~ kaiting;  //停止/运行状态取反
               }
              if ((k2 == 0) && (kaiting == 1))  //k2 键按下,同时处于停止
                                                //状态
               {
```

```c
            // *************** 完成时加 1 ******************
                if ( shi == 23 )              //当前时等于 23
                    shi = 0;                  //是，时归 0
                else shi ++ ;                 //否，时加 1
                }
            if ( ( k3 ==0 ) && ( kaiting ==1 ) ) //k3 键按下，同时处于停止
                                                 状态
                {
            // *************** 完成分加 1 ******************
                if ( fen == 59 )              //当前分等于 59
                    fen = 0;                  //是，分归 0
                else fen ++ ;                 //否，分加 1
                }
            if ( ( k4 ==0 ) && ( kaiting ==1 ) ) //k4 键按下，同时处于停止
                                                 状态
                {
            // *************** 完成秒加 1 ******************
                if ( miao == 59 )             //当前秒等于 59
                    miao = 0;                 //是，秒归 0
                else miao ++ ;                //否，秒加 1
                }
            while ( P3！ = 0xff );            //等待按键释放
            }
        }
    }
}
// ********************* 定时器 T0 中断服务程序 **************
void shuzizhong ( void ) interrupt 1         //定时器 T0 中断服务函数
 {
    TH0 = ( 65536 – 5000 ) /256;             //高八位初值重装
    TL0 = ( 65536 – 5000 ) %256;             //低八位初值重装
    xianshi [0] = duanma [ shi/10 ];         //分离时位上的十位
    xianshi [1] = duanma [ shi%10 ];         //分离时位上的个位
    xianshi [2] = duanma [ fen/10 ];         //分离分位上的十位
    xianshi [3] = duanma [ fen%10 ];         //分离分位上的个位
    xianshi [4] = duanma [ miao/10 ];        //分离秒位上的十位
```

```c
            xianshi［5］= duanma［miao%10］;        //分离秒位上的个位
            jishu1 ++ ;                            //指向扫描的下一位
            if（jishu1 ==6）jishu1 =0;             //完成6位扫描后计数归0
            P2 = weima［jishu1］;                   //送位码
            P1 = xianshi［jishu1］;                 //送段码
            //************ 产生时、分、秒以及停止/运行控制 **************
            jishu2 ++ ;                            //5ms 计数
            if（jishu2 ==200）                     //计够200次，产生1秒
              {
                jishu2 =0;                         //计够1秒，计数归0
                //*********** 查询停止/运行状态，实现显示控制 ***********
                if（kaiting ==0）                  //是否处于运行状态
                   miao ++ ;                       //是，秒加1，否则不加
                //********************************************
                    if（miao ==60）                //是否计到60秒
                      {
                        miao =0;                   //是，秒归0
                        fen ++ ;                   //分加1
                        if（fen ==60）             //是否计到60分
                          {
                            fen =0;                //是，分归0
                            shi ++ ;               //时加1
                            if（shi ==24）//是否计到24时
                              shi =0;              //是，时归0
                          }
                      }
              }
    }
```

2. 固定时间闹铃的数字钟

（1）任务要求。初始显示21时58分00秒，当时间走到22时00分00秒时，蜂鸣器响5秒。

（2）任务分析及电路设计。本程序的软件资源分配为：主函数监控闹铃时间是否到，并启动定时器T1，蜂鸣器响5秒后，再关闭闹铃；定时器T0完成数字钟程序和5秒计时；定时器T1完成蜂鸣器输出控制。硬件电路示意图如图4.3.5所示。

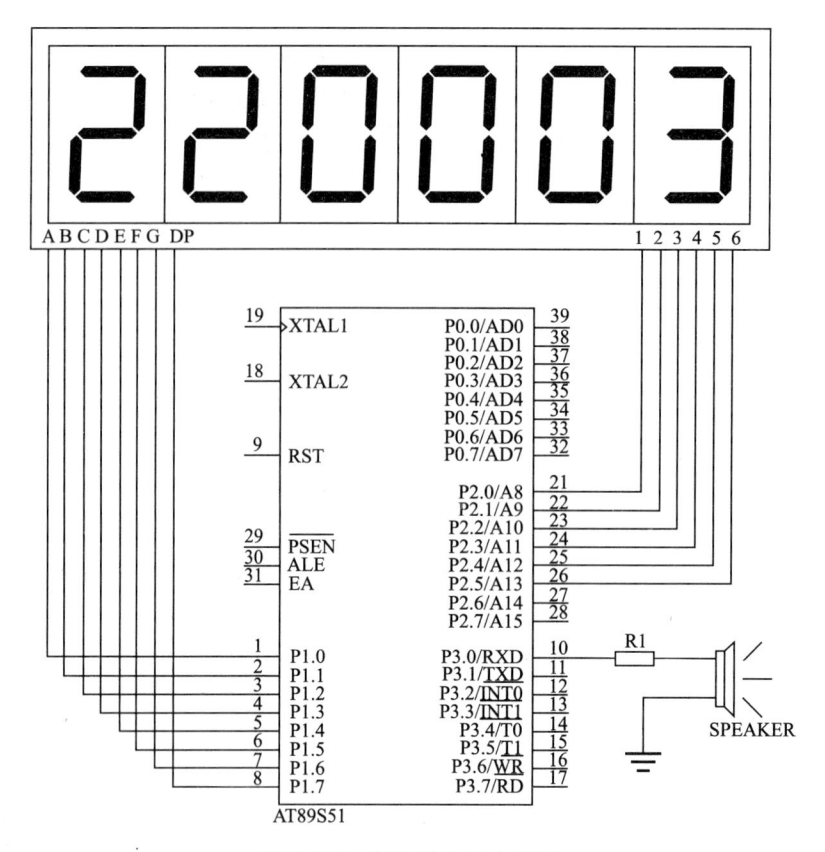

图 4.3.5 闹铃数字钟电路图

（3）任务编程及调试。

//4-3-4.c
#include <reg51.h>
#define uchar unsigned char
uchar duanma [10] = {0xc0, 0xf9, 0xa4, 0xb0, 0x99,
            0x92, 0x82, 0xf8, 0x80, 0x90};   //段码
uchar weima [6] = {0x01, 0x02, 0x04, 0x08, 0x10, 0x20}; //位码
uchar jishu1, jishu2, shi, fen, miao, nlmiao;   //定义变量
uchar xianshi [6] = {0, 0, 0, 0, 0, 0};   //显示缓存器
sbit D1 = P3^0;   //输出端口 定义
bit naoling;   //闹铃状态定义, naoling = 1 为闹铃状态
voidchushihua（void）   //初始化函数
{
    TMOD = 0x11;   //定时器 T0、T1 均为方式 1
    TH0 = （65536 - 10000）/256;   //T0 10ms 定时高八位初始值

```
    TL0 = (65536 - 10000)%256;           //T0 10ms 定时低八位初始值
    TH1 = (65536 - 1000)/256;            //T1 1ms 定时高八位初始值
    TL1 = (65536 - 1000)%256;            //T1 1ms 定时低八位初始值
    EA = 1; ET0 = 1; ET1 = 1; TR0 = 1;   //CPU、T0、T1 允许中断,启动定时
                                           器 T0
}
// ************** 主函数监控闹铃时间及启动 T1 控制 **************
void main (void)                          //主函数
{
    shi = 21; fen = 58; miao = 0;         //初值显示
    chushihua ( );                        //调初始化函数
    while (1)                             //无限循环
    {
        if ((shi == 22) && (fen == 00) && (miao == 00))  //是否到闹铃时间
        {
            TR1 = 1;                      //是,启动定时器 T1
            naoling = 1;                  //闹铃状态置 1
        }
        if (nlmiao == 5)                  //是否响够 5 秒
        {
            nlmiao = 0;                   //是,闹铃计时归 0
            TR1 = 0;                      //关闭定时器 T1
            naoling = 0;                  //闹铃状态置 0
        }
    }
}
// ************** 定时器 T0 完成数字钟及 5 秒计时 *************
void shuzizhong (void) interrupt 1        //定时器 T0 中断服务函数
{
    TH0 = (65536 - 10000)/256;            //高八位初值重装
    TL0 = (65536 - 10000)%256;            //低八位初值重装
    xianshi [0] = duanma [shi/10];        //分离时位上的十位
    xianshi [1] = duanma [shi%10];        //分离时位上的个位
    xianshi [2] = duanma [fen/10];        //分离分位上的十位
    xianshi [3] = duanma [fen%10];        //分离分位上的个位
    xianshi [4] = duanma [miao/10];       //分离秒位上的十位
```

```c
        xianshi [5] = duanma [miao%10];    //分离秒位上的个位
        jishu1 ++ ;                        //指向扫描的下一位
        if (jishu1 == 6) jishu1 = 0;       //完成六位扫描后计数归 0
        P2 = weima [jishu1];               //送位码
        P1 = xianshi [jishu1];             //送段码
        jishu2 ++ ;                        //10ms 计数
        if (jishu2 == 100)                 //计够 100 次, 产生 1 秒
           {
           // ******************** 闹铃计时 ********************
              if (naoling)                 //是否处于闹铃状态
                 nlmiao ++ ;               //是, 响铃计时, 否则不计
           // **************************************************
              jishu2 = 0;                  //计够 1 秒, 计数归 0
              miao ++ ;                    //秒加 1
              if (miao == 60)              //是否计到 60 秒
                 {
                 miao = 0;                 //是, 秒归 0
                 fen ++ ;                  //分加 1
                 if (fen == 60)            //是否计到 60 分
                    {
                    fen = 0;               //是, 分归 0
                    shi ++ ;               //时加 1
                    if (shi == 24)         //是否计到 24 时
                       shi = 0;            //是, 时归 0
                    }
                 }
           }
     }
// **************** 定时器 T1 控制蜂鸣器输出 ********************
void naol (void) interrupt 3               //定时器 T1 中断服务函数
   {
      TH1 = (65536 - 1000) /256;           //高八位初值重装
      TL1 = (65536 - 1000) %256;           //低八位初值重装
      D1 = ~ D1;  //D1 取反, 产生 500Hz 频率 (周期为 2000μs)
              //蜂鸣器输出
   }
```

第4章 单片机的中断与定时

4.3.6 思考题

带秒表的数字钟，每次点击按键 K1 秒表和数字钟轮流切换，进入秒表功能时，每次点击 K2 按键秒表从 0 开始计时，每次点击 K3 按键秒表停止计时，画出硬件电路图，编写程序实现该功能。

4.4 知识链接

4.4.1 中断

1. 中断的基本概念

当 CPU 正在处理某件事情时，外部发生了某一事件（如定时器/计数器溢出、被监视电平突变等）请求 CPU 迅速去处理，于是 CPU 暂时中断当前的工作，转去处理所发生的事件；中断服务处理完成后，再回到原来被中断的地方，继续原来的工作，这一过程称为中断，如图 4.4.1 所示，51 系列中断系统结构如图 4.4.2 所示。

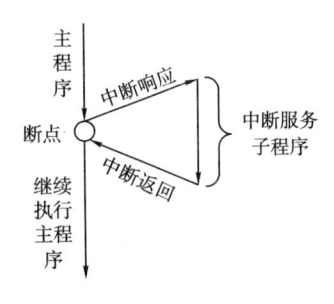

图 4.4.1 中断响应与处理

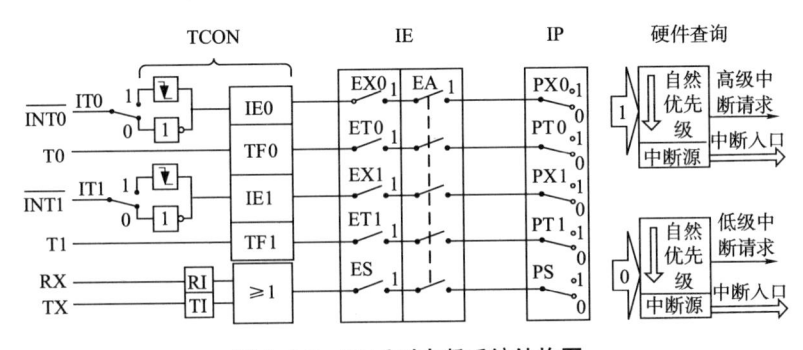

图 4.4.2 51 系列中断系统结构图

2. 引入中断的主要优点

1）提高 CPU 工作效率。CPU 工作速度快，外设工作速度慢，形成 CPU 等待，效率降低。设置中断后，CPU 不必花费大量时间等待和查询外设工作。

2）实现实时处理功能。中断源根据外界信息变化可以随时向 CPU 发出中断请求，若条件满足，CPU 会马上响应，对中断要求及时处理。若用查询方式往往不能及时处理。

3）实现分时操作。单片机应用系统通常需要控制多个外设同时工作，对于一些定时工作的外设，可以利用定时器，到一定时间产生中断，在中断服务程序中控制这些外设。例如动态扫描显示，每隔一定时间执行一次定时器中断服务函数,按执行顺序更换显示内容的位码和段码。

3. AT89S51 中断源

能处理中断的功能部件称为中断系统,能产生中断请求的源称为中断源。

8051 单片机中断系统的基本特点是:有 5 个固定的中断源,3 个在片内,2 个在片外。它们在程序存储器中各有固定的中断入口地址,由此进入中断服务程序;5 个中断源有两级中断优先级,可形成中断嵌套;2 个特殊功能寄存器用于中断控制的编程。

AT89S51 单片机共有 5 个中断源。它们分别是:

2 个外部中断,即 $\overline{INT0}$(P3.2)和 $\overline{INT1}$(P3.3);

3 个片内中断,即定时器 T0 的溢出中断、定时器 T1 的溢出中断和串行口中断;

这 5 个中断源,可以根据需要随时向 CPU 发出中断申请。当外部中断源超过两个,还可以通过一定的方法扩充。中断入口地址如表 4.4.1 所示。

表 4.4.1　中断入口地址表

中断源	中断入口地址	中断号
外部中断 0	0003H	0
定时/计数器 0	000BH	1
外部中断 1	0013H	2
定时/计数器 1	001BH	3
串行口	0023H	4

4. 定时/计数器

AT89S51 单片机内部定时/计数器结构如图 4.4.3 所示。内部设有两个 16 位的可编程定时/计数器。可编程是指其功能(如工作方式、定时时间、量程、启动方式等)均可由指令来确定

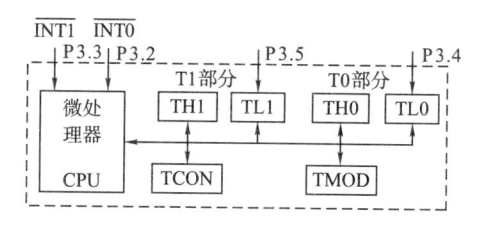

图 4.4.3　定时器/计数器结构

和改变。在定时器/计数器中除了有两个 16 位的计数器之外,还有两个特殊功能寄存器(控制寄存器和方式寄存器)。

从图 4.4.3 可看出,16 位的定时/计数器分别由两个 8 位专用寄存器组成,即:T0 由 TH0 和 TL0 构成;T1 由 TH1 和 TL1 构成。其访问地址依次为 8AH – 8DH。每个寄存器均可单独访问。这些寄存器是用于存放定时计数初值的。此外,其内部还有一个 8 位的定时器方式寄存器 TMOD 和一个 8 位的定时控制寄存器 TCON。这些寄存器之间是通过内部总线和控制逻辑电路连接起来的。TMOD 主要是用于选定定时器的工作方式;TCON 主要是用于控制定时器的启动停止,

第 4 章 单片机的中断与定时

此外 TCON 还可以保存 T0、T1 的溢出和中断标志。

5. 定时/计数器控制寄存器 TCON（88H）

TCON 是定时/计数器控制寄存器，它锁存 2 个定时/计数器的溢出中断标志及外部中断 $\overline{INT0}$ 和 $\overline{INT1}$ 的中断标志。TCON 除可字节寻址外，还可以位寻址，TCON 位格式如表 4.4.2 所示，TCON 位定义如表 4.4.3 所示。

表 4.4.2　TCON 位格式

TCON	D7	D6	D5	D4	D3	D2	D1	D0
位符号	TF1	TR1	TF0	TR0	IE1	IT1	IE0	IT0
位地址	8FH	8EH	8DH	8CH	8BH	8AH	89H	88H

表 4.4.3　TCON 位定义

位符号	位功能描述
TF1	定时/计数器 T1 溢出标志位。当定时/计数器 1 计满溢出时，由硬件使 TF1 置 "1"，并且申请中断。进入中断服务程序后，由硬件自动清 "0"，在查询方式下用软件清 "0"。
TR1	定时/计数器 T1 运行控制位。由软件清 "0" 关闭定时器 1。 当 GATE = 1，且 $\overline{INT1}$ 为高电平时，TR1 置 "1" 启动定时器 1； 当 GATE = 0，TR1 置 "1" 启动定时器 1。
IE1	外部中断 $\overline{INT1}$ 请求标志。
IT1	外部中断 $\overline{INT1}$ 触发方式选择位。IT1 = 0，低电平触发； IT1 = 1，下降沿触发。
TF0	定时器/计数 T0 溢出标志，其功能及操作情况同 TF1
TR0	定时/计数器 T0 运行控制位，其功能及操作情况同 TR1
IE0	外部中断 $\overline{INT0}$ 请求标志
IT0	外部中断 $\overline{INT0}$ 触发方式选择位，其功能及操作情况同 IT1

6. 定时/计数器工作模式控制寄存器 TMOD（89H）

定时器方式控制寄存器 TMOD 在特殊功能寄存器中，字节地址为 89H，无位地址。TMOD 的格式如表 4.4.4 所示。

表 4.4.4　TMOD 格式

位数	D7	D6	D5	D4	D3	D2	D1	D0
位符号	GATE	C/$\overline{T}$	M1	M0	GATE	C/$\overline{T}$	M1	M0
定时器	\multicolumn{4}{c|}{T1}	\multicolumn{4}{c|}{T0}

TMOD 的高 4 位用于 T1，低 4 位使用于 T0，4 种符号的含义如下：

GATE：门控制位。GATE 和软件控制位 TR0（或 TR1）、外部引脚信号 $\overline{INT0}$（或 $\overline{INT1}$）的状态共同控制定时器/计数器的起停。

C/$\overline{\text{T}}$ 定时器/计数器选择位。C/$\overline{\text{T}}$ = 1，为计数器方式；C/$\overline{\text{T}}$ = 0，为定时器方式。

M1M0：工作方式选择位，定时器/计数器的 4 种工作方式由 M1M0 设定。具体如表 4.4.5 所示。

表 4.4.5　定时/计数器的工作方式

M1 M0	工作方式	功能描述
0　0	工作方式 0	13 位计数器
0　1	工作方式 1	16 位计数器
1　0	工作方式 2	自动重装数值的入 8 位计数器
1　1	工作方式 3	定时器 0：分成两个 8 位计数器，定时器 1：停止计数

7. 中断允许寄存器 IE（A8H）

IE 在特殊功能寄存器中，字节地址 A8H，位地址（由低位到高位）分别是 A8H~AFH，除字节寻址外，可位寻址。IE 控制 CPU 对中断源总的开放或禁止以及每个中断源是否允许中断。IE 格式如表 4.4.6 所示，IE 位定义如表 4.4.7 所示。

表 4.4.6　IE 格式

IE	D7	D6	D5	D4	D3	D2	D1	D0
位符号	EA	—	—	ES	ET1	EX1	ET0	EX0
位地址	AFH	AEH	ADH	ACH	ABH	AAH	A9H	A8H

表 4.4.7　IE 位定义

IE 位符号	功能描述
EA	EA = 0：关所有中断 EA = 1：开所有中断
ES	ES = 0：关串行通信中断 ES = 1：开串行通信中断
ET1	ET1 = 0：关 T1 中断 ET1 = 1：开 T1 中断
EX1	EX1 = 0：关 $\overline{\text{INT1}}$ 中断 EX1 = 1：开 $\overline{\text{INT1}}$ 中断
ET0	ET0 = 0：关 T0 中断 ET0 = 1：开 T0 中断
EX0	EX0 = 0：关 $\overline{\text{INT0}}$ 中断 EX0 = 1：开 $\overline{\text{INT0}}$ 中断

8. 中断优先寄存器 IP（B8H）

IP 在特殊功能寄存器中，字节地址为 B8H，位地址（由低位到高位）分别是 B8H~BFH，IP 用来锁存各中断源优先级的控制位，即设定中断源属于两级中断中的哪一级（用户可用软件设定），IP 位格式如表 4.4.8 所示，IP 位定义如表 4.4.9 所示。

表 4.4.8　IP 位格式

IP	D7	D6	D5	D4	D3	D2	D1	D0
位符号	—	—	—	PS	PT1	PX1	PT0	PX0
位地址	BFH	BEH	BDH	BCH	BBH	BAH	B9H	B8H

表 4.4.9　IP 位定义

IP 符号	IP 定义
PS	PS = 0：串行口中断低优先级 PS = 1：串行口中断高优先级
PT1	PT1 = 0：定时/计数器 T1 中断低优先级 PT1 = 1：定时/计数器 T1 中断高优先级
PX1	PX1 = 0：外部中断 $\overline{INT1}$ 中断低优先级 PX1 = 1：外部中断 $\overline{INT1}$ 中断高优先级
PT0	PT0 = 0：定时/计数器 T0 中断低优先级 PT0 = 1：定时/计数器 T0 中断高优先级
PX0	PT1 = 0：外部中断 $\overline{INT0}$ 中断低优先级 PT1 = 1：外部中断 $\overline{INT0}$ 中断高优先级

系统复位后，IP 低五位全部清零，并将所有中断源设置为低优先级中断。

如果几个同优先级的中断源同时向 CPU 申请中断，哪一个申请得到服务取决于它们在 CPU 内部登记排队的序号。CPU 通过内部硬件查询登记序号，按自然优先级响应各个中断请求。其内部登记序号是由硬件形成的，先后顺序如下：

$$\overline{INT0} \rightarrow T0 \rightarrow \overline{INT1} \rightarrow T1 \rightarrow RI/TI$$

4.4.2　中断函数格式

C51 提供的中断函数格式：

void 函数名　interrupt　n [using m]

n、m 为正整数，不允许使用表达式。

其中 n 对应中断源的编号，Keil C51 支持 n 的取值范围为 0~31，以 AT89S51 单片机为例，编号从 0~4，分别对应外部中断 0、定时器 0 溢出中断、外部中断 1 和定时器 1 溢出中断、串行口中断。

Keil C51 编译器用特定的编译器指令分配寄存器组。当前工作寄存器由 PSW 中 RS1、RS0 两位设置用 using 指定，"using" 后的变量为一个 0~3 的常数（整数）。"using" 只允许用于中断函数，它在中断函数入口处将当前寄存器组保留，并在中断程序中使用指定的寄存器组,在函数退出前恢复原寄存器组。

4.4.3 中断初始化

1. 外部中断 $\overline{INT0}$ (或 $\overline{INT1}$) 初始化及中断函数格式

外部中断有两种触发方式:电平触发方式和边沿触发方式。

IT0(IT1)=1,边沿触发方式,下降沿有效;

IT0(IT1)=0,电平触发方式,低电平有效。

外部中断 $\overline{INT0}$ 初始化函数及中断函数:

```
void  chushihua (void)
{
EA = 1;         //CPU 允许中断
IT0 = 1;        //边沿触发方式,下降沿有效
EX0 = 1;        // INT0 允许中断
}
void main (void)
{
 chushihua ( ); //调初始化函数
 //其他程序
}
void int0 (void) interrupt 0       //外部中断 INT0 中断服务函数
{
//中断处理程序
}
```

外部中断 $\overline{INT1}$ 初始化函数及中断函数:

```
void  chushihua (void)
{
 EA = 1;        //CPU 允许中断
 IT1 = 1;       //边沿触发方式,下降沿有效
 EX1 = 1;       // INT1 允许中断
}
void main (void)
{
 chushihua ( ); //调初始化函数
 //其他程序
}
void int1 (void) interrupt 2       //外部中断 INT1 中断服务函数
```

}
　　//中断处理程序
}
　　2. 定时/计数器初始化

在使用 AT89S51 的定时器/计数器之前，应对它进行初始化编程，主要是对 TCON 和 TMOD 编程，计算和装载计数初值（也称作时间常数）。一般完成以下几个步骤：

1）确定定时/计数器工作方式，对 TMOD 赋值；

2）计算定时/计数器的初值，对 TH0、TL0 或 TH1、TL1 赋值；

3）开放 CPU、定时/计数器中断，对 IE 中的 EA、ET0、ET1 赋值；

4）启动定时器/计数器，对 TCON 中 TR1 或 TR0 位赋值。

确定定时/计数器的初值的具体方法：

因为在不同工作方式下计数器位数不同，因而最大计数值也不同。

现假设最大计数值为 M，那么各方式下的最大值 M 值如下：

方式 0：$M = 2^{13} = 8192$

方式 1：$M = 2^{16} = 65536$

方式 2：$M = 2^{8} = 256$

方式 3：定时器 0 分成两个 8 位计数器，所以两个 M 均为 256。

因为定时器/计数器是作"加 1"计数，并在计数满溢出时产生中断，因此初值 X 可以这样计算：

$$X = M - N/(12/f_{osc})$$

其中 N 为定时时间，f_{osc} 为晶振频率。

方式 0 采用 13 位计数器，计数初值的高八位和低五位的确定比较麻烦，在实际应用中经常采用 16 位的方式 1，下面以 16 位的方式 1 说明如何确定初值。

例如，T0 选用方式 1 用于定时，外接晶振频率为 12MHz，定时时间为 10ms，计算过程如下：

方式 1 时，$M = 65536$，定时时间 $N = 10 \times 10^{-3} s$，$f_{osc} = 12MHz = 12 \times 10^{6} Hz$

$$X = M - N/(12/f_{osc}) = 65536 - 10 \times 10^{-3}/(12/12 \times 10^{6})$$
$$= 65536 - 10000$$

拆分 X 的高八位送 TH0，低八位送 TL0：

TH0 = （65536 - 10000）/256；

TL0 = （65536 - 10000）%256；

3. 定时器/计数器初始化函数及中断服务函数格式：

T0 方式 1：以 10ms 定时时间、12MHz 晶振为例

void chushihua（void）

{

```c
    TMOD = 0x01;                      //T0 方式 1
    EA = 1;                           //CPU 允许中断
    ET0 = 1; TR0 = 1;                 //T0 允许中断，启动定时器 T0
    TH0 = (65536 - 10000) /256;       //高八位赋初值
    TL0 = (65536 - 10000)%256;        //低八位赋初值
}
void main (void)
{
    chushihua ();                     //调初始化函数
    //其他程序
}
void t0 (void) interrupt 1            //定时器 T0 中断服务函数
{
    TH0 = (65536 - 10000) /256;       //高八位初值重装
    TL0 = (65536 - 10000)%256;        //低八位初值重装
//定时处理程序
}
```

T1 方式 1：以 10ms 定时时间、12MHz 晶振为例

```c
void chushihua (void)
{
    TMOD = 0x10;                      //T1 方式 1
    EA = 1;                           //CPU 允许中断
    ET1 = 1; TR1 = 1;                 //T1 允许中断，启动定时器 T1
    TH1 = (65536 - 10000) /256;       //高八位赋初值
    TL1 = (65536 - 10000)%256;        //低八位赋初值
}
void main (void)
{
    chushihua ();                     //调初始化函数
    //其他程序
}
void t1 (void) interrupt 3            //定时器 T1 中断服务函数
{
    TH1 = (65536 - 10000) /256;       //高八位初值重装
    TL1 = (65536 - 10000)%256;        //低八位初值重装
```

//定时处理程序
}

T0 方式 1、T1 方式 1 同时使用：以 10ms 定时、12MHz 晶振为例
```c
void chushihua（void）
{
  TMOD = 0x11;                    //T0 方式 1、T1 方式 1
  EA = 1;                         //CPU 允许中断
  ET0 = 1; TR0 = 1;               //T0 允许中断，启动定时器 T0
  ET1 = 1; TR1 = 1;               //T1 允许中断，启动定时器 T1
  TH0 =（65536 - 10000）/256;     //T0 高八位赋初值
  TL0 =（65536 - 10000）%256;     //T0 低八位赋初值
  TH1 =（65536 - 10000）/256;     //T1 高八位赋初值
  TL1 =（65536 - 10000）%256;     //T1 低八位赋初值
}
void main（void）
{
  chushihua（）;                   //调初始化函数
  //其他程序
}
void t0（void）interrupt 1        //定时器 T0 中断服务函数
{
  TH0 =（65536 - 10000）/256;     //高八位初值重装
  TL0 =（65536 - 10000）%256;     //低八位初值重装
//定时处理程序
}
void t1（void）interrupt 3        //定时器 T1 中断服务函数
{
  TH1 =（65536 - 10000）/256;     //高八位初值重装
  TL1 =（65536 - 10000）%256;     //低八位初值重装
//定时处理程序
}
```

第 5 章 Chapter 5

MCS-51 单片机的串行通信

教学要点：
- 串行通信的基本知识
- MCS-51 单片机的串行通信设置
- 查询与中断方式串行通行的程序结构

5.1 项目九 单片机与单片机的通信

5.1.1 项目要求

两个单片机均带有 8 个按钮与三位数码显示器，设计硬件与程序，两个单片机能够进行通信，将本单片机的按键值传送到另外一个单片机，并按十进制在另外一个单片机上显示出来。

5.1.2 任务分析

硬件资源分配：本项目中每个单片机需要接 8 个开关，三位数码管，串行通信需要用到 RXD、TXD 两位端口线，51 单片机共有 4 个端口，32 位 I/O 端口线，硬件资源够用。

考虑到需要显示的是 8 个开关组成的开关键值，8 个开关最好安排在一个端口，这样读端口时可以获得一个字节的数，选择 P1 端口外接八位开关；显示如果用静态显示，三位 7 段数码管每位需要 21 位 I/O 端口线，但这 21 位端口线需要分布在三个端口，串行通信需要占用 P3 端口的 RXD 和 TXD；P3 只能提供 6 位供显示用，这样三位数码管中必然有 1 位数码的 7 段管需要分接到两个端口，编程较为复杂。为此，三位数码管的显示采用动态扫描，选择 P0 端口外接共阳极数码管（这样 P0 端口无需外接上拉电阻）的段位，选择 P2 端口的低八位作为数码管的位选择控制。

5.1.3 电路设计

按照上述分析，单片机的硬件分配如下：
8 位开关接 P1 端口；
P0 端口的 P0.0~P0.6 接数码管的 a~g 段；

第 5 章　MCS-51 单片机的串行通信

P2 端口的 P2.2~P2.0 接百位、十位、个位数码管的公共端，采用共阳极数码管，用 Proteus 仿真软件设计的硬件电路如图 5.1.1。

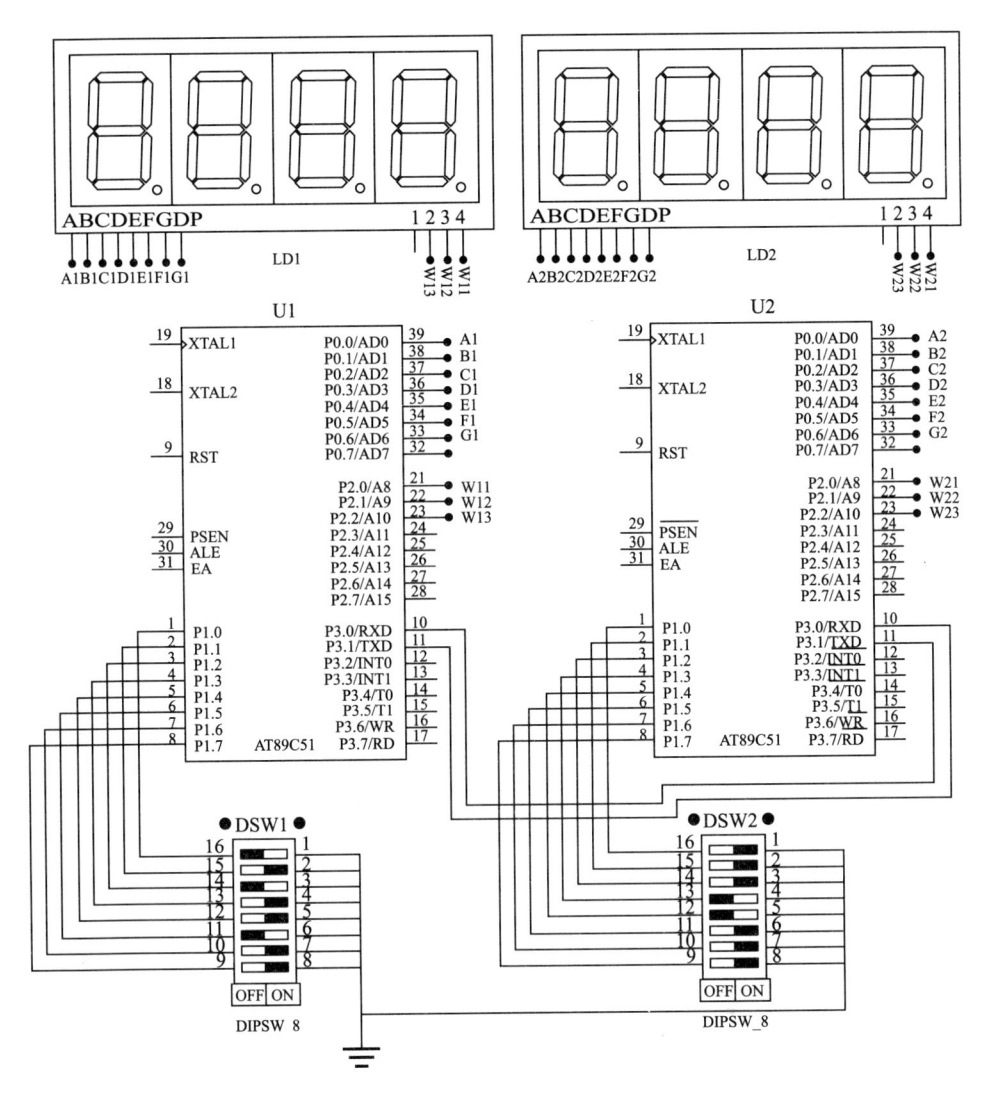

图 5.1.1　串行通信的仿真电路

5.1.4　编程及调试

两个单片机通信需要编写两个独立的程序，每个单片机运行其中的一个程序。为此，用 Keil C51 建立两个工程项目。

编程思想：

按照项目功能要求，每个单片机都应包含扫描开关、延时、发送、接收、显示几个功能，为了编写与调试程序的方便，我们先将功能简化为主从通信方式，将左面的单片机作为主机,主机只负责将按键值用串口定时发送到右面的从机,从机将接收到的数据在从机的数码管上显示。

第一步:编写调试串行通信程序

主机定时发送数据,发送采用查询方式,这样主机的程序流程图如图5.1.2,初始化包括定义变量、设置通信方式、波特率等。

假定单片机的时钟频率为11.0592MHz,设定通信方式1,波特率为2400b/s,考虑到将来主机也需要接收数据,将SCON设置为接收允许,但不开放串行通信中断,串行通信的初始化程序如下:

SCON = 0x50;

TMOD = 0x20;

TH1 = 0xf4;

TR1 = 1;

发送数据包括将要发送的数据写入SBUF,等待发送完成,清发送标志位等。发送数据的程序如下:

SBUF = P1;

while(TI == 0);

TI = 0;

从机接收数据是随机的,同时考虑最后从机也需要在主程序中循环发送数据,从机接收数据采用中断方式,从机的显示放在主程序中,从机的程序流程如图5.1.3,初始化包括定义变量、设置通信方式、波特率等,由于接收采用中断方式,从机的初始化要开放相应的中断,初始化程序如下:

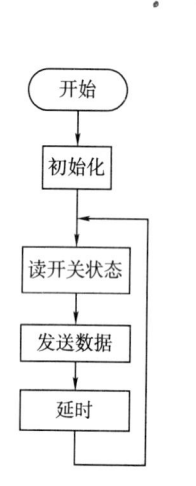

图5.1.2 主机程序流程图

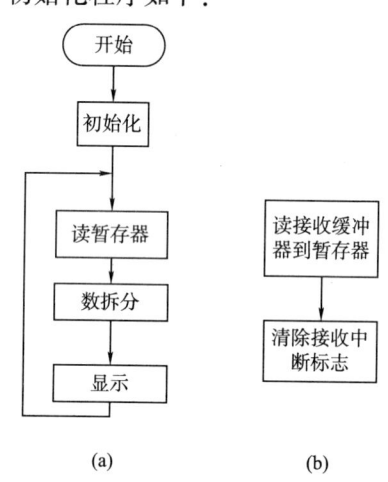

图5.1.3 从机程序流程图

(a)主函数流程图;(b)中断服务函数流程图

SCON = 0x50;

TMOD = 0x20;

第5章 MCS-51 单片机的串行通信

TH1 = 0xf4;
EA = 1;
ES = 1;
TR1 = 1;

由于暂存器是主函数与中断服务函数中进行数据联系而共享的存储器，定义为全局变量（假定用变量 sju）。

为了调试串行通信，暂时将程序简化为直接把收到的数据直接送到 P0 口，控制七段码，主机的每位开关控制从机数码管的一段，即在串行通信中断服务函数中直接把收到的数据赋值给 P0 端口，运行程序如下：

主机程序：

```c
//5-1-1.c
#include <reg51.h>
#define uchar unsigned char
void yshi (uchar n)
{
    uchar i, j;
    for (i = 0; i < n; i++)
    for (j = 0; j < 200; j++);
}
void main ()
{
    SCON = 0x50;
    TMOD = 0x21;
    TH1 = 0xF4;
    TR1 = 1;
    while (1)
    {
        SBUF = P1;
        while (TI == 0);
        TI = 0;
        yshi (200);
    }
}
```

从机程序：

```c
//5-1-2.c
#include <reg51.h>
```

```c
#define uchar unsigned char
uchar sju;
void main ()
{
SCON = 0x50;
TMOD = 0x21;
TH1 = 0xf4;
EA = 1;
ES = 1;
TR1 = 1;
while (1)
{
P0 = sju;
}
}
void cxtx () interrupt 4
{
sju = SBUF;
  RI = 0;
}
```

在本设计中,由于采用共阴极数码管,P2 端口初始化为高电平,三位数码管同时显示,并且显示相同的内容,暂不做处理。Proteus 仿真运行效果如图 5.1.4。

第二步：编写从机显示程序

在保证串行通信正常的情况下编写从机显示程序,主机的 8 位开关状态组成一个 8 位二进制数,用十进制表示,范围为 0~255,需要三位数码管显示其百位、十位、个位,需要将数的百位、十位、个位取出来(数据拆分)分别显示,采用除 10 取余的方法,为了便于用循环的方法进行数据拆分与动态显示,需要将百位、十位、个位存放在三个连续的存储单元,所以定义一个包含三个元素的数组,拆分数据的函数如下：

```c
void sjcf   (unsigned char x)
{
  unsigned char y, i, a [3];
  y = x;
  for (i = 0; i < 3; i ++)
  {
```

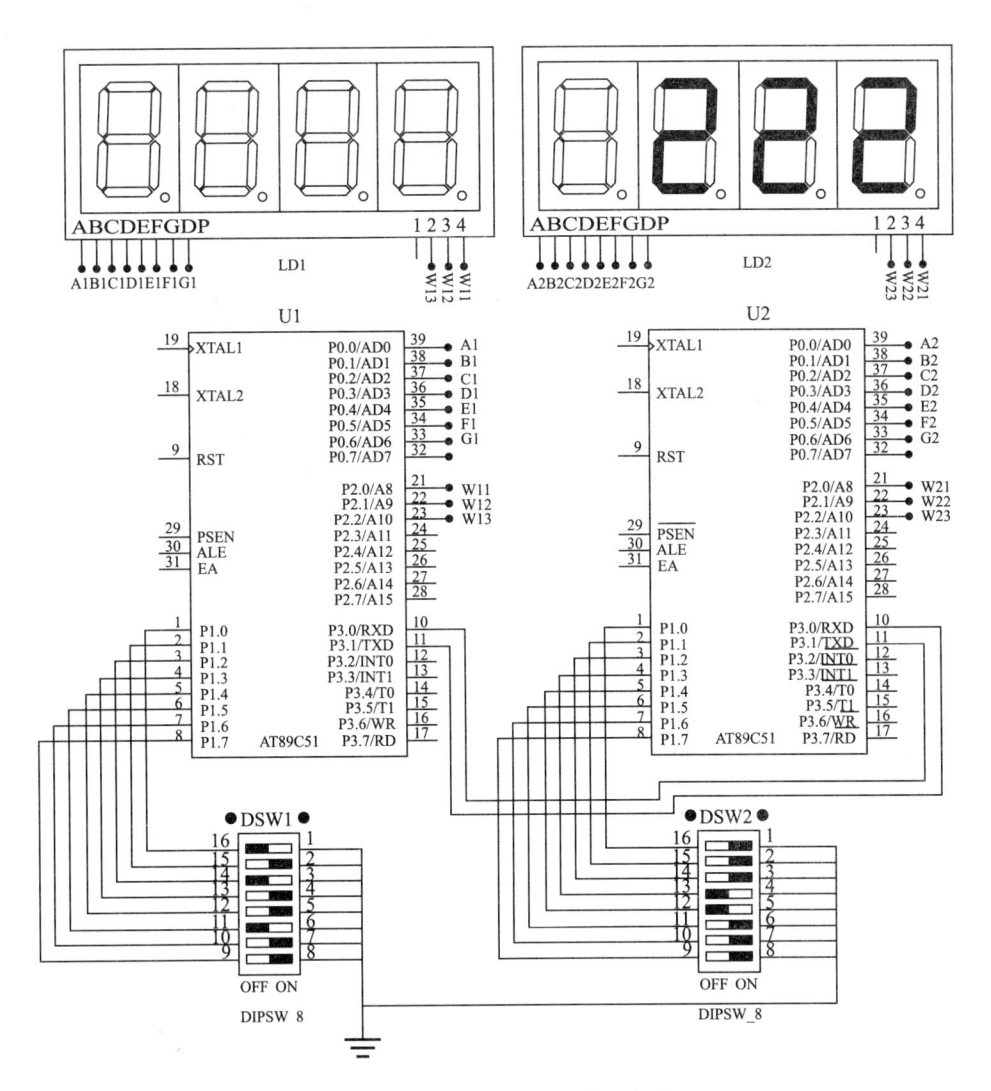

第5章 MCS-51 单片机的串行通信

图 5.1.4　直接显示接收数据的仿真效果图

　　　　a[i] = y%10;
　　　　y/=10;
　　}
// ********************动态扫描函数：*************************
void　dtsm()
{
　for(i=0; i<3; i++)
　{
　　P2 = wm[i];

151

```
        P0 = dm [a [i]];
        yshi (50);
      }
    }
```

将从机程序修改为:
```
//5 -1 -3. c
#include <reg51. h>
#define uchar unsigned char
uchar sju, i, wm [3] = {0x01, 0x02, 0x04}, a [3];
uchar dm [10] = {0x0C0, 0x0f9, 0x0a4, 0x0b0,
                 0x99, 0x92, 0x82, 0x0f8, 0x80, 0x90};
void yshi (uchar n)
{
    uchar i, j;
    for (i = 0; i < n; i ++)
    for (j = 0; j < 200; j ++);
}
// ******* 数据拆分函数, 入口参数, 要拆分的无符号字符型数据 *******
void sjcf (uchar x)
{
    uchar y, i;
    y = x;
    for (i = 0; i < 3; i ++)
    {
        a [i] = y% 10;
        y/ = 10;
    }
}
// ********************* 动态扫描函数 *********************
void   dtsm ( )
{
    for (i = 0; i < 3; i ++)
    {
        P2 = wm [i];        //送位码
        P0 = dm [a [i]];    //送段码
        yshi (20);
```

```
    }
  }
  void main ( )
  {
    SCON = 0x50;
    TMOD = 0x21;
    TH1 = 0xf4;
    EA = 1;
    ES = 1;
    TR1 = 1;
    while (1)
    {
      sjcf (sju);        //拆分串行通信接收到的数据
      dtsm ( );          //显示拆分后的三位数字
    }
  }
  void cxtx ( ) interrupt 4
  {
      sju = SBUF;
      RI = 0;
  }
```

Proteus 仿真运行效果如图 5.1.5。

目前,两个单片机实现了单向通信,并能正确显示。

第三步:实现双向通信

实现双向通信,每个单片机既是主机,又是从机。在前面设计的基础上实现双向通信,需要考虑下面几个问题:

(1) 前面的单向通信中,发送采用查询方式,接收采用中断方式。在双向通信中,每个单片机都需要进行接收与发送,而 MCS - 51 单片机的串行通信发送与接收共用一个中断源,不能单独将发送或接收设为中断或查询方式,也就是说,如果将串行通信设置为中断方式,当数据发送完毕后发送中断标志位为 1,CPU 也会响应中断,执行中断服务函数。因此,在串行通信中断服务函数中需要识别是发送中断还是接收中断,并进行不同的处理。

(2) 端口识别与动态扫描的矛盾。对每一个单片机而言,为了及时识别到 P1 端口开关状态的变化,CPU 需要快速地、反复地读取端口的状态(端口扫描),并且将端口的状态发送给对方。单片机还需要显示对方发送来的数据(动态扫描),在我们的设计中,数据显示采用动态扫描显示方式,CPU 需要快速地、

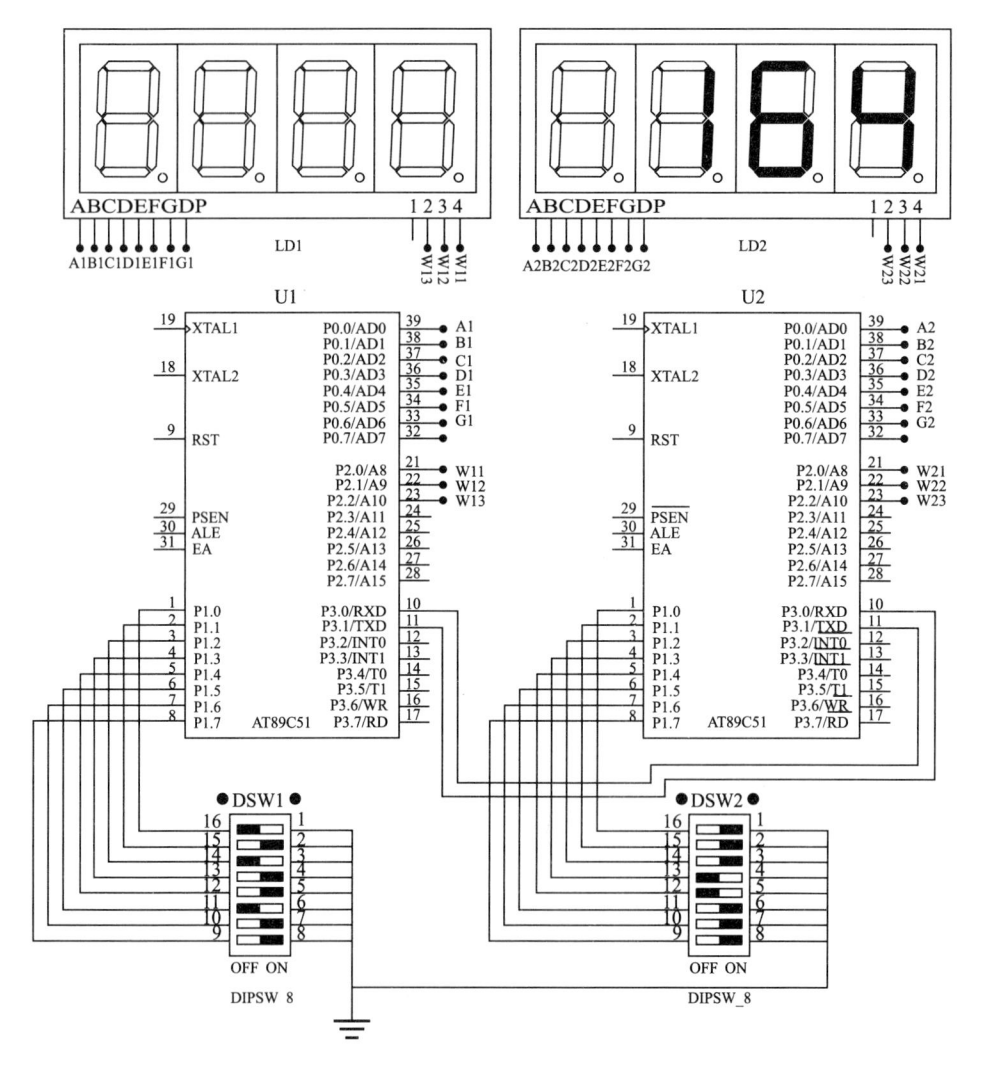

图 5.1.5　显示接收数值的 Proteus 仿真效果

反复地向数码管发送段码、位码，中间还需要延时。

（3）解决方案发送采用查询方式，接收采用中断方式，在定时器 T0 的中断服务函数中完成动态扫描，显示主函数中拆分后的三位数字，每中断一次显示一位数字，程序流程如图 5.1.6 所示。

程序如下：

//5-1-4.c
#include <reg51.h>
#define uchar unsigned char
uchar sju, i, wm [3] = {0x01, 0x02, 0x04}, a [3];

第5章　MCS-51 单片机的串行通信

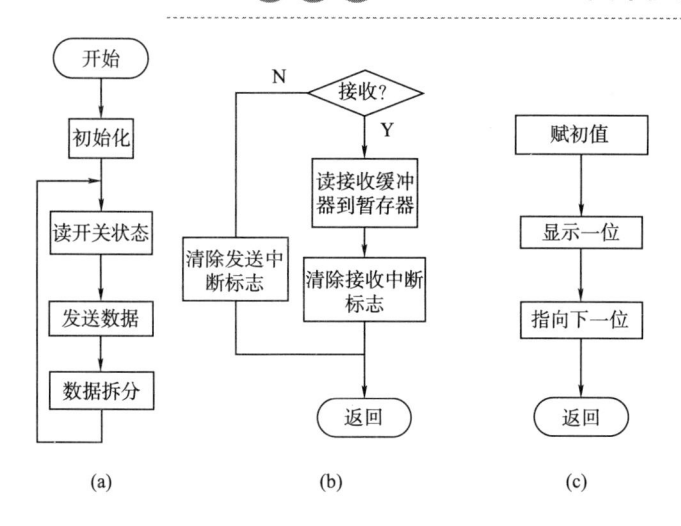

图 5.1.6　主从机接收显示流程图

(a) 主函数流程图；(b) 串行通信中断服务函数流程图；(c) 定时器 T0 中断服务函数流程图

```
uchar dm [10] = {0x0C0, 0x0f9, 0x0a4, 0x0b0, 0x99,
                 0x92, 0x82, 0x0f8, 0x80, 0x90};
// ***** 数据拆分函数，将数据 x 拆分为百、十、个位，便于显示 *******
void sjcf (uchar x)
{
   uchar y, i;
   y = x;
   for (i = 0; i < 3; i ++)
   {
      a [i] = y% 10;
      y/ = 10;
   }
}
// *************** 动态扫描函数，显示数组 a 的三个元素 ***********
void  dtsm ( )
{
   for (i = 0; i < 3; i ++)
   {
      P2 = wm [i];
      P0 = dm [a [i]];
   }
}
```

```c
void main ( )
{
    SCON = 0x50;
    TMOD = 0x21;
    TH1 = 0xf4;
    TH0 = 0x5E;
    TL0 = 0x48;
    ET0 = 1;
    EA = 1;
    ES = 1;
    TR0 = 1;
    TR1 = 1;
    while (1)
    {
        SBUF = P1;                    //读端口状态并发送
        while (TI == 0);
        sjcf (sju);                   //数据拆分
    }
}
// ******************* 串行通信中断服务函数 *******************
void cxtx ( ) interrupt 4
{
    if (RI)                           //接收中断
    {
        sju = SBUF;
        RI = 0;
    }
    else TI = 0;                      //发送中断
}
// ************ 定时器 T0 中断服务函数, 完成动态扫描 **************
void time0 ( )    interrupt 1
{
    uchar wei, wzhi;
    TH0 = 0xFE;
    TL0 = 0x48;
    wzhi = a [wei];
```

```
    P2 = wm [wei];
    P0 = dm [wzhi];
    if ( ++wei == 3)    wei = 0;
}
```

仿真运行效果如图 5.1.7，实现了任务要求的功能。

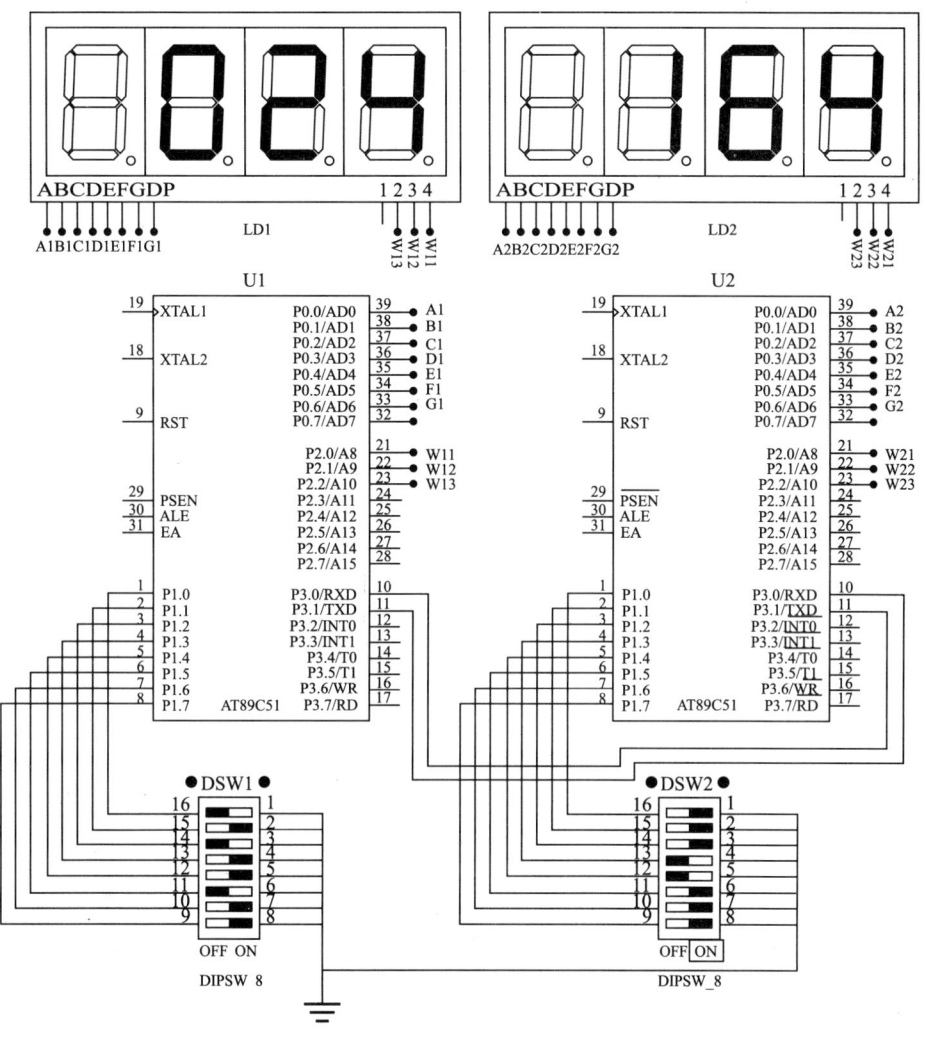

图 5.1.7 双机互相发送、接收并显示仿真效果图

5.2 知识链接

5.2.1 串行通信的基本概念

通信是一种信息交换，除了传统意义的语音、文字、图形图像的通信以外，

在自动控制领域，设备之间要协调工作，各个设备需要知道其他设备的运行状态，设备之间的信息传输需要通信，甚至需要多个设备之间形成通信网络。

1. 数据通信的种类

CPU 与其他设备之间的通信有并行通信与串行通信两种方式，以一个字节为例，并行通信是将一个字节的八位二进制数通过八条数据线和一条地线同时传输的通信方式，而串行通信是按照顺序将八位二进制数一位一位分时传输的通信方式，如图 5.2.1 所示。在单片机内部 CPU 与存储器之间的数据传输都是并行通信方式；计算机的鼠标、键盘都是采用串行通信方式，计算机与打印机之间的通信有串行通信方式（USB 接口），也有并行通信方式（LPT 方式）。显然并行通信的通信速度快但需要较多的数据线，适合近距离的数据传输；而串行通信的数据传输速度慢但需要的数据线较少，适合于较远距离的数据传输。

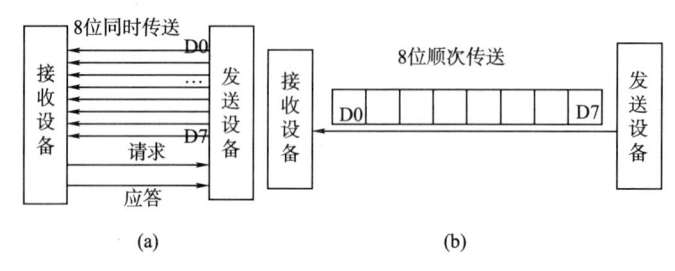

图 5.2.1 并行通信与串行通信示意图

（a）并行通信示意图；（b）串行通信示意图

MCS-51 单片机的四个端口均可工作在并行通信模式，其内部也设计了一个可编程控制的串行通信端口，利用 P3 端口的 P3.0、P3.1 作为单片机与外部设备串行通信的输入输出接口。

按每次发送字符的多少，串行通信又分为同步串行通信和异步串行通信方式。同步串行通信一次传输由同步字符、数据字符、校验字符构成的一帧信息，同步串行通信数据传输速率高，但要求收发双方的时钟严格同步。异步串行通信每次发送由起始位、数据位、校验位、停止位四部分构成的一个字符帧，其结构如图 5.2.2。

图 5.2.2 异步串行通信的字符帧格式

（1）空闲位是数据线上没有数据传输时数据线的状态，为高电平，其长度没有限制。

（2）起始位指示一个字符帧的开始，为低电平，占一位的时间间隔，用于告知接收端发送端开始发送一帧字符信息。

（3）数据位是紧跟在起始位之后的数据信息，低位在前，高位在后，用户可以自己定义数据位的长度。

（4）校验位（可编程位）用来表示串行通信中的校验信息的，位于数据位之后，仅占一位，可以是奇偶校验，也可以设定为无校验位。

（5）停止位是用来表征字符帧结束的位，高电平，通常为1位、1.5位或2位。

2. 串行通信的速率

串行通信的速率用波特率（baud rate）表示，每秒传输二进制码的位数叫做波特率，单位是位/秒（bit/s、b/s），串行通信常用的波特率为1200的整数倍，如1200、2400、9600b/s等。波特率反映了串行通信的传输速度，是串行通信的重要指标。

3. 通信协议

为了保证串行通信的可靠接收，通信双方在字符帧格式、波特率、电平格式、校验方式等方面应采用统一的标准，这个标准就是收发双方需要共同遵守的通信协议。

5.2.2　MCS-51单片机的串行通信接口

1. MCS-51单片机的串行通信接口结构

MCS-51单片机的串行通信接口由收发数据缓冲器、串口控制寄存器、波特率选择寄存器等构成，如图5.2.3所示。

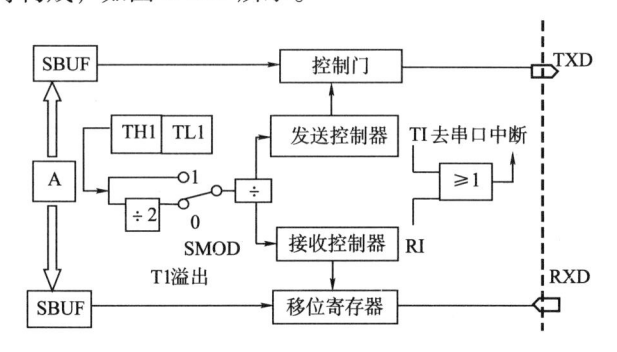

图5.2.3　MCS-51单片机串口结构示意图

MCS-51单片机内部包含一个可编程的准双向串行通信端口，串行通信有两个地址独立、名字相同的接收、发送缓冲器SBUF，单片机通过写入SBUF一个字节启动发送过程，由T1定时器的溢出产生的移位脉冲将发送缓冲器SBUF中的数据从TXD逐位移出，并自动添加起始位、校验位和停止位，当发送完成后将发送中断标志位TI置1；当CPU检测到RXD上的起始位后，由T1定时器的溢出产生的移位脉冲将RXD上的数据逐位移入接收缓冲器SBUF，当接收完成后自动将接收中断标志位RI置1。通过设置T1的定时时间可以设定串行通信的波特率。

MCS-51 单片机的串行通信可以采用查询方式，通过查询 TI 的状态来判断是否发送完一个字符帧，通过查询 RI 的状态确定是否收到一个字符帧。MCS-51 单片机的串行通信也可以采用中断方式，MCS-51 单片机的发送与接收共用一个中断源，当一个字符帧发送完成（TI 变为 1）或收到一个完整的字符帧（RI 变为 1）都会向 CPU 申请中断，需要注意的是在串行通信的中断服务函数中需要依据 TI 和 RI 的状态来确定该中断是接收中断还是发送中断，以便进行相应的操作。

在串行通信过程中，每当发送或接收完一个字符，都应将相应的中断标志用软件清零，以便发送或接收下一个字符。

2. MCS-51 单片机的串行通信控制

MCS-51 单片机与串行通信工作相关的特殊功能寄存器有数据缓冲器 SBUF、串行口控制寄存器 SCON、电源及波特率选择寄存器 PCON。当然，串行通信还与定时器 T1、中断控制等相关。

（1）数据缓冲器 SBUF（0X99）。MCS-51 单片机有两个独立的发送、接收缓冲器 SBUF，一个用于存放由 RXD 收到的数据，一个用于存放要通过 TXD 发送的数据，两个缓冲器共用相同的地址（0x99）和相同的名称（SBUF），通过对 SBUF 的读写操作来区分是对发送缓冲器还是接收缓冲器进行操作，要发送一个字符时就将这个字符写入 SBUF，操作对象是发送数据缓冲器。要把数据缓冲器数据读出时的操作对象是接收缓冲器。

（2）串行口控制寄存器 SCON（0X98）。SCON 是用来控制串行通信的工作模式的控制寄存器，包括串行通信的工作方式、多机通信控制、发送接收中断标志等，SCON 允许进行位操作，具体各位的控制功能如图 5.2.4。

SCON	SM0	SM1	SM2	RE	TB8	RB8	TI	RI

图 5.2.4 SCON 各位的定义

1) SM0、SM1：串行通信方式选择控制位

MCS-51 单片机通过 SM0、SM1 的组合可以设置四种串行通信方式，各种通信方式的功能如表 5.2.1。

表 5.2.1 MCS-51 单片机的串行通信方式

SM0	SM1	工作方式	功能	波特率
0	0	方式 0	8 位同步移位方式	$f_{osc}/12$
0	1	方式 1	10 位	可变
1	0	方式 2	11 位	$f_{osc}/64$ 或 $f_{osc}/32$
1	1	方式 3	11 位	可变

2) SM2：多机通信接收允许标志位。只有方式 2 和方式 3 适合多机通信。

3) REN：允许接收控制位，可由软件清零或置位，清零后禁止接收，置位后允许接收。

4) TB8：在通信方式 2 和方式 3 中发送的第 9 位数据，可由软件置位或清零。该位由用户自己定义，可以作为奇偶校验位，也可以在多机通信中作为数据、地址标志位，该位在发送完一个字符后自动发送。

5) RB8：在通信方式 2 和方式 3 时，如果一个字符帧接收成功，则将发送端的第 9 位数据装入 RB8。

6) TI：发送中断标志位，用于标志一个字符帧发送完成。数据发送完成之后由硬件自动置位 TI，通知 CPU 发送完成，以便 CPU 查询，或者向 CPU 申请中断，TI 必须由软件清零。在中断方式下，CPU 响应中断后必须用软件将 TI 清零，否则会连续执行中断服务函数。

7) RI：接收中断标志位。用于标识成功接收一个字符帧。当把 RXD 的数据装入 SBUF 后硬件自动将 RI 置位，供软件查询或向 CPU 申请中断，要求 CPU 及时取走数据。RI 必须及时用软件清零，以便正确接收下一个字节。

需要注意的是 RI 和 TI 两个中断标志位共用一个中断源和一个中断服务函数，因而在串行通信中断服务函数中应依据 TI 和 RI 进行判断是发送中断还是接收中断，以便清除相应的标志位及进行相应的处理。

3. MCS-51 单片机串行口的工作方式

MCS-51 单片机有四种串行通信方式可供用户依据实际情况进行选择，但单片机在同一时刻只能工作在一种工作方式。MCS-51 单片机的工作方式由串行通信控制寄存器的 MS0 和 MS1 确定。

（1）方式 0：8 位移位寄存器方式，以机器周期作为移位脉冲（固定波特率），没有起始位与停止位，适合与外部移位寄存器进行数据传输，如图 5.2.5 所示，其中 74LS164 是 8 位串入并出的移位寄存器，74LS165 是 8 位并入串出的移位寄存器。

在 TI 为 0 时，将数据写入发送缓冲器 SBUF 时，串口数据从 TXD 引脚以 $f_{osc}/12$ 的波特率由低位到高位依次输出，同时在 RXD 引脚输出相应频率的移位脉冲，供外接移位寄存器做移位脉冲使用，发送完毕

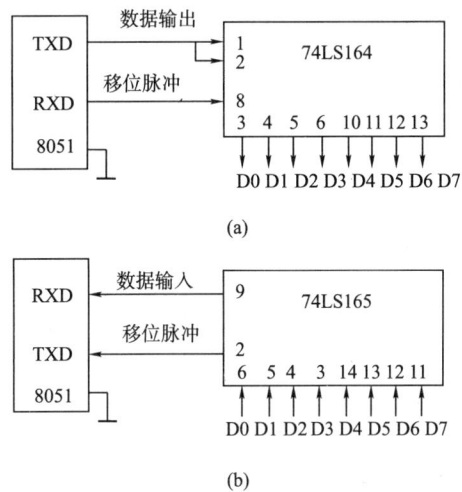

图 5.2.5　MCS-51 串行通信方式 0 硬件电路连接示例图

(a) 方式 0 发送硬件连接；(b) 方式 0 接收硬件连接

后将中断标志 TI 置 1，向 CPU 请求中断或供 CPU 查询，在再次发送数据之前，必须用软件将 TI 清零。

在 REN 为 1 且 RI 为 0 时，串行口在 TX 引脚的移位脉冲的作用下将 RXD 引脚的数据依次由低位到高位移入接收缓冲器 SBUF，收完 8 位数据后将 RI 中断标志置 1，向 CPU 请求中断或供 CPU 查询，在再次接收数据之前，必须用软件将 RI 清零。

（2）方式 1：单机通信方式。由一位起始位、8 位数据位和一位停止位构成字符帧，没有可编程位，其字符帧帧格式如图 5.2.6 所示。波特率由定时器 T1 和 SMOD 位确定。

图 5.2.6　异步串行通信方式 1 的字符帧结构

在 TI = 0 时，写入发送缓冲器 SBUF 即启动发送，当发送完一个字符帧时硬件将中断标志 TI 置 1，通知 CPU 发送完成。在发送下一个字符之前，一定要将 TI 软件清零。

在接收允许标志位 REN = 1 时，串行端口采样 RXD 位，采样到 RXD 由 1 到 0 的跳变时确认为起始位 0，开始接收一个字符帧，当 RI = 0，且停止位为 1 或 SM2 = 0 时硬件置位中断标志位 RI，否则该字符帧将被丢弃，重新检测 RXD 从 0 到 1 的负跳变，准备接收下一帧信息。因而每次收到一个字符时都应将 RI 软件清零，否则会丢失数据。

MCS-51 单片机串行通信工作在方式 1 时的波特率取决于定时器 T1 的溢出率和 PCON 的 SMOD 位。

（3）方式 2：由一位起始位、8 位数据位、1 位可编程位和一位停止位构成字符帧，其字符帧格式如图 5.2.7。

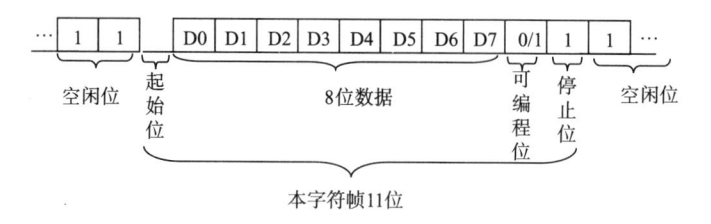

图 5.2.7　异步串行通信方式 2 的字符帧结构

与方式 1 相比，方式 2 多了一位可编程位，该位用来实现奇偶校验或作为多机通信的数据、地址信息标志。发送时可编程位装入 SCON 的 TB8 位，根据需要装入"0"或"1",该位可以由软件清零或置位,在发送完数据位后紧接着发送TB8;接收时如果收到一帧信息时,如果同时满足 RI=0 和 MS2 为 0 或收到的第九位数据为 1 两个条件,则将 8 位数据送入 SBUF,将收到的可编程位送入 SCON的 RB8 位,否则丢弃该帧信息。

方式 2 的串行通信波特率为 $f_{osc}/32$ 或 $f_{osc}/64$,其他过程与方式 1 类似。

(4) 方式 3:方式 3 的波特率与方式 2 不同,字符帧的格式、发送与接收过程都相同。

4. 电源及波特率选择寄存器 PCON

PCON 的低七位 D0~D6 用于 80C51/80C31 单片机系列进行电源控制,最高位 D7 用于串行通信方式 1、2、3 下的波特率加倍控制,该位为 1 时加倍,为 0时不加倍。由于 PCON 不可以进行位操作,为了在不改变其他位的条件下设置SMOD,可以用下面的方式置位或复位 SMOD:

置位 SMOD:PCON | =0X8f;

复位 SMOD:PCON & =0X7f;

波特率的设置:

波特率是串行通信的重要技术指标,反应了串行通信的数据传输速率,收发双方必须使用相同的波特率进行通信,收发双方的波特率误差越大,通信的误码率就越高,可传输的距离也越短。波特率可以通过软件设定,四种工作方式下的波特率设置如下:

(1) 方式 0 下的波特率是固定的,为主机时钟频率的 1/12,即 $f_{osc}/12$。

(2) 方式 2 下的波特率也是固定的,为主机时钟频率的 1/64,可以通过置位 SMOD 加倍为 $f_{osc}/32$。

(3) 方式 1 和方式 3 的波特率是可变的,同时受定时器 T1 的溢出率和SMOD 的控制,具体关系如下:

$$波特率 = \frac{2^{SMOD}}{64} 定时器 T1 的溢出率$$

在实际工作中通常将定时器 T1 设置为模式 2,即自动重载的 8 位定时器,初值保存在 TH1 中,波特率与 TH1 的初值、时钟频率、SMOD 之间的关系为:

$$波特率 = \frac{2^{SMOD}}{64} \cdot \frac{f_{osc}}{12(256-TH1)}$$

表 5.2.2 列出了常用波特率及对应的时钟频率、TH1 初值、SMOD

表 5.2.2　常用波特率对应的串口设置参数

波特率/(b·s^{-1})	f_{osc}/MHz	SMOD	定时器(模式 2)初值
方式 0: 1M	12		
方式 2:375K	12		

续表

波特率/（b·s^{-1}）	f_{osc}/MHz	SMOD	定时器（模式2）初值
方式1、3			
1200	11.059	0	0XE8
2400	11.059	0	0XF4
4800	11.059	0	0XFA
9600	11.059	0	0XFD
19200	11.059	1	0XFD

5.2.3 单片机的双机通信

1. 单片机与单片机之间的双机通信

如果参与通信的两台单片机之间的距离较近，由于单片机之间具有相同的电平标准，可以将两个单片机的串行口直接相连，如图5.2.8所示。

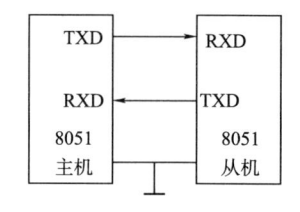

2. MCS-51 单片机与 PC 机的通信

8051 单片机串口使用的是 TTL 电平，PC

图 5.2.8 MCS-51 单片机之间双机通信的电路连接

机使用的是 RS232 电平，单片机与 PC 机之间不能直接连接，通常需要在单片机端通过 MAX232 芯片将电平转换为 RS232 电平格式。

PC 机的串行通信端口采用 DB9 封装的 COM 接口，对 PC 机而言，其 2 脚为数据输出引脚，3 脚为数据输入端，PC 机 COM 口与单片机、MAX232 之间的连接关系如图 5.2.9 所示。

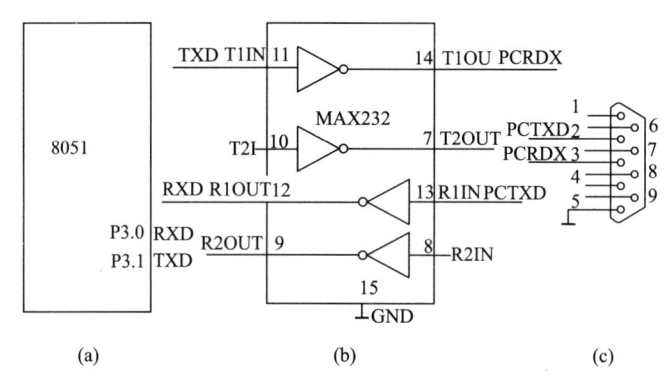

图 5.2.9 单片机与计算机点对点通信的硬件连接示

（a）8051 单片机；（b）MAX232；（c）PC 机

3. RS232 串行数据接口标准

RS232 是由电子工业协会制订的一种串行数据接口标准，用于在点对点低速率串行通信中增加通信距离。RS232 信号电平在 TTL 电平与 RS232 电平之间摆动，

第5章　MCS-51 单片机的串行通信

无信号传输时，线上为 TTL 电平，有数据传输时线上电平为 RS232 电平。RS232 发送的正电平为 +5V ~ +15V，负电平为 -15V ~ -5V；RS232 接收正电平为 +3V ~ +12V，接收负电平为 -12V ~ -3V。RS232 的最大传输距离大约为 15 米，最高速率为 20Kb/s。

MAX232 是 MAXIM 公司生产的单电源、双路 RS232 发送接收器，MAX232 内部有一个电源电压变换器，可以把输入的 +5V 电压变换成 RS232 需要的 ±10V 电压，因而只需要 +5V 单电源供电。图 5.2.10 是 MAX232 内部逻辑框图及具体应用时所需的外部辅助电路及元件参数。

如果两台单片机之间的距离较远，也可以在每个单片机电路上增加 MAX232 电平转换电路，电路连接关系如图 5.2.11。将单片机发送端的 TTL 电平转换为 RS232，接收端再将 RS232 电平转换为 TTL 电平。RS232 的通信距离在 15m 之内。当然也可以采用 RS485 等通信标准。在使用 STC 系列的单片机时，利用 MAX232 还可以实现程序在线下载。

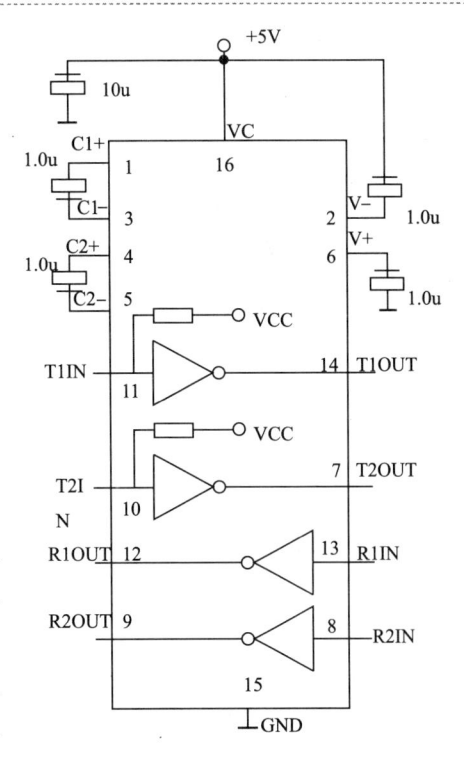

图 5.2.10　MAX232 逻辑电路图

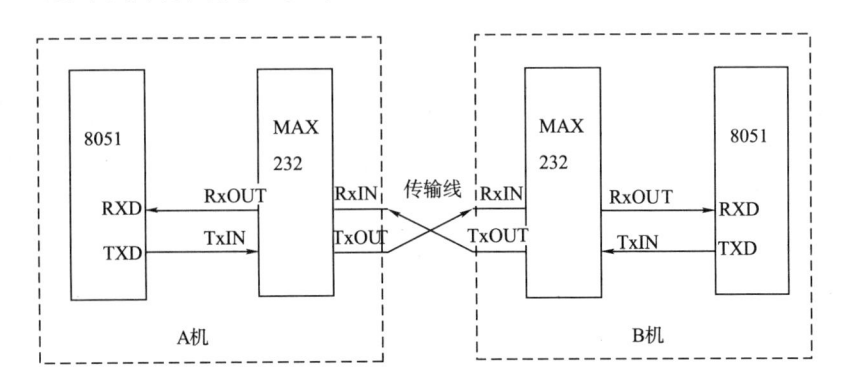

图 5.2.11　单片机之间采用 RS232 通信的连接示意图

4. 双机通信的程序设计

为了确保通信成功，必须设计一个通信规则和处理机制，这个约定称为通信协议。由于双机通信是点对点通信，对通信的每一方来说，数据的来源与去向都是唯一的，不涉及地址问题，编程相对简单。在设计双机通信的通信协议时主要考虑以下几个问题：

（1）数据格式与波特率。通信双方必须使用相同的波特率，最好使用相同的数据格式。

（2）采用查询方式还是中断方式。MCS-51 单片机在发送完成或接收到一个完整的字符帧时会自动将中断标志位 TI 或 RI 置为 1，CPU 在处理过程中必须通过识别 TI 是否为 1 来决定可否向发送缓冲器写入下一个字符，通过识别 RI 来决定可否读取接收缓冲器，否则就会发生错误。

查询方式下发送与接收程序的编写模式：

发送无符号字符型数组 a 中的前四个元素的程序形式：

```
for (i=0; i<4; i++)
  {
    SBUF = a[i];
    while (! TI);
    TI = 0;
  }
```

接收四个字符，并将这四个字符写入数组 a 的程序形式：

```
for (i=0; i<4; i++)
{
  while (! RI);
  RI = 0;
  a[i] = SBUF;
}
```

由以上程序可以看出，在查询方式下，CPU 要不断地判断标志位以便确定发送完成或接收到数据，CPU 的利用率比较低，尤其对于传输的数据较多的情况。当一个单片机既要发送又要接收时情况更为严重，收发不能同时进行，尤其在发送过程中，CPU 在等待 TI 变为 1 的过程中会因为没有及时读取接收缓冲器造成数据丢失。

如果采用中断方式，CPU 的利用率较高，但由于 MCS-51 单片机的发送与接收共用一个中断源，在中断服务函数中必须通过 TI 和 RI 来区分是发送中断还是接收中断，以便进行相应的处理。在通信过程中，由于发送数据是程序事先可以确定的，在需要发送的时候将要发送的数据写入 SBUF 即可，数据发送采用查询方式。数据的接收是随机的，更适合用中断方式，基于这种考虑的程序形式如下：

```
void main ()
{
  串行口初始化语句；
```

第 5 章　MCS-51 单片机的串行通信

```
中断初始化语句;
其他语句;
while (! TI);
SBUF = x1;
...
while (! TI);
SBUF = x2;
...
}
void s ( ) interrupt 4
{
   if (TI) TI = 0;
   if (RI)
   {
       RI = 0;
       a [i ++] = SBUF;
   }
}
```

当发送的数据较多时,也可以采用下面的程序提高发送效率:

```
unsigned char count, i;
unsigned char a [50], b [60]
void main ( )
{
 串行口初始化语句;
 中断初始化语句;
 其他语句;
//****************发送数组 a 中的前 50 个字符;****************
  while (TI | | i ! =0);      //等待上一次发送结束
  i = 0;
  count = 50;
  SBUF = a [0];              //发送第一个字符,启动发送过程
  ...                        //中断服务函数发送剩余数据,主程序执行
                                其他任务
                             //发送数组 b 中的下标从 5 开始的 30 个
                                字符;
  while (TI | | i ! =0);      //等待上一次发送结束
```

```
    i = 5;
    count = 30;
    SBUF = b [i];
    …
    i = 0;
    count = 1;
    SBUF = x;                    //发送 x；

    …
}
void s ( ) interrupt  4
{
  if（TI）
  {
    TI = 0;
    if（i < count）
        SBUF = a [ ++i ];
    else i = 0;
  }
  if（RI）
  {
    RI = 0;
    b [i++] = SBUF;
  }
}
```

参与通信的双方收发不一定要用相同的方式。

3. 数据的校验与纠错。

在通信过程中，由于干扰、波特率差异、程序设计不合理等因素，不可避免地会发生数据传输出错的情况，影响通信的可靠性。误码率是数字通信中衡量通信可靠性的重要指标。

检错（校验）是识别通信中的错误，纠错是纠正通信中的发生的错误。

校验的简单方法有奇偶校验、求和校验等。纠错的简单方法有出错重发、无应答定时重发等方式。

图 5.2.12 为一个采用求和纠错、有错重发的主机程序流程图，图 5.2.13 为从机程序流程图。

在这个程序中，通信采用主从方式，主机在需要发送数据时通过发送呼叫信

第 5 章　MCS-51 单片机的串行通信

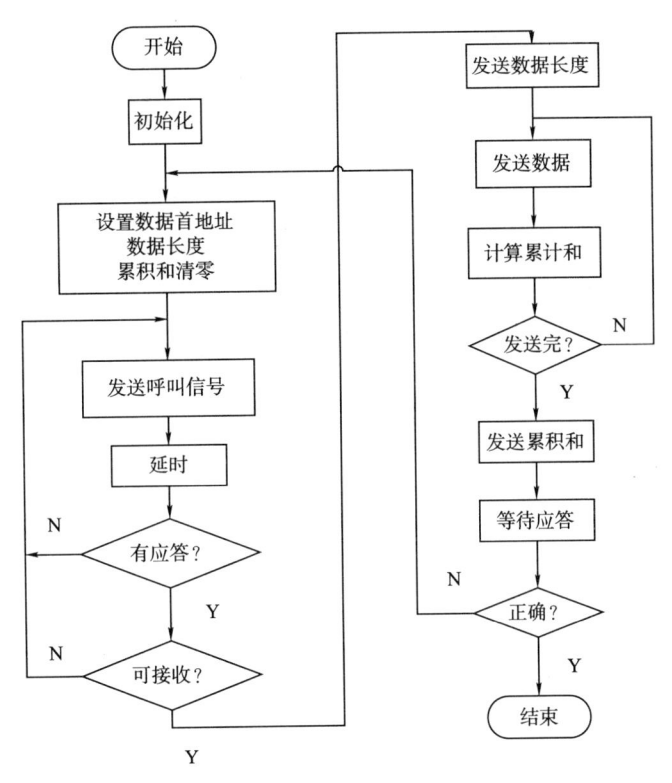

图 5.2.12　主从通信和校验、有错重发的主机主程序流程图

号，当从机有应答时才发送数据，从机不会主动发送数据。主机首先发送数据长度，然后发送数据，最后发送数据和。从机在主函数中等待主机的呼叫信号，收到呼叫信号后开放接收中断，后续数据采用中断方式接收，第一次执行中断服务函数收到的数为数据长度，后续收到的是有效数据，在接收有效数据期间计算有效数字的累积和，以便在主函数中与最后收到的校验和进行比较，依次来判断数据在传输过程中可能发生的错误。当数据接收完毕后关闭串行通信中断，设置接收完成标志供主函数识别。主函数识别到接收完成标志后比较校验和和累积和，依据比较结果向主机回馈相应的确认信号，并准备下一次接收。

在这个通信协议中，主机的发送与接收都使用查询方式，因此没有串行通信中断服务函数。从机的发送都采用查询方式，对应答信号的接收也是采用查询方式，对数据长度、有效数字、校验和的接收都是采用中断方式。

程序设计举例：主机首先呼叫从机，当收到从机的应答信号后发送数组 sju 的长度，然后将数组 sju 中的元素依次发送到从机，最后发送累积和，发送完毕后等待从机的确认信号，收到正确确认信号，程序结束，收到错误确认信号则重新呼叫从机，重新开始发送；从机将收到的数组元素存放到数组 sju 中，同时计算收到数据的累积和，最后和接收到的累积和进行比较，如果相等，认为数据正

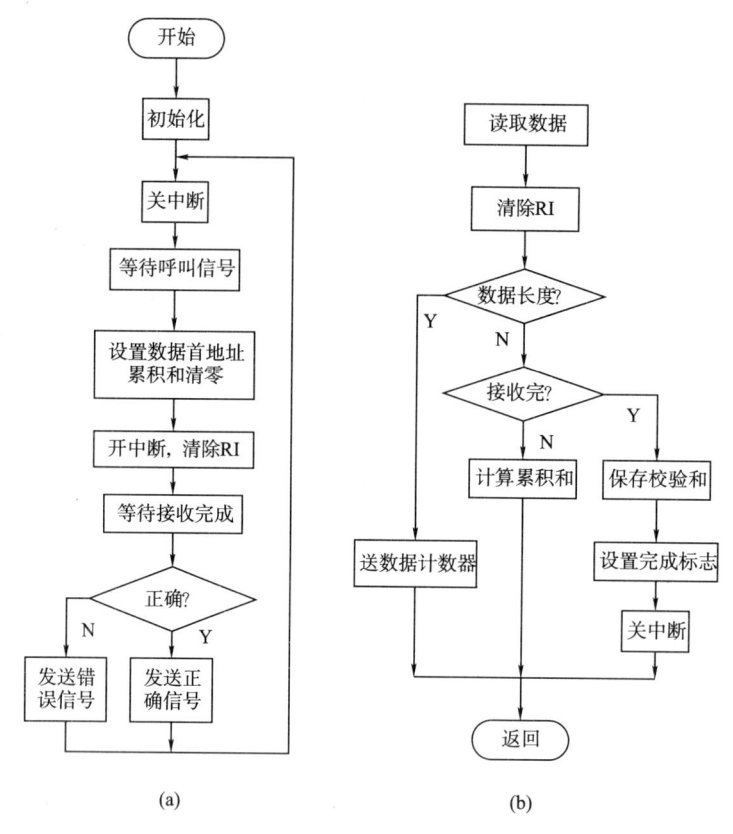

图 5.2.13　主从通信和校验、有错重发的从机主程序流程图

（a）主函数程序流程图；（b）中断服务函数程序流程图

确，发送接收正常确认信号，否则发送错误信号，并回到等待呼叫状态，重新开始接收。

根据双方通信的应答，设定简单的握手信号如下：

主机	信号	发送呼叫		
	代码	0xE0		
从机	信号	应答呼叫	接收正确	接收错误
	代码	0xD0	0xD1	0xD2

为了便于调试程序，在程序中添加显示功能，及时将主、从机发送、接收的数据在数码管上显示出来，能够看到程序运行的过程与结果，便于理解程序的运行过程。

仿真电路可以利用图 5.1.1 串行通信的电路。

由于主机、从机在采用查询式发送、接收过程中需要等待 TI 或 RI 为 1，主程序中不能安排动态扫描程序，在这里使用定时器 T0 实现动态扫描的方法。

第5章 MCS-51单片机的串行通信

主机参考程序：
//5-2-1.c

```c
#include <reg51.h>
#define uchar unsigned char
uchar size, sju[] = {34, 56, 3, 7, 8, 9, 25, 76}, wm[3] = {0x01, 0x02, 0x04}, a[3];
uchar dm[11] = {0x0C0, 0x0f9, 0x0a4, 0x0b0, 0x99, 0x92, 0x82, 0x0f8, 0x80, 0x90, 0xa3,};
uchar xsdy, m;
//********** 数据拆分函数，将 x 拆分为百、十、个位，************
//***************** 放在数组 a 中，动态扫描时使用。**************
void sjcf (uchar x)
{
    uchar y, i;
    y = x;
    for (i = 0; i < 3; i ++)
    {
        a[i] = y%10;
        y/ = 10;
    }
}
void delay ()                    //延时函数
{
  int i, j, k;
  for (i = 0; i < 10; i ++)
  for (j = 0; j < 100; j ++)
  for (k = 0; k < 100; k ++);
}
void main ()
{
    uchar i, answer, sum;
    SCON = 0x50;
    TMOD = 0x21;
    TH1 = 0xFD;
    TL1 = 0xFD;
    TH0 = 0x20;
```

```c
        TL0 = 0x53;
        EA = 1;
        ET0 = 1;
        ES = 0;
        TR0 = 1;
        TR1 = 1;
        size = sizeof (sju);              //计算数据长度
        while (1)
         {
            sum = 0;                      //发送呼叫信号，显示呼叫信号
            SBUF = 0xE0;
            xsdy = 0xE0;
            while (! TI);
            TI = 0;
            while (RI == 0);              //等待应答
            RI = 0;
            answer = SBUF;
            if (answer == 0xD0)           //可以接收的应答信号
            {
              i = 0;
              SBUF = size;                //发送数据长度
              while (! TI);
              TI = 0;
              xsdy = size;                //显示数据长度
              delay ();                   //延时，便于观察数据
            // *********** 发送数据，显示数据，计算累积和 *************
              for (i = 0; i < size; i ++)
              {
                xsdy = sju [i];
                SBUF = sju [i];
                sum + = sju [i];
                while (! TI);
                TI = 0;
                delay ();                 //延时，便于观察数据
              }
              SBUF = sum;
```

第5章　MCS-51 单片机的串行通信

```
        xsdy = sum;                    //发送累积和
        while（! TI）;
        TI = 0;
        delay（）;
        while（! RI）;                  //等待确认信号
        RI = 0;
        answer = SBUF;
        xsdy = answer;                 //显示确认信号
        delay（）;
        // ************ 不正确显示"E"，重新开始发送 **************
        if（answer! = 0x0D1）
        {
            continue;
            xsdy = 0xE5;
        }
        // **************** 确认正确显示"O"，退出 ****************
        else
        {
            xsdy = 0xE0;
            break;
        }
      }
    }
    while（1）;
}
// ** 定时器 T0 终端服务函数，完成动态扫描，显示数组 a 中的三个元素 **
void tm0（）interrupt 1
{
    TH0 = 0x0af;
    TL0 = 0x040;
    if（xsdy == 0xE0）                //正确显示"O"
    {
        P2 = wm［1］;
        P0 = dm［10］;
    }
    else if（xsdy == 0xE5）           //不正确显示"E"
```

```
        {
            P2 = wm[1];
            P0 = dm[11];
        }
            else
             {
            if(m > =3) m =0;                //显示数据
            sjcf(xsdy);
            P2 = wm[m];
            P0 = dm[a[m ++]];
          }
}
```
从机参考程序:
```
//5 -2 -2
#include <reg51.h>
#define uchar unsigned char
uchar sju[8], wm[3] ={0x01, 0x02, 0x04}, a[3];
uchar dm[12] ={0x0C0, 0x0f9, 0x0a4, 0x0b0, 0x99, 0x92, 0x82, 0x0f8, 0x80, 0x90, 0xa3, 0x83};
uchar xsdy, m, size, sum, count, flag, resum;        //定义全局变量
void sjcf(uchar x)          //数据拆分函数,将x拆分为百、十、个位,
                            //放在数组a中,动态扫描时使用
{
    uchar y, i;
    y = x;
    for(i =0; i <3; i ++)
      {
         a[i] = y%10;
         y/ =10;
      }
}
void delay()                //延时函数
{
  int i, j, k;
  for(i =0; i <10; i ++)
  for(j =0; j <100; j ++)
```

第5章 MCS-51 单片机的串行通信

```c
    for (k = 0; k < 100; k ++);
}
void main ( )
{
    uchar answer, result;
    // ************ 中断、串行通信、定时器、初始化 ****************
    SCON = 0x50;
    TMOD = 0x21;
    TH1 = 0xFD;
    TL1 = 0xFD;
    TH0 = 0x20;
    TL0 = 0x53;
    EA = 1;
    ET0 = 1;
    ES = 0;
    TR0 = 1;
    TR1 = 1;
    while (1)
    {
        // ****************** 等待主机呼叫 *************************
        while (1)
        {
            while (! RI);
            answer = SBUF;
            xsdy = answer;              //显示呼叫信号
            RI = 0;
            if (answer == 0xE0) break;
        }
        // ****************** 发送应答信号 *************************
        SBUF = 0xd0;
        while (! TI);
        TI = 0;
        ES = 1;                         //开中断
        sum = 0;                        //累积和清零
        count = 0;                      //接收计数器清零
        flag = 0;                       //接收完成标志清零
```

```
        while (flag ==0);                      //等待接收完成
        delay ();
      // ********** 接收正确，确认信号为0XD1，显示"O"  **********
        if (sum == resum)
          {
            result = 0xd1;
            xsdy = 0xE0;
          }
      // *********** 接收错误，确认信号为0XD2 显示"E"  **********
        else
          {
            result = 0x0d2;
            xsdy = 0xE5;
          }
      }
        ES = 0;                                //关中断
      // ****************** 发送确认信号 ************************
        SBUF = result;
        while (! TI);
        TI = 0;
      }
    while (1);
}
// ** 定时器T0 中断服务函数，完成动态扫描，显示数组a中的三个元素 **
void tm0 () interrupt 1
{
    TH0 = 0x0af;
    TL0 = 0x040;
    if (xsdy ==0xE0)                           //正确显示"O"
      {
        P2 = wm [1];
        P0 = dm [10];
      }
    else if (xsdy ==0xE5)                      //不正确显示"E"
      {
        P2 = wm [1];
        P0 = dm [11];
```

第5章 MCS-51 单片机的串行通信

```
        }
        else
         {
          if (m > =3) m =0;                //显示数据
          sjcf (xsdy);
          P2 = wm [m];
          P0 = dm [a [m ++ ]];
         }
 }
// ******************** 串行通信服务函数 *************************
void sc ( ) interrupt 4
{
        uchar rebuf;
        rebuf = SBUF;
        RI =0;
        if (count ==0)                     //收到的是数据长度
         {
          size = rebuf;
          xsdy = rebuf;                    //显示数据长度
          count ++ ;
         }
        else if (count < = size)           //收到的是数组元素
         {
          sju [count ++ -1] = rebuf;       //保存数组元素
          sum + = rebuf;                   //计算累积和
          xsdy = rebuf;                    //显示数组元素
         }
        else                               //收到的是校验和,接收完成
         {
          flag =1;                         //置位结束标志
          count =0;                        //接收计数器清零
          resum = rebuf;                   //保存累积和
          xsdy = rebuf;                    //显示累积和
         }
}
```

5.3 知识拓展：单片机的多机通信

5.3.1 MCS-51单片机多机通信的系统连接

多机通信是指两台以上的计算机之间的通信。由于单片机多用于较小区域的控制领域，多个单片机之间构成的通信网络结构比较简单，多采用主从方式，由MCS-51单片机构成的主从式总线方式多机通信系统如图5.3.1所示。图中主机的TXD端与所有从机的RXD端相连，每个从机都可接收主机发送的数据。主机的RXD端与所有从机的TXD端相连，主机可以收到每个从机发送的数据。

主从式多机通信中，各从机之间不能直接通信，只有主机可以向各个从机发送信息，只有主机可以接收各从机发送的信息，从机之间必须通过主机才能通信。

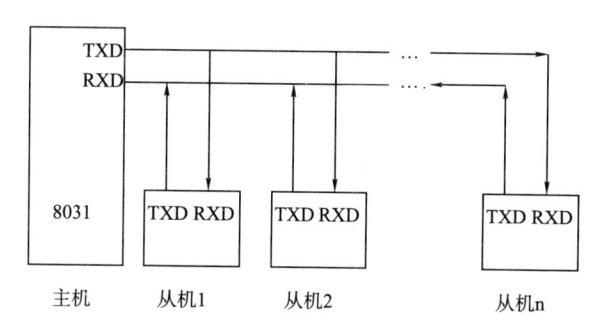

图5.3.1 主从结构总线方式的单片机多机通信系统框图

5.3.2 主从结构总线方式多机通信的通信机制与方法

在总线方式下通信主要需要考虑4个问题

1. 从机的识别问题

为了能够识别各从机，给各从机设定一个唯一的身份识别代码，称为该从机的地址。

主机在向某从机发送数据时，先通过TXD向所有从机发送该从机的地址，作为呼叫信号，各个从机在收到这个地址后和自己的地址进行比较，以确认主机的通信目标，如果某从机收到的地址与自己的地址相同，就做好接收主机后续发送过来数据的准备，并接收和处理接收到的数据，这个过程相当于双机通信过程，直到本次通信结束；其他从机发现接收到的地址与本机地址不同，对后面主机发送的数据不予理睬，直到收到下一个呼叫信号（地址与本机地址相同）。

从机向主机发送数据时需要先发送本机地址作为呼叫信号，然后发送数据。

第5章 MCS-51 单片机的串行通信

以便主机识别数据来源。

2. 地址与数据的识别问题

数据有可能与某从机的地址相同，当主机向从机发送数据时，地址与该数据相同的从机会认为是主机对自己的呼叫信号，因此参与通信的各个单片机应该能够区分数据和地址。解决这个问题的最简单方法就是使用串行通信方式2或方式3，采用9位数据通信方式，比如在发送地址信息时将TB8置位，发送数据信息时将TB8清零。接收端通过识别收到数据时RB8的状态来区分地址和数据。

3. 总线冲突问题

由于各从机的发送端TXD全部连接到主机的接收端RXD上，从机向主机发送信息时必须使用该总线，如果多个从机同时向主机发送数据就会造成总线冲突，所以要设定一种机制，让某个时刻或某段时间只能有一个从机获得对该总线的使用权。

一种方式是主机呼叫方式，当主机需要获得某从机的信息时先呼叫该从机，被呼叫的从机才能向主机发送信息，这种方式从机完全处于被动状态，不利于及时发现并处理从机的信息。

另一种方式是申请发送方式，当没有从机向主机发送信息时，主机以广播的方式通知各从机"总线空闲"，当有从机需要向主机发送信息时，向主机发送"申请发送"请求，主机通过广播向所有从机发送"总线忙"的信息，然后主机再向需要发送信息的从机发出呼叫，收到呼叫的从机获得总线使用权发送信息，其他从机处于不可以发送信息，当信息传输完毕后主机再以广播的方式通知各个从机"总线空闲"，从机只有在"总线空闲"的状态下才可以申请总线使用权，当有多个从机提出发送申请时主机可以对申请进行排队。

4. 数据与指令的问题

在串行通信时，有时单片机发送的是数据信息，比如温度、压力等，有时发送的是指令信息，比如"总线空闲""呼叫请求"等，不管是数据还是指令，就像地址与数据一样，在单片机内部都是二进制编码，会造成混淆的现象。

一种方法是把指令编为数据中不会出现的代码，也可以采用多个字符按照固定的顺序进行组合，形成帧结构，比如图5.3.2所示的一种帧结构示意图，如果数据类型是数据，接收端将后续的数据按数据处理，如果数据类型是指令，接收端将按指令的方式处理后续的数据。

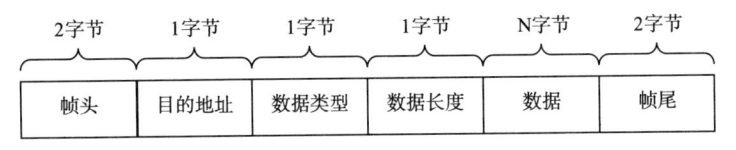

2字节	1字节	1字节	1字节	N字节	2字节
帧头	目的地址	数据类型	数据长度	数据	帧尾

图5.3.2　行通信的帧结构举例

采用帧结构的串行通信方式较为通用，可以通过增加帧元素涵盖更多的信息，这种方式同时解决了地址与数据的问题。在实际编程时可以定义一个数组，将各个帧元素按照一定的顺序放在数组中，通过串行端口依次发送出去。由于帧结构中各个元素表征的意义不同，数据类型可能也不同，使用C语言中的结构体与联合体更为方便。

第6章 模数、数模转换
Chapter 6

教学要点：
- ADC 与 DAC 的基本知识
- 模拟信号输入检测、输出信号的产生、输出控制电路的原理及应用
- ADC0809、DAC0832、STC12C5A60S2 的应用

6.1 项目十 数字电压表

6.1.1 任务要求

输入 0~5V 的模拟直流电压，输出四位数码管显示的数字电压表。

6.1.2 任务分析及电路设计

输入 0~5V 的模拟直流电压，经 A/D 转换后，产生的数字信号输入单片机，单片机进行数据处理，并把结果输出到四位数码管显示。

根据以上分析：选择适当的 A/D 转换器，再配上核心控制器单片机即可实现上述任务。

确定如下两种方案：

方案一　选用 ADC0809 模数转换器输入数据采集，单片机 AT89S51 做数据处理。

方案二　利用 STC12C5A16S2 单片机完成，该单片机自带 10 位 AD 转换器，无需外接 AD 转换器。同时该单片机支持串口下载，并可利用串口进行调试与通信。

任务一：数字电压表电路

方案一　利用 ADC0809 模数转换器进行输入数据采集，单片机（AT89S51 或 STC89C51）进行数据处理，四位数码管显示输出数据。电路图如图 6.1.1。

输入电压信号为 0~5V，由 RV1 电位器取得，后输入到 ADC0809 的 IN0 引脚，23、24、25 引脚全接地，选通 AD 转换器的 0 通道，即输入信号经 0 通道进行 AD 转换。单片机连接的 START(ST)、EOC、OE 三个控制信号和 CLK 时钟信号实现对 AD 转换器的控制，实现 AD 转换的启停，转换结束状态检测、数据读取的功能。八位数据从 AD 转换器的 OUT1~OUT8 端口输出到单片机的 P1 口。ADC0809 转换器的功能详见知识链接。输出采用四位共阳数码管动态扫描显示，P0 口输出段码，P2.0~P2.3 输出驱动数码管的位码。RP1 为 P0 口的上拉电阻。

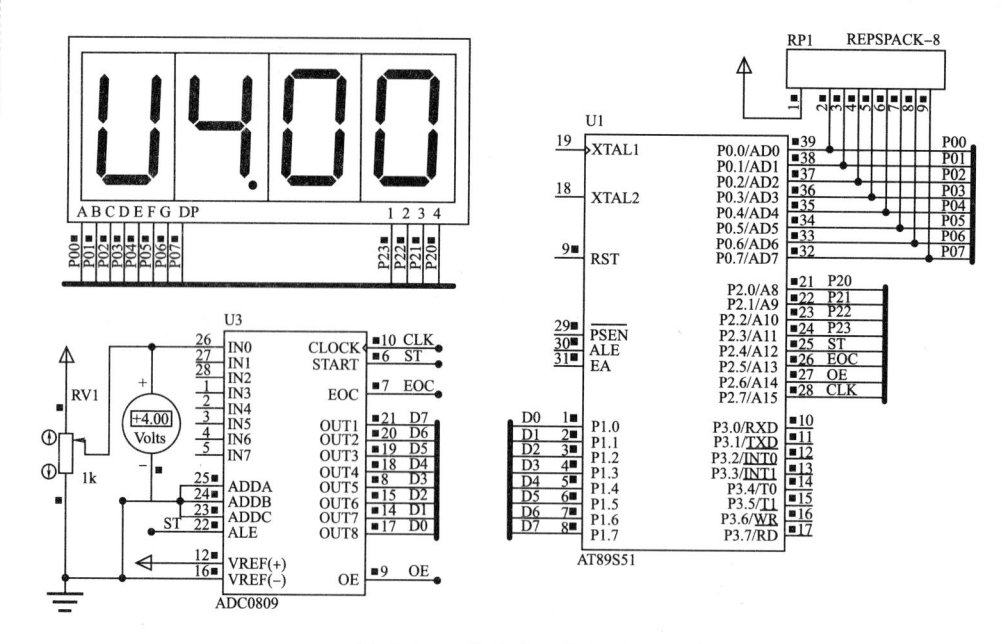

图 6.1.1　数字电压表电路图

方案二　数字电压表(内置 A/D 转换器)电路图如图 6.1.2。

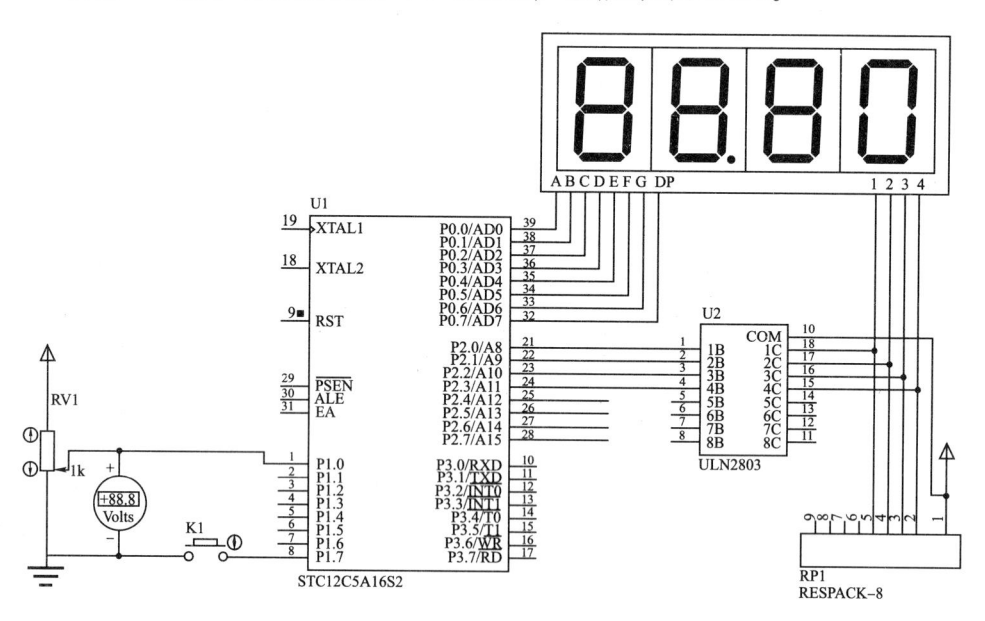

图 6.1.2　数字电压表电路图

STC12C5A60S2 系列单片机内含 10 位 AD 转换器,在转换精度要求不高的条件下,无须外接 AD 转换器,仅需程序代码对单片机内部的 AD 转换器进行设置、编写控制程序代码即可得到采样数据,后经过计算处理输出到四位数码显示,采用

ULN2803 驱动器做数码管的位码驱动,RP1 为 ULN2803 的上拉电阻。

6.1.3 任务编程及调试

1. 数字电压表程序代码(方案一)

```c
//6-1-1.c
#include <reg51.h>
#include <intrins.h>
#define uint unsigned int
#define uchar unsigned char
sbit led1 = P2^0;                //个位位码
sbit led2 = P2^1;                //十位位码
sbit led3 = P2^2;                //百位位码
sbit led4 = P2^3;                //千位位码
sbit st = P2^4;                  //转换启动信号
sbit eoc = P2^5;                 //转换结束信号
sbit oe = P2^6;                  //输出允许信号
sbit clk = P2^7;                 //时钟输入信号线
uint ad_data;                    //AD 采集后 8 位二进制数
uchar LED1,LED2,LED3,LED4;       //4 位数码管段码
uchar code led_segment[12] =
    {0x3F,0x06,0x5B,0x4F,0x66,0x6D,0x7D,0x07,0x7F,0x6F,0x0,0x3e};
    // 0、1、2、3、4、5、6、7、8、9、灭灯、电压符号 U
/*约延时 10*i 微秒*/
void delay(uint i)
{
    while(i)i--;
}
/*动态显示*/
void dtxs(void)
{
    ad_data = ad_data * 1.960785;     //1.960785 为校正系数
    LED1 = ad_data%10;                //个位值
    LED2 = (ad_data/10)%10;           //十位值
    LED3 = ad_data/100;               //百位值不带小数点
    P0 = led_segment[LED1];           //显示个位值
    led1 = 0;
```

```
       delay(100);
       led1 = 1;
       //if((LED3 == 0)&&(LED2 == 0))LED2 = 10;
       P0 = led_segment[LED2];        //显示十位值
       led2 = 0;
       delay(100);
       led2 = 1;
       //if(LED3 == 0)LED3 = 10;
       P0 = led_segment[LED3]|0x80;   //显示百位值和小数点
       led3 = 0;
       delay(100);
       led3 = 1;
       LED4 = 11;
       P0 = led_segment[LED4];        //显示千位值(电压符号U)
       led4 = 0;
       delay(100);
       led4 = 1;
    }
    /* 数据采集 */
    void ad_caiji(void)
    { st = 0;                         //启动转换器
      clk = 0;
      _nop_();
      st = 1;
      clk = 1;
      _nop_();
      st = 0;
      clk = 0;
      while(eoc);                     //查询转换信号
      _nop_();
      _nop_();
      while(eoc == 0)                 //发送时钟
      {
        clk = 1;
        delay(10);
        clk = 0;
```

```
        delay(10);
    }
    P1 = 0XFF;                    //读取端口复位
    _nop_();
    _nop_();
    oe = 1;                       //发读取数据信号
    _nop_();
    _nop_();
    _nop_();
    ad_data = P1;                 //读信号
    oe = 0;
}
/* 主函数 */
void main(void)
{
    while(1)
    {
        ad_caiji();
        dtxs();
    }
}
```

程序说明：

(1) intrins.h 头文件包含延时 1 机器周期的 _nop_() 函数，keil c51 编译器自带此头文件。

(2) dtxs() 函数中有两条语句加了"//"注释，语句用于判断该位数码管是否显示；当 P0 = led_segment[LED3] |0x80 语句改为 P0 = led_segment[LED3] 时，显示三位整数，百位或十位为 0 时，对应位不显示。

(3) AD_caiji() 函数代码采样时序参考图 6.4.2。

2. 数字电压表程序代码(方案二)

1) 单次查询采样和 100 次平均查询采样方式

```
//6-1-2.c
/* --- STC12C5A60S2 单片机 AD 转换实例 ------ */
/* --- 引用宏晶科技 STC12C5A60S2 单片机资料与程序 */
/* 预处理包含文件申明 */
#include <reg51.h>
//#include <STC12C5A.h>
```

```c
#include <intrins.h>
/*常用两种数据类型定义*/
typedef unsigned char BYTE;
typedef unsigned int  WORD;
typedef unsigned long DWORD;
//#define uint   unsigned int
//#define uchar  unsigned char
//#define ulong  unsigned long
/*AD转换sfr定义,若申明#include <reg51.h>需要如下定义,若申明
#include <STC12C5A.h>内部已包含如下定义,则无需对下列寄存器定义*/
sfr ADC_CONTR = 0xBC;      //ADC控制寄存器
sfr ADC_RES   = 0xBD;      //ADC高8位值寄存器
sfr ADC_RESL  = 0xBE;      //ADC低2位值寄存器
sfr P1ASF     = 0x9D;      //P1口第二功能寄存器
sfr AUXR1     = 0xa2;      //辅助功能寄存器
/*位定义*/
sbit P2_0 = P2^0;          //千位位码输出
sbit P2_1 = P2^1;          //百位位码输出
sbit P2_2 = P2^2;          //十位位码输出
sbit P2_3 = P2^3;          //个位位码输出
sbit P1_7 = P1^7;          //手动采集按钮判断
/* ADC控制寄存器定义 */
#define ADC_POWER    0x80  //ADC转换器电源打开——0x80、关闭——0x00
#define ADC_SPEEDHH  0x60  //ADC转换速率控制90时钟周期
#define ADC_SPEEDH   0x40  //ADC转换速率控制180时钟周期
#define ADC_SPEEDL   0x20  //ADC转换速率控制360时钟周期
#define ADC_SPEEDLL  0x00  //ADC转换速率控制540时钟周期
#define ADC_FLAG     0x10  //ADC转换器结束标志位,1表示转换结束,
                           //  需软件清0
#define ADC_START    0x08  //ADC转换器启动控制位,1表示开始转换,
                           //  结束后为0
/* 函数申明 */
void adccsh();             //AD转换初始化
void dtxs();               //动态显示
void ys1ms(WORD n);        //延时n*1ms
void sdpd();               //手动判断、采样单次
```

第 6 章 模数、数模转换

```c
void sdpd100();                    //手动判断、采样100次
BYTE GetADCResult(BYTE ch);
/* 变量申明 */
BYTE ch = 0;                       //采样通道号
WORD cyz;                          //采样值
WORD qbsg;                         //千百十个位值
DWORD i,k;                         //采样器启动间隔
WORD cyzs = 100;                   //采样总次数
WORD cys;                          //采样数
/* 共阳数码管位码定义 */
unsigned char
smga[10] = {0xc0,0xf9,0xa4,0xb0,0x99,0x92,0x82,0xf8,0x80,0x90};
/* 主函数 */
void main()
{
    adccsh();
    while(1)
    {
        //sdpd();                  //手动判断、采样单次
        sdpd100();                 //手动判断、采样100次
        dtxs();
    }
}
/* ADC 初始化函数 */
void adccsh()
{
    //IE = IE|0xa0;                //ADC中断允许,在查询中不用
    P1ASF = 0X7F;                  //P1.0~P1.6设为AD采样通道,P1.7设
                                   //为按键输入
    ADC_RES = 0;                   //清空ADC数据寄存器
    ADC_RESL = 0;
}
/* ADC 手动查询函数 */
void sdpd()
{
    if(P1_7 == 0)                  //点动一次按键K1实现一次AD转换
```

```c
    {
       GetADCResult(ch);
       cyz = ADC_RES * 4 + (ADC_RESL&0x03);//十位 AD 数据的合并
       ys1ms(6000);
    }
}
/* ADC 手动查询函数 100 次平均 */
void sdpd100()
{
   if(P1_7 == 0)
   {
      BYTE i;
      for(i = 0;i < cyzs;i ++)
      {
         GetADCResult(ch);
         cyz = cyz + ADC_RES * 4 + (ADC_RESL&0x03);
      }
      cyz = cyz/cyzs;
      ys1ms(1000);
   }
}
/* ADC 查询函数 */
BYTE GetADCResult(BYTE ch)
{
   ADC_CONTR = ADC_POWER | ADC_SPEEDLL | ch | ADC_START;
   _nop_();                              //AD 转换等待几个机器周期
   _nop_();
   _nop_();
   _nop_();
   while(!(ADC_CONTR & ADC_FLAG));       //等待查询转换标志位
   ADC_CONTR &= ~ADC_FLAG;               //关闭 ADC
   //ADC_CONTR& =! ADC_FLAG;             //使用此句也可以
   //return ADC_RES;                     //函数返回 8 位 AD 值
}
/* 4 位动态显示函数 */
void dtxs()
```

第6章 模数、数模转换

```
    }
    WORD qw,bw,sw,gw;
    qbsg = cyz * 4.65;              //4.65 为校正系数,根据实际确定
    qw = qbsg/1000;                 //千位
    qbsg = qbsg%1000;               //百十个位
    bw = qbsg/100;                  //百位
    qbsg = qbsg%100;                //十个位
    sw = qbsg/10;                   //十位
    gw = qbsg%10;                   //个位
    P0 = smga[qw]&0x7f;P2_0 = 0;ys1ms(1);P2_0 = 1;//smga[qw]&0x7f 表
                                                  示千位输出带小数点
    P0 = smga[bw];P2_1 = 0;ys1ms(1);P2_1 = 1;
    P0 = smga[sw];P2_2 = 0;ys1ms(1);P2_2 = 1;
    P0 = smga[gw];P2_3 = 0;ys1ms(1);P2_3 = 1;
}
/* 延时 n*1ms 函数,使用 12MHz 晶体 */
void ys1ms(WORD n)
{   WORD m,j;
    for(j = 1;j < = n;j ++ )
    for(m = 1;m < = 122;m ++ );
}
```

程序说明:

①STC12C5A.h 头文件在 keil c51 编译器中不包含,需要用户去添加,详见宏晶科技网站;使用#include <STC12C5A.h> 预处理语句,不需要对 AD 转换器的一些特殊功能寄存器进行定义。

②数据类型关键字可以使用 typedef 和#define 两种方法来定义。

③cyz = ADC_RES * 4 + (ADC_RESL&0x03):表示一次采样结束得到 10 位 AD 值,十位 AD 数据高 8 为存入 ADC_RES 中,低 2 位存入 ADC_RESL 中;ADC_RES *4 相当于左移两位;ADC_RESL&0X03 屏蔽高六位。

④ADC_CONTR = ADC_POWER | ADC_SPEEDLL | ch | ADC_START;语句通过字节或的关系实现相应位置位的功能设定。

⑤寄存器的其他资料参考知识链接 STC12C5A60S2 单片机资料。

2)中断方式采样程序代码

```
//6-1-3.c
/* 预处理包含文件申明 */
/* 数据类型定义 */
```

/*A/D转换sfr定义 在#include <STC12C5A.h>已定义 在#include <reg51.h>需要如下定义*/
/*位定义、寄存器赋值*/
/*ADC控制寄存器定义*/
//与6-1-3.c中申明、定义的内容与查询方式相同这里不再重复
/*函数申明*/
```
void adccsh();                    //AD转换初始化
void dtxs();                      //动态显示,代码同查询方式
void ys1ms(WORD n);               //延时n*1ms,代码同查询方式
/*变量申明*/
BYTE ch = 0;                      //采样通道号
DWORD cyzz100;                    //采样100点总和值
float cyjz1;                      //采样100点浮点型均值
WORD qbsg;                        //千百十个位值
DWORD i,k;                        //采样器启动间隔
WORD cyzs = 100;                  //采样总数
WORD cys;                         //采样数
/*共阳数码管位码定义*/
unsigned char smga[10] =
    {0xc0,0xf9,0xa4,0xb0,0x99,0x92,0x82,0xf8,0x80,0x90};
/*主函数*/
void main()
{
   adccsh();
   while(1)
     {
        if(i++==5)          //采样间隔时间,动态扫描显示5次采样一次
         {
            i = 0;
            ADC_CONTR = ADC_POWER|ADC_SPEEDLL|ADC_START|ch;//开启中断
         }
        dtxs();
     }
}
/*ADC中断函数*/
void adc_isr() interrupt 5 using 1
```

```
    ADC_CONTR& = ！ADC_FLAG；           //关闭中断
    cys ++ ;
    if( cys < = cyzs )
    {
        cyzz100 = cyzz100 + ( ADC_RES * 4 + ( ADC_RESL&0X03 ) ) ;
    }
    else
    {
        cyjz1 = cyzz100/cyzs
        cyzz100 = 0 ;
        cys = 0 ;
    }
}
/ * ADC 初始化函数 * /
void adccsh( )
{
    IE = IE|0xa0 ;                      //ADC 中断允许
    P1ASF = 0xFF ;                      //P1.0 ~ P1.7 全设为 AD 采样通道
    ADC_RES = 0 ;
    ADC_CONTR = ADC_POWER|ADC_SPEEDLL|ADC_START|ch ;
    //ys1ms( 100 ) ;                    //在本程序中可以不延时
}
```

程序说明：

①为了保证动态扫描显示的刷新频率，在动态扫描五次后中断采样一次。

②中断采样函数 void adc_isr( ) interrupt 5 using 1 中断源为 5，当前工作寄存器组为 1 组，当采样结束后就进入中断服务函数。

③在慢变化信号测量过程中，为了提高精度可以采用 cyjz1 = (cyjz1 + cyzz100/cyzs)/2 语句，相当于 200 点的平均值。

④中断采样资料参考知识链接 STC12C5A60S2 单片机资料。

6.2　项目十一　信号发生器

6.2.1　任务要求

输出矩形波、锯齿波、三角波、正弦波四种波形的信号发生器；

6.2.2 任务分析及电路设计

信号发生器主要由单片机和 DA 转换器组成,单片机输出离散数字信号,经 DA 转换产生多路模拟信号波形。

根据以上分析:适当的 DA 转换器,再配上核心控制器单片机即可实现上述任务。

确定如下两种方案:

方案一　选用 DAC0832 做 DA 输出信号数模转换,单片机做数据处理。

方案二　利用 STC12C5A16S2 单片机完成,该单片机自带 8 位 DA(PWM 脉冲宽度调制)转换器,无需外接 DA 转换器。同时该单片机支持串口下载,并可利用串口进行调试与通信。

方案一　单片机与 DAC0832 数模转换器实现信号发生器

方法一　以总线方式连接电路图如图 6.2.1。

P0、P2 口(A0~A15)组成 16 位地址总线,P0 口(D0~D7)组成 8 位数据总线,地址信号和数据信号时分复用 P0 端口,A15、$\overline{WR}$ 信号控制 DAC0832 模数转换器,P0 口输出 8 位数据到 DA 转换器的 DI0~DI7,DA 转换后由 IOUT1、IOUT2 端口以电流端形式输出,经运算放大器 U3 转换为电压信号,由示波器监测其波形。DAC0832 的详细资料参见知识链接。

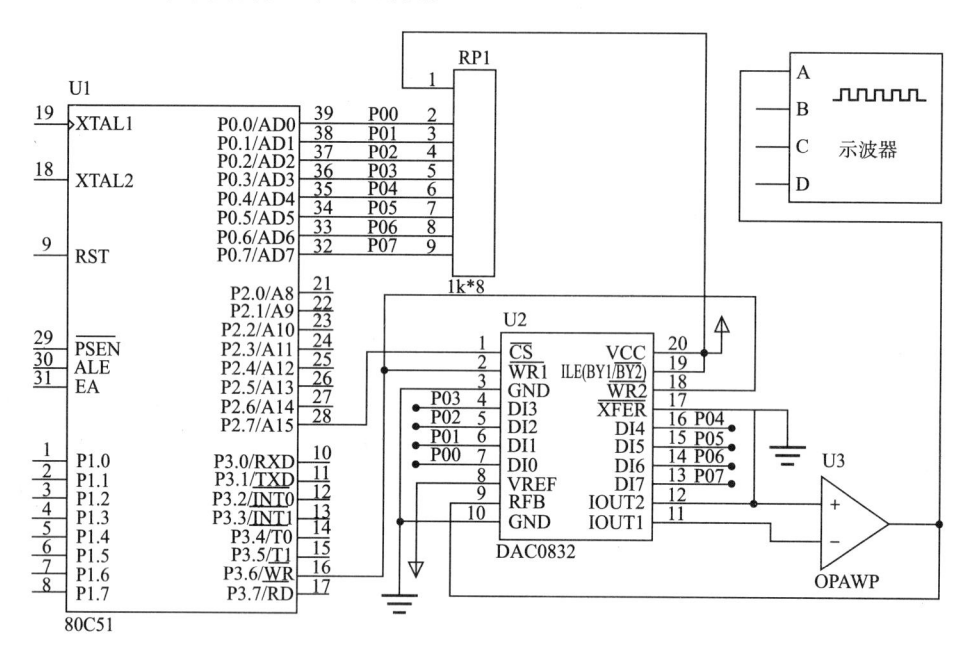

图 6.2.1　总线式简易信号发生器电路图

方法二　非总线式连接电路如图 6.2.2。

第6章 模数、数模转换

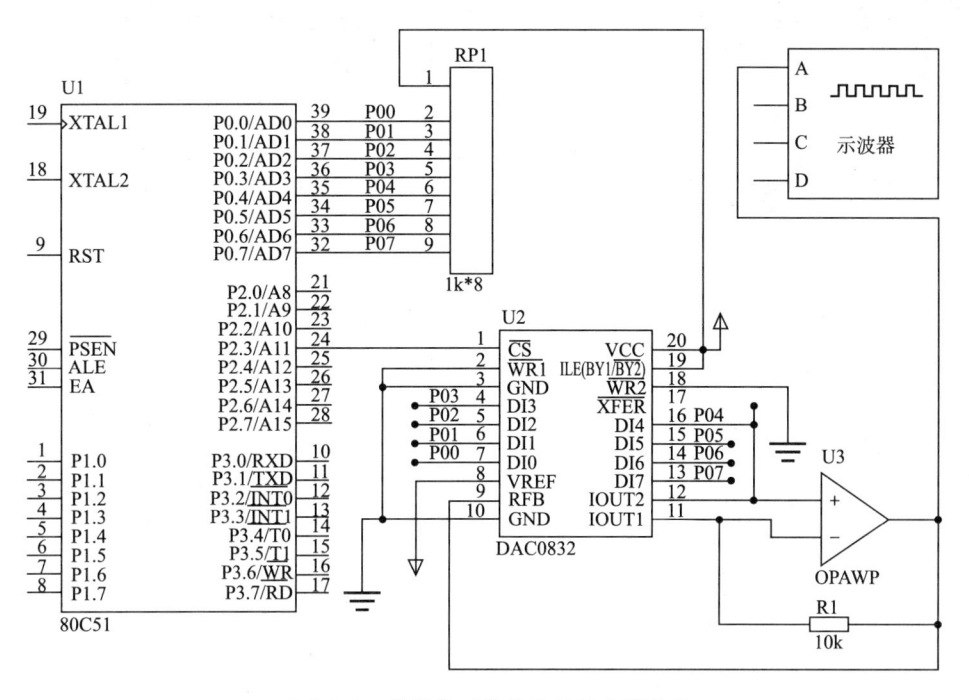

图 6.2.2 非总线式简易信号发生器电路

电路基本与总线式相似,控制线 $\overline{WR1}$、$\overline{WR2}$ 接地,片选信号 $\overline{CS}$ 由 P2.3 控制。

方案二 PWM 脉宽调制发生器电路如图 6.2.3。

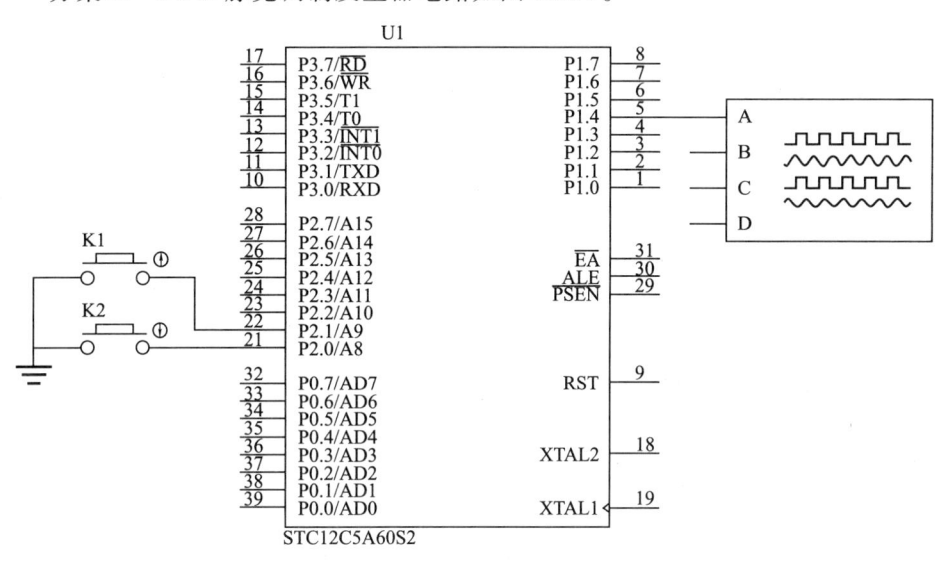

图 6.2.3 PWM 脉宽调制发生器电路图

STC12C5A60S2 系列单片机内含类似 8 位 DA 转换器,PWM 脉冲宽度调制器输出的脉冲宽度受控于 8 位二进制代码,P1.3、P1.4 的第三功能可作为 PWM

信号输出,采用示波器来观测其输出波形。K1、K2控制输出脉宽的增大、减小。

6.2.3 信号发生器程序代码

1. 简易信号发生器程序代码(方案一)

一、总线方式锯齿波、方波、三角波输出

```c
//6-1-4.c
#include <reg51.h>
#include <absacc.h>                    //对单片机的地址空间进行绝对地址访问
#define DAC0832 XBYTE[0x7fff]          //定义DAC0832的端口地址
#define uchar unsigned char
/* 延时函数 */
void delay(uchar t)
{
    while(t--);
}
/* 锯齿波发生函数 */
void saw(void)
{
    uchar i;
    for (i=0;i<255;i++)
    {
        DAC0832 = i;
    }
}
/* 三角波发生函数 */
void tringle(void)
{
    uchar i;
    for (i=0;i<255;i++)
    {
        DAC0832 = i;
    }
    for (i=255;i>0;i--)
    {
        DAC0832 = i;
```

第6章 模数、数模转换

```
    }
}
/* 方波发生函数 */
void square(void)
{
    DAC0832 = 0x00;
    delay(0xff);
    DAC0832 = 0xff;
    delay(0xff);
}
/* 锯齿波、方波、三角波三种波形轮流 */
void main(void)
{
    uchar i,j,k;
    i = j = k = 0x03;
    while(i --) saw();          /* 产生一段锯齿波 */
    while(j --) square();       /* 产生一段方波 */
    while(k --) tringle();      /* 产生一段三角波 */
}
```

程序说明：

①#include < absacc.h >用于定义8051系列单片机的地址空间进行绝对地址访问。

②XBYTE寻址XDATA区，XBYTE[0x7fff]表示在外部存储区访问地址0x7fff。

③在执行DAC0832 = i语句时，P2.7、$\overline{WR}$引脚输出低电平选通DA转换器，并将8位数字信号输出到DA转换器锁存，DA转换后输出模拟信号。

④本程序实现锯齿波、方波、三角波三种波形轮流输出。波形如图6.2.4。

二、非总线式正弦波、三角波、锯齿波、正弦波输出

```
//6 -1 -4.c
#include < reg51.h >
#include < math.h >          //数学函数头文件
#define uchar unsigned char
#define uint unsigned int
sbit cs = P2^3;
#define  PI 3.1415926
/* 延时函数 */
void delay(uchar t)
```

195

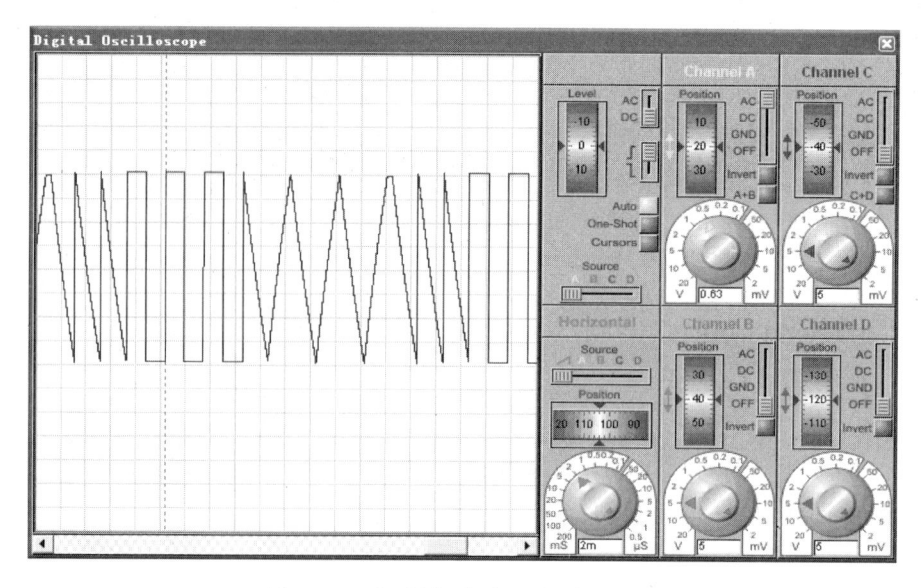

图 6.2.4　锯齿波、方波、三角波仿真图

```
   {
      while( t -- );
   }
/ * 方波发生函数 * /
void square( void)
{
   cs = 0; P0 = 0x00; cs = 1;
   delay( 0xff);
   cs = 0; P0 = 0xff; cs = 1;
   delay( 0xff);
}
/ * 锯齿波发生函数 * /
void saw( void)
{
   uchar i;
   for ( i = 0; i < 255; i ++ )
   {
      cs = 0; P0 = i; cs = 1;
   }
}
/ * 三角波发生函数 * /
```

```
void triangle(void)
{
    uchar i;
    for(i=0;i<255;i++)
    {
        cs=0;P0=i;cs=1;
    }
    for(i=255;i>0;i--)
    {
        cs=0;P0=i;cs=1;
    }
}
/*正弦波发生函数*/
void sinf(void)
{
    uint i;
    for(i=0;i<100;i++)
    {
        cs=0;P0=127*sin(PI*i/50)+128;cs=1;  //每周期100点
    }
}
/*主函数*/
void main(void)
{
    uchar i,j,k,l;
    i=0x05;
    j=0x05;
    k=0x05;
    l=0x01;
    while(i--)square();      //产生一段方波
    while(j--)saw();         //产生一段锯齿波
    while(k--)triangle();    //产生一段三角波
    while(l--)sinf();        //产生一段正弦波
}
```

程序说明：

①math.h 为数学函数头文件，keil c51 编译器自带此头文件。此头文件包括常用

数学函数如:正弦函数 sin( )、余弦函数 cos( )、正切函数 tan( )、绝对值函数 ads( )等。

②cs = 0;P0 = 127 * sin(PI * i/50) +128;cs = 1;语句含义:每周期输出 100 点,PI * i/50 值为 0 ~2π 弧度;执行一次 for 循环输出 100 点,正好为一个正弦周期。

③程序波形输出如图 6.2.5、图 6.2.6。图 6.2.5 为显示四种波形,图 6.2.6 是对方波、锯齿波、三角波的局部展开。

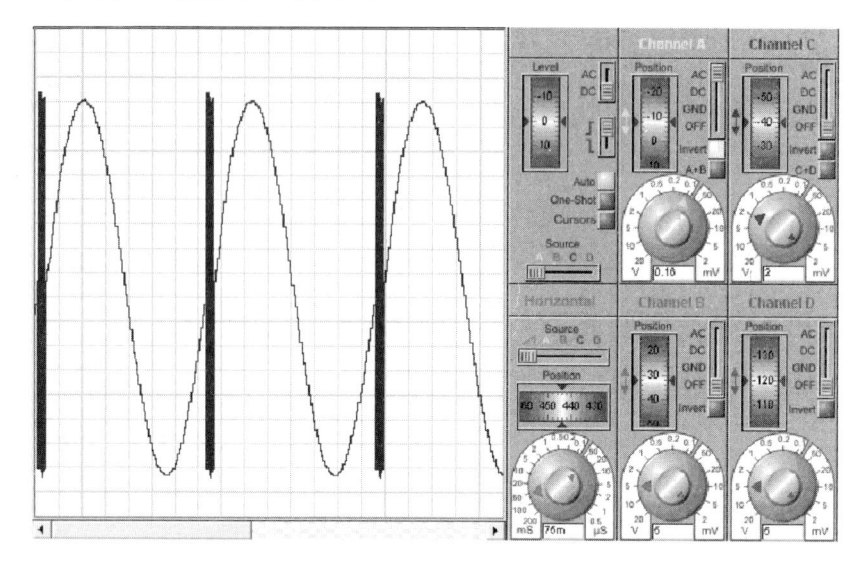

图 6.2.5　方波、锯齿波、三角波、正弦波仿真图

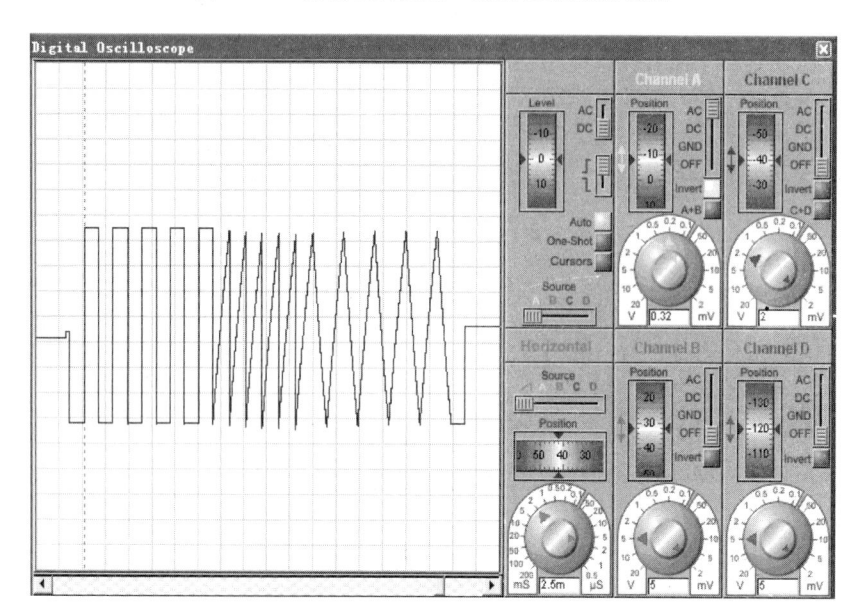

图 6.2.6　方波、锯齿波、三角波展开图

2. PWM 信号发生器程序代码(方案二)

//6 - 1 - 5.c

第6章 模数、数模转换

```c
#include "reg51.h"
#include "intrins.h"
typedef unsigned char BYTE;
typedef unsigned int WORD;
sbit P2_0 = P2^0;
sbit P2_1 = P2^1;
/* PCA 特殊功能寄存器申明 */
sfr CCON = 0xD8;              //PCA 控制寄存器
sbit CCF0 = CCON^0;           //PCA 模式 0 中断标志位
sbit CCF1 = CCON^1;           //PCA 模式 1 中断标志位
sbit CR   = CCON^6;           //PCA 定时器运行控制位
sbit CF   = CCON^7;           //PCA 定时器溢出标志位
sfr CMOD = 0xD9;              //PCA 模式寄存器
sfr CL   = 0xE9;              //PCA 时基低 8 位
sfr CH   = 0xF9;              //PCA 时基高 8 位
sfr CCAPM0 = 0xDA;            //PCA 单元 0 模式寄存器
sfr CCAP0L = 0xEA;            //PCA 单元 0 捕捉寄存器低 8 位
sfr CCAP0H = 0xFA;            //PCA 单元 0 捕捉寄存器高 8 位
sfr CCAPM1 = 0xDB;            //PCA 单元 1 模式寄存器
sfr CCAP1L = 0xEB;            //PCA 单元 1 捕捉寄存器低 8 位
sfr CCAP1H = 0xFB;            //PCA 单元 1 捕捉寄存器高 8 位
BYTE i = 0X80;                //初始占空比值为 50%
void ys1ms(WORD n)
{
    WORD m,j;
    for(j = 1;j < = n;j ++ )
    for(m = 1;m < = 122;m ++ );
}
void da_csh(void)
{
    CCON = 0;                 //PCA 控制寄存器初始化:PCA 定时停止运行、清
                              //  除 CF 标志位。清除全部单元中断标志位。
    CL = 0;                   //PCA 时基复位
    CH = 0;
    CMOD = 0x02;              //设置 PCA 时钟源为 Fosc/2、PCA 时钟溢出中断不使能位
    CCAP0H = CCAP0L = 0x80;   //PWM0 输出占空比 0 为 100%、0x80 为 50%、
```

```
                              0xff 为 0%
    CCAPM0 = 0x42;          //PWM0 工作在 8bit 模式,仅给 CCAP0H 赋值也可以
    CCAP1H = CCAP1L = 0x80; //PWM1 输出占空比如:0x00 脉宽为 100%、0x80
                              脉宽为 50%、0xff 脉宽为 0%
    CCAPM1 = 0x42;          //PWM1 工作在 8bit 模式,PCA 不中断
    CR = 1;                 //PCA 定时起动
}
void main()
{
    da_csh(void)            //DA 初始化
    while(1)
    {
      if(P2_0 == 0)         //脉宽减小
      {
        i = i + 5;
        ys1ms(10);
        if(i >= 250)
           i = 250;
        CCAP0H = i;
        CCAP1H = i;
      }
      if(P2_1 == 0)         //脉宽增加
      {
        ys1ms(10);
        if(i <= 10) i = 5;
        i = i - 5;
        CCAP0H = i;
        CCAP1H = i;
      }
    }
}
```

程序说明:

① 通过对 PWM 相关的控制寄存器、模式寄存器、占空比寄存器的设定,启动后可产生 PWM 波,程序设置 P1.3、P1.4 为输出口。

② 设置两个脉宽调制键,控制脉宽的增大或减小。

③ 输出波形如下图 6.2.7。

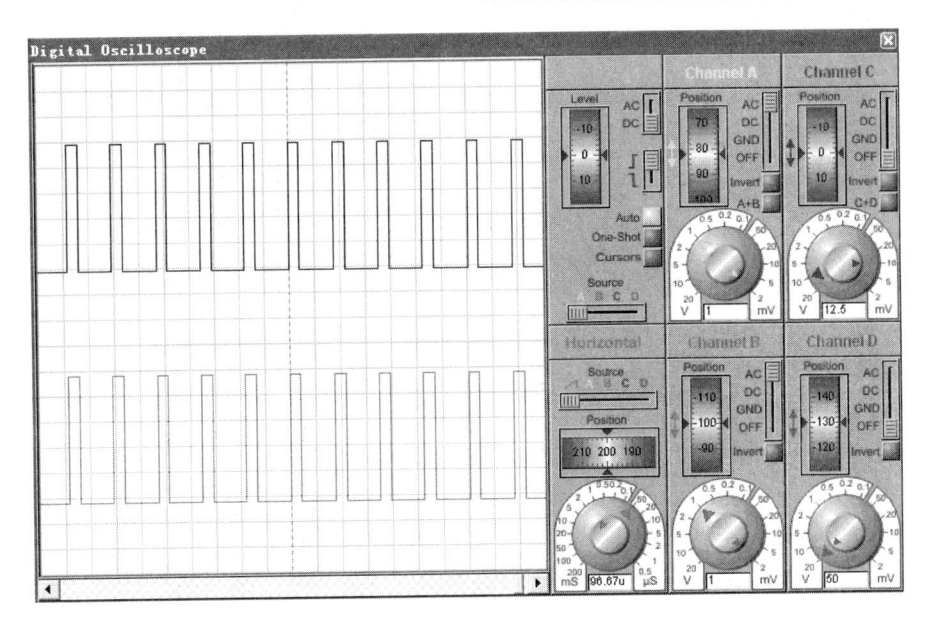

图 6.2.7　PWM 脉宽调制仿真图

6.3　任务拓展　调光灯制作

6.3.1　任务要求

通过手动按键或环境光线亮度的检测来实现灯光的亮暗控制；首先，读取调光开关信号或环境光线的亮度信号输入单片机；其次，单片机进行数据处理并显示当前亮度；最后，单片机根据事先设定的值来输出控制信号，经控制电路来控制灯光的亮度。

6.3.2　任务分析及电路设计

根据要求分析：
①开关信号的读取采用输入开关信号检测转换为数字量电信号；光强弱的读取采用光电传感器，将外界光线的强弱变化转换为模拟电信号；
②数字开关量电信号直接输入单片机，模拟量电信号经 A/D 转换后输入单片机；
③单片机根据输入信号的状态和大小，进行处理输出相应的控制信号；
④控制信号控制调光电路实现灯光的明暗调节。
根据分析可知：电路由输入信号采集、单片机信号处理、输出信号控制三部分组成。原理框图如图 6.3.1。
输入通道(输入信号采集)包括：

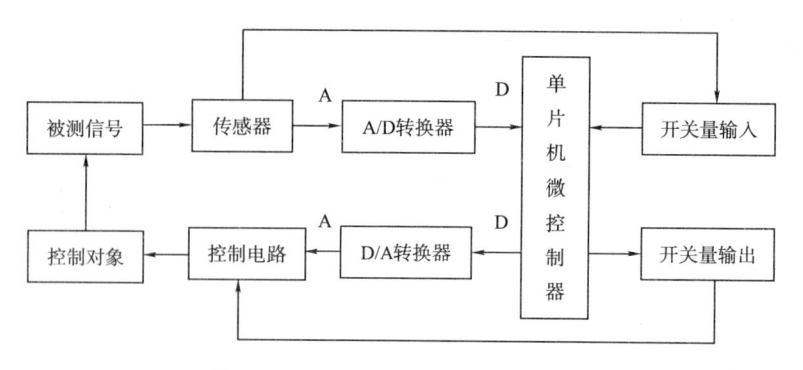

图 6.3.1 测量与控制原理组成框图

①被测信号(模拟量)经传感器变为模拟电信号,后经 A/D 转换器转为数字信号给单片机。

②被测信号若为开关量可由开关或开关量传感器直接输入单片机。

输出通道(输出信号控制)包括:

①单片机输出信号数字信号经 D/A 转换器转为模拟量,后经控制电路到控制对象。

②单片机输出开关量信号经控制电路到控制对象。

1. 手动场效应管控制调光灯仿真图 6.3.2

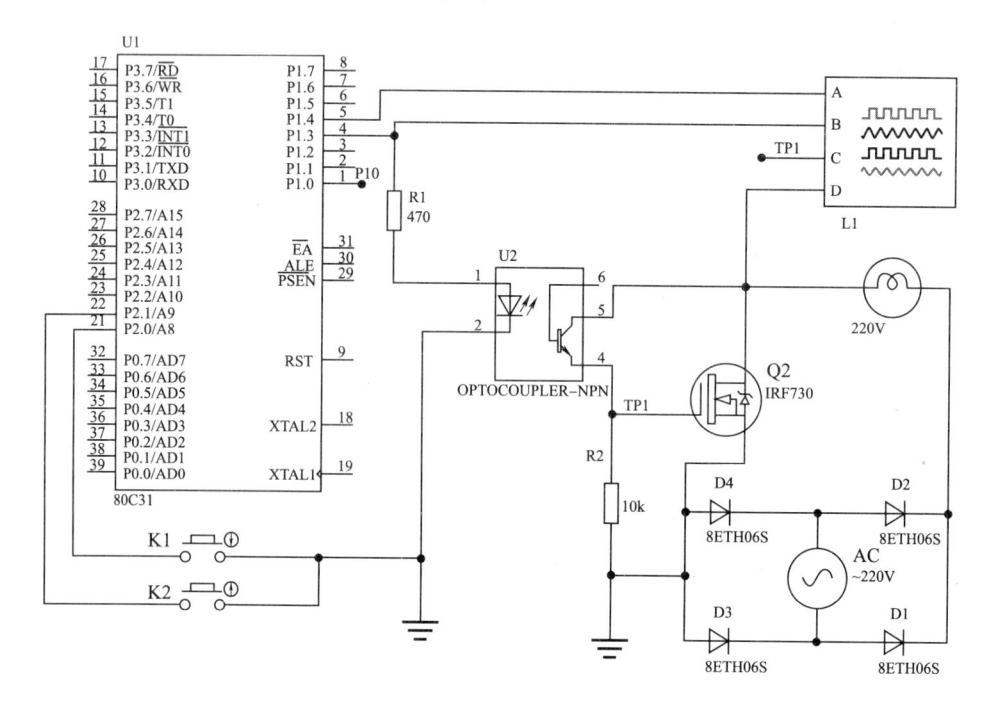

图 6.3.2 脉冲宽度调制的调光灯电路图

第 6 章 模数、数模转换

电路由单片机输入检测、控制信号产生、场效应管驱动电路组成。单片机检测按键 K1,K2 来决定输出 PWM 波形的占空比,示波器监测两路 PWM 信号,单片机 P1.3 端口输出 PWM1 信号经 R1 输入到光电耦合器 U2,U2 实现控制电路与驱动电路的隔离。U2 中的光敏三极管和 Q2 场效应管组成输出电路,Q2 的导通与截止时间比例决定灯泡中流过电流的大小和亮暗程度,D1～D4 四只二极管组成整流电路。

2. 自动调光灯电路

在图 6.3.2 的基础上,该电路主要解决的问题是外界环境光线强弱的检测,两种不同光敏电阻的检测电路如图 6.3.3、图 6.3.4。

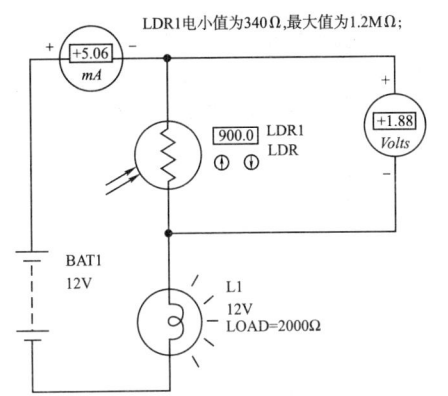

图 6.3.3 光敏电阻 1 的检测电路图　　图 6.3.4 光敏电阻 2 的检测电路图

电路由电源、光敏电阻和阻值为 2000Ω 的灯泡组成串联电路,电路中接入电流表和电压表,通过电压值和电流值计算出光敏电阻的阻值。调节光敏电阻的大小,最终求得光敏电阻的阻值范围。电阻分压电路如图 6.3.5。

电阻 R3 和光敏电阻分压得到的光强弱电信号并输入到单片机 P1.0 引脚,结合图 6.3.2,即可实现自动调光灯电路。

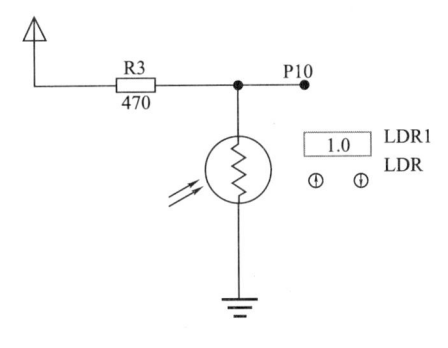

图 6.3.5 电阻分压电路图

6.3.3 任务编程及调试

手动调光灯程序代码直接可采用 PWM 信号发生器程序代码(方案二),自动调光灯光信号采集可参考数字电压表采样部分的程序代码,根据实际情况合理调节 PWM 输出占空比。输出波形如图 6.3.6。

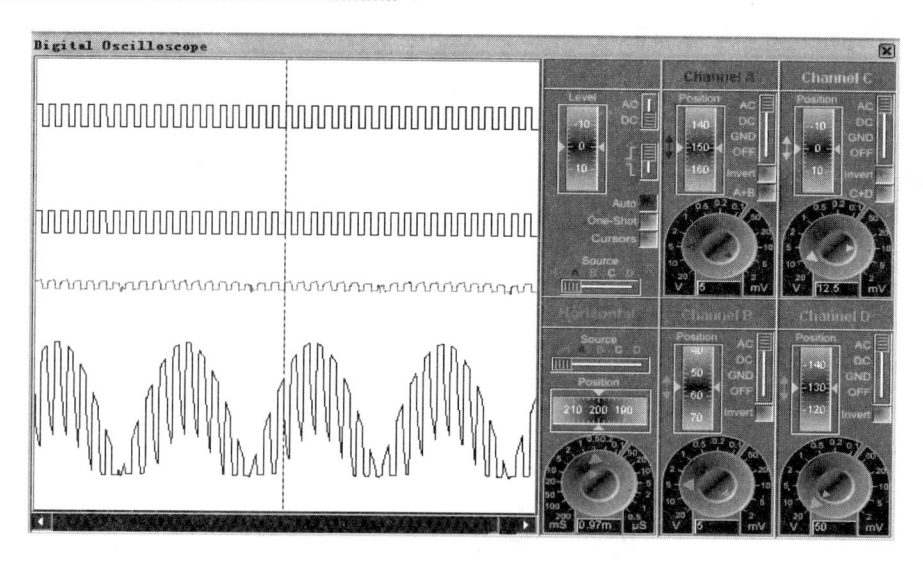

图 6.3.6　PWM 输出波形

6.4　知识链接

6.4.1　A/D 转换器

1. A/D 转换器

模拟电信号经放大、滤波及采样/保持电路得到离散变化的模拟量,必须转换成离散的数字代码,才能输入微机处理。能完成模拟量转换成数字量的器件称作模数转换器(ADC),简称 A/D。根据转换原理种类的不同,A/D 转换器可分为两大类:直接型和间接型。直接型 A/D 转换器是将输入的电压信号直接转换成数字代码。间接型 A/D 转换器是将输入的电压信号先转换成中间变量(如时间、频率、脉冲宽度等),再把中间变量转换成数字代码。

2. A/D 转换器技术指标

(1)分辨率。分辨率表示输出数字量变化一个相邻数码时所需输入模拟电压的变化量,位数越多,量化分层越细,量化误差越小,分辨率就越高。例如,一个 A/D 转换器的输入模拟电压变化范围为 0~5V,8 位数字量输出系统,分辨率为 20mV;10 位数字量输出系统,分辨率为 5mV;而 12 位的输出系统,分辨率为 1.2mV。

(2)量化误差。连续变化的模拟量,对其进行数字化处理即是量化。显然,A/D 转换的过程是量化的过程。量化过程产生的误差称作量化误差。量化误差是由 A/D 转换时,有限的分辨率引起的。量化误差和分辨率是统一的。理论上为一个单位分辨率,即 ±1/2LSB(最低有效位)。分辨率越高,量化误差越小。

(3)偏移误差。A/D 转换器同时涉及模拟量和数字量两个部分,所以整个系

第6章 模数、数模转换

统的精度也必须同时考虑两个部分的误差。数字量误差由系统的分辨率来确定,即量化误差。模拟量误差是由放大器或比较器输入的偏移电压或电流引起的。

(4)满刻度误差。满刻度输出数码所对应的实际电压与模拟输入电压之差。一般来说,满刻度误差的调节在偏移误差调整之后进行。

(5)线性度。线性度又称作非线性误差。它是指转换的实际曲线与理想直线的最大偏移。实际转换曲线各阶梯中点连线与理想直线的最大偏移为非线性度误差。

(6)绝对误差和相对误差。在一个 A/D 转换器中,任何数码所对应的实际模拟电压与理想的电压值之差中最大值称绝对误差。模拟电压与理想电压值的最大偏差用满刻度模拟电压的百分数来表示则称作相对误差。绝对误差又称转换误差。

(7)转换速率。ADC 的转换速率是每秒所完成转换的次数;完成一次转换所需时间,即从转换控制信号开始,直至输出端得到稳定的数码结束为止所需时间为转换时间,是转换速率的倒数。

6.4.2 ADC0809 简介

ADC0809 是带有 8 位 A/D 转换器、8 路多路开关以及与微处理机兼容的控制逻辑的 CMOS 组件。它是逐次逼近式 A/D 转换器,可以和单片机直接接口。

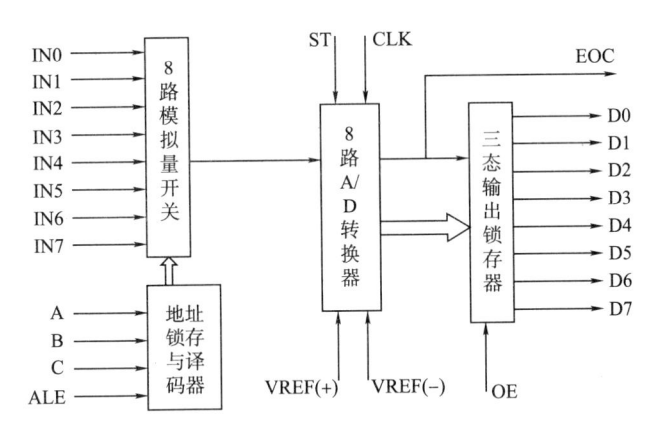

图 6.4.1　ADC0809 的内部逻辑结构图

1. ADC0809 的内部逻辑结构如图 6.4.1。

由上图可知,ADC0809 由一个 8 路模拟开关、一个地址锁存与译码器、一个 A/D 转换器和一个三态输出锁存器组成。多路开关可选通 8 个模拟通道,允许 8 路模拟量分时输入,共用 A/D 转换器进行转换。三态输出锁器用于锁存 A/D 转换完的数字量,当 OE 端为高电平时,才可以从三态输出锁存器取走转换完的数据。

2. 引脚说明

IN0 ~ IN7:8 条模拟量输入通道。ADC0809 对输入模拟量要求:信号单极性,电压范围是 0 ~ 5V。若信号太小,必须进行放大;输入的模拟量在转换过程中应该保持不变,如若模拟量变化太快,则需在输入前增加采样保持电路。

地址输入和控制线:ALE 为地址锁存允许输入线,高电平有效。当 ALE 线为高电平时,地址锁存与译码器将 A,B,C 三条地址线的地址信号进行锁存,经译码后被选中的通道的模拟量进入转换器进行转换。A,B 和 C 为地址输入线,用于选通道 IN0～IN7 上的一路模拟量输入。通道选择表如表 6.4.1 所示。

表 6.4.1　输入通道选择表

C	B	A	选择的通道
0	0	0	IN0
0	0	1	IN1
0	1	0	IN2
0	1	1	IN3
1	0	0	IN4
1	0	1	IN5
1	1	0	IN6
1	1	1	IN7

数字量输出及控制线:ST 为转换启动信号。当 ST 上跳沿时,所有内部寄存器清零;下跳沿时,开始进行 A/D 转换;在转换期间,ST 应保持低电平。EOC 为转换结束信号。当 EOC 为高电平时,表明转换结束;否则,表明正在进行 A/D 转换。OE 为输出允许信号,用于控制输出锁存器向单片机输出转换得到的数据。OE = 1,输出转换得到的数据;OE = 0,输出数据线呈高阻状态。D7～D0 为数字量输出线。CLK 为时钟输入信号线。因 ADC0809 的内部没有时钟电路,所需时钟信号必须由外界提供,通常使用频率为 500KHz 的时钟信号,VREF(+),VREF(-) 为参考电压输入。

3. 采样时序与说明

采样时序如图 6.4.2。

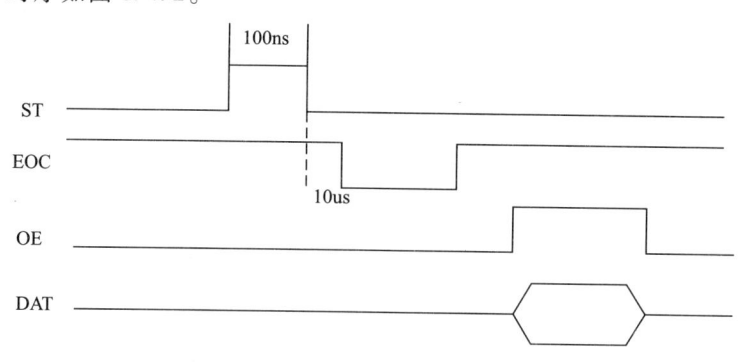

图 6.4.2　采样时序图

ADC0809 采样过程说明：

（1）ADC0809 内部带有输出锁存器，可以与 AT89S51 单片机直接相连。

（2）初始化时，使 ST 和 OE 信号全为低电平。

（3）送要转换的那一通道的地址到 A，B，C 端口上。

（4）在 ST 端给出一个至少有 100ns 宽的正脉冲信号。

（5）是否转换完毕，我们根据 EOC 信号来判断。

（6）当 EOC 变为高电平时，给 OE 高电平，转换的数据输出给单片机。

6.4.3 DAC0832 简介

1. D/A 转换器的主要性能指标

（1）分辨率。输入数字量最低有效位发生变化时，所对应输出模拟量的变化量。例：5V 满量程，8 位 DAC 时，分辨率：5V/256 = 19.5mV；12 位 DAC 时，分辨率：5V/4096 = 1.22mV。可见，位数越多分辨率就越高。

（2）线性度。实际转换特性曲线与理想直线特性之间的最大偏差。常以相对于满量程的百分数表示。例：±1% 是指实际输出值与理论值之差在满刻度的 ±1% 以内。

（3）零点误差。数码输入全 0 时，DAC 的非零输出值。

（4）建立时间。描述 DAC 转换速度快慢的参数。定义为从输入数字量变化到输出达到终值误差 ±1/2 LSB（最低有效位）所需的时间。高速 DAC 的建立时间可达 1μs。电流输出型建立时间短，电压输出型建立时间决定于运放的响应时间。

（4）接口形式。DAC 输入/输出特性之一。包括输入数字量的形式：十六进制或 BCD，输入是否带有锁存器等。

（5）绝对精度。整个刻度内，任一输入对应的模拟量输出值与理论值间的最大误差。增益误差是输入数码全 1 时，输出值与理想值之差。

（6）相对精度。最大误差相对于满刻度的百分比。

（7）精度和分辨率的不同。位数提高时，分辨率会提高；但其他误差（如温度漂移、线性不良等）影响仍会使精度变差。

2. D/A 转换器的基本原理

8 位 T 型电阻网络如图 6.4.3。

$Vo = -(Vref/2^8)(2^7 + \cdots + 2^0)$

当输入数据 D7 ~ D0 = 10101010、Rf = R 时：

$Vo = -(Vref/2^8)(2^7 + 2^5 + 2^3 + 2^1)$

3. DAC0832 的主要特性：

（1）分辨率：8 位

（2）电流建立时间：1μs

（3）数据输入：双缓冲、单缓冲或直通方式

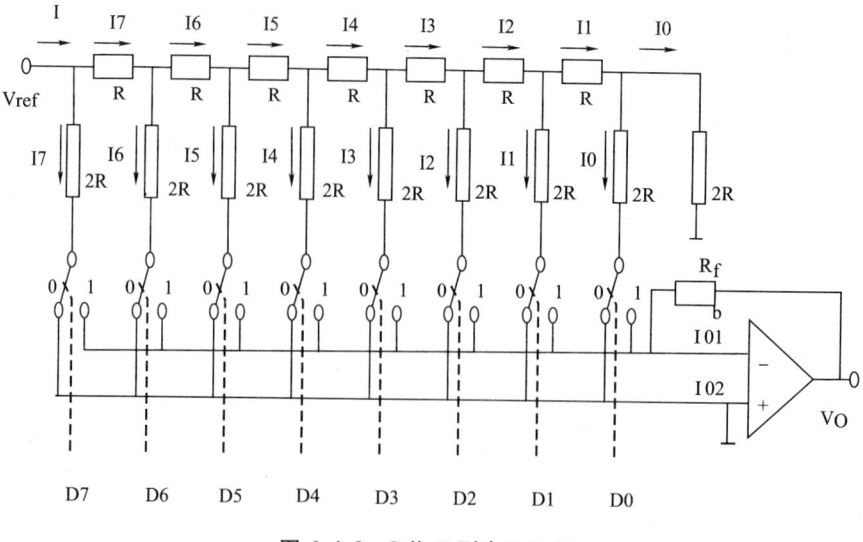

图 6.4.3 8 位 T 型电阻网络

(4) 输出信号:电流形式

(5) 逻辑电平:TTL 电平兼容

(6) 单一电源: +5V ~ +15V

(7) 低功耗:20mW

6.4.4 STC12C5A60S2 单片机 AD 和 DA 简介

1. STC12C5A60S2 系列单片机的 A/D 转换器

(1) A/D 转换器的结构

STC12C5A60AD/S2 系列带 A/D 转换的单片机 A/D 转换口在 P1.7 ~ P1.0 口,有 8 路 10 位高速 A/D 转换器,速度可达到 250KHz(25 万次/秒)。8 路电压输入型 A/D,可做温度检测、电池电压检测、按键扫描、频谱检测等。上电复位后 P1 口为弱上拉型 I/O 口,用户可以通过软件设置将 8 路中的任何一路设置为 A/D 转换口,不需作为 A/D 使用的口可继续作为通用 I/O 口使用,STC12C5A60S2 系列单片机 ADC(A/D 转换器)的结构如图 6.4.4 所示。

STC12C5A60S2 系列单片机 ADC 由多路选择开关、比较器、逐次比较寄存器、10 位 DAC、转换结果寄存器(ADC_RES 和 ADC_RESL)以及 ADC_CONTR 构成。

STC12C5A60S2 系列单片机的 ADC 是逐次比较型 ADC。逐次比较型 A/D 转换器具有速度高,功耗低等优点。从图 6.4.4 可以看出,通过模拟多路开关,将通过 ADC0 ~ 7 的模拟量输入送给比较器。用数/模转换器(DAC)转换的模拟量与本次输入的模拟量通过比较器进行比较,将比较结果保存到逐次比较器,并通过逐次比较寄存器输出转换结果。A/D 转换结束后,最终的转换结果保存到 ADC 转换结果寄存器 ADC_RES 和 ADC_RESL,同时,置位 ADC 控制寄存器 ADC_CONTR 中的

第 6 章 模数、数模转换

```
              ADC_CONTR Register
  ADC_POWER SPEED1 SPEED0 ADC_FLAG ADC_START CHS2 CHS1 CHS0
```

模拟输入信号通道选择开关CHS2/CHS1/CHS0

- ADC7/P1.7
- ADC6/P1.6
- ADC5/P1.5
- ADC4/P1.4
- ADC3/P1.3
- ADC2/P1.2
- ADC1/P1.1
- ADC0/P1.0

A/D转换结果寄存器：ADC_RES and ADC_RESL

逐次比较寄存器

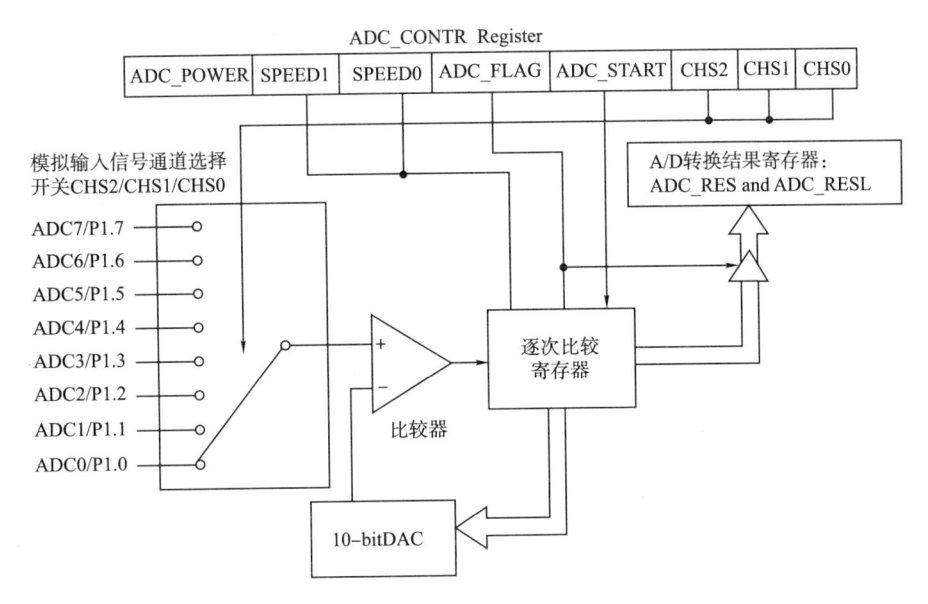

比较器

10-bitDAC

图 6.4.4 单片机 ADC(A/D 转换器)结构图

A/D 转换结束标志位 ADC_FLAG,以供程序查询或发出中断申请。模拟通道的选择控制由 ADC 控制寄存器 ADC_CONTR 中的 CHS2～CHS0 确定。ADC 的转换速度由 ADC 控制寄存器中的 SPEED1 和 SPEED0 确定。在使用 ADC 之前,应先给 ADC 上电,也就是置位 ADC 控制寄存器中的 ADC_POWER 位。

（2）与 A/D 转换相关的寄存器

1）P1 口模拟功能控制寄存器 P1ASF

STC12C5A60S2 系列单片机的 A/D 转换通道与 P1 口(P1.7～P1.0)复用,上电复位后 P1 口为弱上拉型 I/O 口,用户可以通过软件设置将 8 路中的任何一路设置为 A/D 转换通道,不需作为 A/D 使用的 P1 口可继续作为 I/O 口使用(建议只作为输入)。需作为 A/D 使用的口需先将 P1ASF 特殊功能寄存器中的相应位置为 "1",将相应的口设置为模拟功能。P1ASF 寄存器的格式如表 6.4.2。（该寄存器是只写寄存器,读无效）

表 6.4.2 P1ASF 寄存器的格式

SFR name	Address	bit name	B7	B6	B5	B4	B3	B2	B1	B0
P1ASF	9DH	name	P17ASF	P16ASF	P15ASF	P14ASF	P13ASF	P12ASF	P11ASF	P10ASF

当 P1 口中的相应位作为 A/D 使用时,要将 P1ASF 中的相应位置1,P1ASF 寄存器地址为:[9DH]（不能够进行位寻址）

2）ADC 控制寄存器 ADC_CONTR

ADC_CONTR 寄存器的格式如表 6.4.3：

表 6.4.3 ADC_CONTR 寄存器的格式

SFR name	Address	bit	B7	B6	B5	B4	B3	B2	B1	B0
ADC_CONTR	BCH	name	ADC_POWER	SPEED1	SPEED0	ADC_FLAG	ADC_START	CHS2	CHS1	CHS0

ADC_POWER：ADC 电源控制位。0：关闭 A/D 转换器电源；1：打开 A/D 转换器电源。

建议进入空闲模式前，将 ADC 电源关闭，即 ADC_POWER = 0。启动 A/D 转换前一定要确认 A/D 电源已打开，A/D 转换结束后关闭 A/D 电源可降低功耗，也可不关闭。初次打开内部 A/D 转换模拟电源，需适当延时，等内部模拟电源稳定后，再启动 A/D 转换。建议启动 A/D 转换后，在 A/D 转换结束之前，不改变任何 I/O 口的状态，有利于高精度 A/D 转换，若能将定时器、串行口、中断系统关闭更好。

SPEED1，SPEED0：模数转换器转换速度控制位如表 6.4.4。

表 6.4.4 模数转换器转换速度表

SPEED1	SPEED0	A/D 转换所需时间
1	1	90 个时钟周期转换一次，CPU 工作频率 21MHz 时，A/D 转换速度约 250kHz
1	0	180 个时钟周期转换一次
0	1	360 个时钟周期转换一次
0	0	540 个时钟周期转换一次

STC12C5A60S2 系列单片机的 A/D 转换模块说明：使用的时钟是内部 R/C 振荡器所产生的系统时钟，不使用时钟分频寄存器 CLK_DIV 对系统时钟分频后所产生的供给 CPU 工作所使用的时钟。好处：这样可以让 ADC 用较高的频率工作，提高 A/D 的转换速度这样可以让 CPU 以较低的频率工作，降低系统的功耗。

ADC_FLAG：模数转换器转换结束标志位，当 A/D 转换完成后，ADC_FLAG = 1，要由软件清 0。中断方式下 A/D 转换完成后由该位申请产生中断，查询方式下软件查询该标志位判断 A/D 转换是否结束，当 A/D 转换完成后，ADC_FLAG = 1，一定要软件清 0。

ADC_START：模数转换器（ADC）转换启动控制位，设置为"1"时，开始转换，转换结束后为 0。

CHS2/CHS1/CHS0：模拟输入通道选择如表 6.4.5。

表 6.4.5 模拟输入通道选择

CHS2	CHS1	CHS0	Analog Channel Select（模拟输入通道选择）
0	0	0	选择 P1.0 作为 A/D 输入来用
0	0	1	选择 P1.1 作为 A/D 输入来用
0	1	0	选择 P1.2 作为 A/D 输入来用

第 6 章 模数、数模转换

续表

CHS2	CHS1	CHS0	Analog Channel Select（模拟输入通道选择）
0	1	1	选择 P1.3 作为 A/D 输入来用
1	0	0	选择 P1.4 作为 A/D 输入来用
1	0	1	选择 P1.5 作为 A/D 输入来用
1	1	0	选择 P1.6 作为 A/D 输入来用
1	1	1	选择 P1.7 作为 A/D 输入来用

程序中需要注意的事项：

由于是两套时钟，所以，设置 ADC_CONTR 控制寄存器后，要加 4 个空操作延时才可以正确读 ADC_CONTR 寄存器的值，原因是设置 ADC_CONTR 控制寄存器的语句执行后，要经过 4 个 CPU 时钟的延时，其值才能够保证被设置进 ADC_CONTR 控制寄存器。

3) A/D 转换结果寄存器 ADC_RES、ADC_RESL

特殊功能寄存器 ADC_RES 和 ADC_RESL 寄存器用于保存 A/D 转换结果，其格式如下：

Mnemonic	Add	Name	B7	B6	B5	B4	B3	B2	B1	B0
ADC_RES	BDh	高 8 位								
ADC_RESL	BEh	低 8 位								
AUXR1	A2H	辅助寄存器	–	GF2	PCA_P4	SPI_P4	S2_P4	ADRJ	–	DPS

AUXR1 寄存器的 ADRJ 位是 A/D 转换结果寄存器（ADC_RES，ADC_RESL）的数据格式调整控制位。ADRJ = 0 时，10 位 A/D 转换结果的高 8 位存放在 ADC_RES 中，低 2 位存放在 ADC_RESL 的低 2 位中。当 ADRJ = 1 时，10 位 A/D 转换结果的高 2 位存放在 ADC_RES 的低 2 位中，低 8 位存放在 ADC_RESL 中。此时，如果用户需取完整 10 位结果

当 ADRJ = 0 时，如果取 10 位结果，则按下面公式计算：

$$(ADC\_RES * 4 + ADC\_RESL \& 0x03) = 1024 * Vin/Vcc$$

当 ADRJ = 0 时，如果取 8 位结果，按下面公式计算：

$$ADC\_RES = 256 * Vin/Vcc$$

当 ADRJ = 1 时，如果取 10 位结果，则按下面公式计算：

$$(ADC\_RES \& 0x03 * 256 + ADC\_RESL) = 1024 * Vin/Vcc$$

式中，Vin 为模拟输入通道输入电压，Vcc 为单片机实际工作电压，用单片机工作电压作为模拟参考电压。

4) 与 A/D 中断有关的寄存器

IE：中断允许寄存器（可位寻址）

SFR	name	Address	bit	B7	B6	B5	B4	B3	B2	B1
IE	A8H	name	EA	ELVD	EADC	ES	ET1	EX1	ET0	EX0

EA：CPU 的中断开放标志，EA＝1，CPU 开放中断，EA＝0，CPU 屏蔽所有的中断申请。

EA 的作用是使中断允许形成多级控制。即各中断源首先受 EA 控制；其次还受各中断源自己的中断允许控制位控制。

EADC：A/D 转换中断允许位。EADC＝1，允许 A/D 转换中断；EADC＝0，禁止 A/D 转换中断。

如果要允许 A/D 转换中断则需要将相应的控制位置 1。

①将 EADC 置 1，允许 ADC 中断，这是 ADC 中断的中断控制位。

②将 EA 置 1，打开单片机总中断控制位，此位不打开无法产生 ADC 中断，A/D 中断服务程序中要用软件清 0。A/D 中断请求标志位 ADC_FLAG（也是 A/D 转换结束标志位）。

IPH：中断优先级控制寄存器高（不可位寻址）

SFR	name	Address	bit	B7	B6	B5	B4	B3	B2	B1
IPH	B7H	name	PPCAH	PLVDH	PADCH	PSH	PT1H	PX1H	PT0H	PX0H

IP：中断优先级控制寄存器低（可位寻址）

SFR	name	Address	bit	B7	B6	B5	B4	B3	B2	B1
IP	B8H	name	PPCA	PLVD	PADC	PS	PT1	PX1	PT0	PX0

PADCH，PADC：A/D 转换中断优先级控制位。

当 PADCH＝0 且 PADC＝0 时，A/D 转换中断为最低优先级中断（优先级 0）；

当 PADCH＝0 且 PADC＝1 时，A/D 转换中断为较低优先级中断（优先级 1）；

当 PADCH＝1 且 PADC＝0 时，A/D 转换中断为较高优先级中断（优先级 2）；

当 PADCH＝1 且 PADC＝1 时，A/D 转换中断为最高优先级中断（优先级 3）。

5）A/D 转换典型应用线路如图 6.4.5

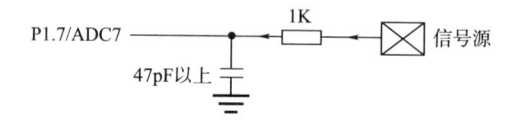

图 6.4.5　AD 信号输入接线图

2. STC12C5A60S2 系列单片机的 D/A 转换器

STC12C5A60S2 系列单片机集成了两路可编程计数器阵列（PCA）模块，可用于软件定时器、外部脉冲的捕捉、高速输出以及脉宽调制（PWM）输出。与 PCA/

第6章 模数、数模转换

PWM 应用有关的特殊功能寄存器

1）PCA 工作模式寄存器 CMOD

PCA 工作模式寄存器的格式如下：

CMOD：PCA 工作模式寄存器

SFR	name	Address	bit	B7	B6	B5	B4	B3	B2	B1
CCON	D9H	name	CIDL	—	—	—	CPS2	CPS1	CPS0	ECF

CIDL：空闲模式下是否停止 PCA 计数的控制位。

当 CIDL = 0 时，空闲模式下 PCA 计数器继续工作；

当 CIDL = 1 时，空闲模式下 PCA 计数器停止工作。

CPS2、CPS1、CPS0：PCA 计数脉冲源选择控制位。PCA 计数脉冲选择如表 6.4.6 所示。

表 6.4.6　PCA/PWM 时钟源输入表

CPS2	CPS1	CPS0	选择 PCA/PWM 时钟源输入
0	0	0	0，系统时钟，SYSclk/12
0	0	1	1，系统时钟，SYSclk/2
0	1	0	2，定时器 0 的溢出脉冲。由于定时器 0 可以工作在 1T 模式，所以可以达到一个时钟就溢出，从而达到最高频率 CPU 工作时钟 SYSclk。通过改变定时器 0 的溢出率，可以实现可调频率的 PWM 输出。
0	1	1	3，ECI/P1.2（或 P4.1）脚输入的外部时钟（最大速率 = SYSclk/2）
1	0	0	4，系统时钟，SYSclk
1	0	1	5，系统时钟/4，SYSclk/4
1	1	0	6，系统时钟/6，SYSclk/6
1	1	1	7，系统时钟/8，SYSclk/8

例如，CPS2/CPS1/CPS0 = 1/0/0 时，PCA/PWM 的时钟源是 SYSclk，不用定时器 0，PWM 的频率为 SYSclk/256，如果要用系统时钟/3 来作为 PCA 的时钟源，应让 T0 工作在 1T 模式，计数 3 个脉冲即产生溢出。

如果此时使用内部 RC 作为系统时钟（室温情况下，5V 单片机为 11MHz ~ 15.5MHz），可以输出 14kHz ~ 19kHz 频率的 PWM。用 T0 的溢出可对系统时钟进行 1 ~ 256 级分频。

ECF：PCA 计数溢出中断使能位。

当 ECF = 0 时，禁止寄存器 CCON 中 CF 位的中断；

当 ECF = 1 时，允许寄存器 CCON 中 CF 位的中断。

2）PCA 控制寄存器 CCON

SFR	name	Address	bit	B7	B6	B5	B4	B3	B2	B1
CCON	D8H	name	CF	CR	—	—	—	CCF1	CCF0

CF:PCA 计数器阵列溢出标志位。当 PCA 计数器溢出时,CF 由硬件置位。如果 CMOD 寄存器的 ECF 位置位,则 CF 标志可用来产生中断。CF 位可通过硬件或软件置位,但只可通过软件清零。

CR:PCA 计数器阵列运行控制位。该位通过软件置位,用来启动 PCA 计数器阵列计数。该位通过软件清零,用来关闭 PCA 计数器。

CCF1:PCA 模块 1 中断标志。当出现匹配或捕获时该位由硬件置位。该位必须通过软件清零。

CCF0:PCA 模块 0 中断标志。当出现匹配或捕获时该位由硬件置位。该位必须通过软件清零。

3) PCA 比较/捕获寄存器 CCAPM0 和 CCAPM1

PCA 模块 0 的比较/捕获寄存器的格式如下:

CCAPM0:PCA 模块 0 的比较/捕获寄存器

SFR	Address	bit	B7	B6	B5	B4	B3	B2	B1	B0
CCAPM0	DAH	name	–	ECOM0	CAPP0	CAPN0	MAT0	TOG0	PWM0	ECCF0

B7:保留为将来之用。

ECOM0:允许比较器功能控制位。

当 ECOM0 = 1 时,允许比较器功能。

CAPP0:正捕获控制位。

当 CAPP0 = 1 时,允许上升沿捕获。

CAPN0:负捕获控制位。

当 CAPN0 = 1 时,允许下降沿捕获。

MAT0:匹配控制位。

当 MAT0 = 1 时,PCA 计数值与模块的比较/捕获寄存器的值相匹配将置位 CCON 寄存器的中断标志位 CCF0。

TOG0:翻转控制位。

当 TOG0 = 1 时,工作在 PCA 高速输出模式,PCA 计数器的值与模块的比较/捕获寄存器的值相匹配将使 CEX0 脚翻转。(CEX0/PCA0/PWM0/P1.3 或 CEX0/PCA0/PWM0/P4.2)

PWM0:脉宽调节模式。

当 PWM0 = 1 时,允许 CEX0 脚用作脉宽调节输出。(CEX0/PCA0/PWM0/P1.3 或 CEX0/PCA0/PWM0/P4.2)

ECCF0:使能 CCF0 中断。使能寄存器 CCON 的比较/捕获标志 CCF0,用来产生中断。

PCA 模块 1 的比较/捕获寄存器的格式如下:

CCAPM1：PCA 模块 1 的比较/捕获寄存器与 PCA 模块 0 的比较/捕获寄存器功能相同，仅是控制对象不同。

PCA 模块工作模式设定（CCAPMn 寄存器，n = 0,1），如表 6.4.7 所示。

表 6.4.7　PCA 模块的工作模式表

B6	B5	B4	B3	B2	B1	B0	模块功能
ECOMn	CAPPn	CAPNn	MATn	TOGn	PWMn	ECCFn	
0	0	0	0	0	0	0	无此操作
1	0	0	0	0	1	0	8 位 PWM 无中断
1	1	0	0	0	1	1	8 位 PWM 输出，由低变高可产生中断
1	0	1	0	0	1	1	8 位 PWM 输出，由高变低可产生中断
1	1	1	0	0	1	1	8 位 PWM 输出，由低变高或者由高变低均可产生中断
X	1	0	0	0	0	X	16 位捕获模式，由 CEXn/PCAn 的上升沿触发
X	0	1	0	0	0	X	16 位捕获模式，由 CEXn/PCAn 的下降沿触发
X	1	1	0	0	0	X	16 位捕获模式
1	0	0	1	0	0	X	16 位软件定时器
1	0	0	1	1	0	X	16 位高速输出

4) PCA 的 16 位计数器 — 低 8 位 CL 和高 8 位 CH

CL 和 CH 地址分别为 E9H 和 F9H，复位值均为 00H，用于保存 PCA 的装载值。

5) PCA 捕捉/比较寄存器 — CCAPnL（低位字节）和 CCAPnH（高位字节）

当 PCA 模块用于捕获或比较时，它们用于保存各个模块的 16 位捕捉计数值；当 PCA 模块用于 PWM 模式时，它们用来控制输出的占空比。其中，n = 0、1，分别对应模块 0 和模块 1。复位值均为 00H。它们对应的地址分别为：

CCAP0L — EAH、CCAP0H — FAH：模块 0 的捕捉/比较寄存器。

CCAP1L — EBH、CCAP1H — FBH：模块 1 的捕捉/比较寄存器。

6) PCA 模块 PWM 寄存器 PCA_PWM0 和 PCA_PWM1

PCA 模块 0 的 PWM 寄存器的格式如下：

PCA_PWM0：PCA 模块 0 的 PWM 寄存器

SFR	name	Address	bit	B7	B6	B5	B4	B3	B2	B1
PCA_PWM0	F2H	name	–	–	–	–	–	–	EPC0H	EPC0L

EPC0H：在 PWM 模式下，与 CCAP0H 组成 9 位数。

EPC0L：在 PWM 模式下，与 CCAP0L 组成 9 位数。

PCA_PWM1：PCA 模块 1 的 PWM 寄存器

SFR	name	Address	bit	B7	B6	B5	B4	B3	B2	B1
PCA_PWM1	F3H	name	–	–	–	–	–	–	EPC1H	EPC1L

EPC1H:在 PWM 模式下,与 CCAP1H 组成 9 位数。

EPC1L:在 PWM 模式下,与 CCAP1L 组成 9 位数。

7)将单片机的 PCA/PWM 功能从 P1 口设置到 P4 口的寄存器 AUXR1,辅助寄存器 1 的格式如下:

AUXR1:辅助寄存器 1

SFR	name	Address	bit	B7	B6	B5	B4	B3	B2	B1
AUXR1	A2H	name	–	PCA_P4	SPI_P4	S2_P4	GF2	ADRJ	–	DPS

PCA_P4:为 0 时缺省 PCA 在 P1 口;为 1 时 PCA/PWM 从 P1 口切换到 P4 口,ECI 从 P1.2 切换到 P4.1 口,PCA0/PWM0 从 P1.3 切换到 P4.2 口,PCA1/PWM1 从 P1.4 切换到 P4.3 口。

SPI_P4:为 0 时缺省 SPI 在 P1 口;为 1 时 SPI 从 P1 口切换到 P4 口,SPICLK 从 P1.7 切换到 P4.3 口,MISO 从 P1.6 切换到 P4.2 口,MOSI 从 P1.5 切换到 P4.1 口,SS 从 P1.4 切换到 P4.0 口。

S2_P4:为 0 时缺省 UART2 在 P1 口;为 1 时 UART2 从 P1 口切换到 P4 口,TxD2 从 P1.3 切换到 P4.3 口,RxD2 从 P1.2 切换到 P4.2 口。

GF2:通用标志位

ADRJ:为 0 时 10 位 A/D 转换结果的高 8 位放在 ADC_RES 寄存器,低 2 位放在 ADC_RESL 寄存器;为 1 时 10 位 A/D 转换结果的最高 2 位放在 ADC_RES 寄存器的低 2 位,低 8 位放在 ADC_RESL 寄存器。

DPS:为 0 时使用缺省数据指针 DPTR0,为 1 时使用另一个数据指针 DPTR1。

6.4.5 开关量接口

(1)光耦合器

在单片机应用系统中,为防止现场强电磁的干扰或工频电压通过输入、输出通道串到测控系统,一般采用通道隔离技术。输入、输出通道的隔离最常用的组件是光耦合器,简称光耦。

光耦合器是以光为媒介传输信号的器件,它把一个发光二极管和一个光敏三极管封装在一个管壳内,发光二极管加上正向输入电压信号(>1.1V)就会发光,光信号作用在光敏三极管基极,光电流使三极管导通,输出电信号。如图 6.4.6 所示光耦合器为输入隔离。光电耦合器的输入侧都是发光二极管,但是输出侧有多种结构,如光敏晶体管、达林顿型晶体管、TTL 逻辑电路以及光敏可控硅等。光耦合器的具体参数可查阅有关的产品手册,其主要特性参数有以下几个方面:

①导通电流和截止电流:当发光二极管两端通以一定电流时,光耦合器输出端处于导通状态;当流过发光二极管的电流小于某一值时,光耦合器输出端截止。不同的光耦合器通常有不同的导通电流,一般典型值为 10mA。

第6章 模数、数模转换

②频率响应:由于受发光二极管和光敏三极管响应时间的影响,开关信号传输速度和频率受光耦合器频率特性的影响。因此,在高频信号传输中要考虑其频率特性。在开关量输出通道中,输出开关信号频率一般较低,不会受光耦合器频率特性影响。

③输出端工作电流:是指光耦合器导通时,流过光敏三极管的额定电流。该值表示了光耦合器的驱动能力,一般为 mA 量级。

④输出端暗电流:是指光耦合器处于截止状态时输出端流过的电流。对光耦合器来说,此值越小越好,以防止输出端的误触发。

⑤输入输出压降:分别指发光二极管和光敏三极管的导通压降。

⑥隔离电压:表示了光耦合器对电压的隔离能力。光耦合器二极管侧的驱动可直接用门电路去驱动,一般的门电路驱动能力有限,常用带 OC 门的电路(如7406、7407)进行驱动。

(2)光耦合开关量输入接口

采用光电耦合器做开关量输入隔离是一种常用的输入方式,实现开关量信号的隔离及光电隔离器的输入端与输出端不共地,避免外界开关信号的干扰串到测试系统。如图6.4.7。

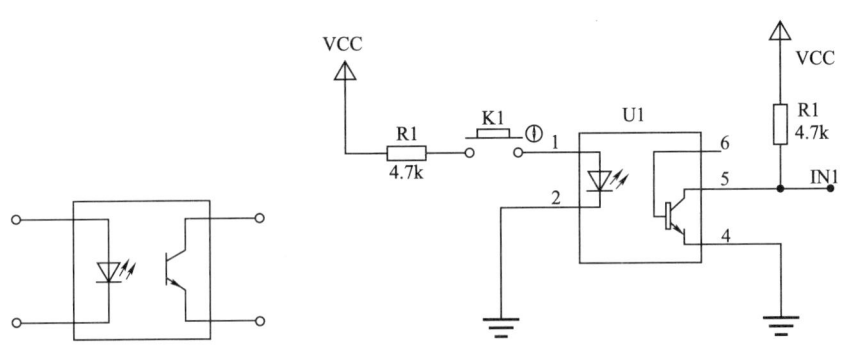

图 6.4.6　光耦合器　　　　图 6.4.7　输入隔离电路

(3)光电耦合、继电器输出接口

继电器方式的开关量输出,是目前最常用的一种输出方式,一般在驱动大型设备时,往往利用继电器作为测控系统输出至输出驱动级之间的第一级执行机构。通过该级继电器输出,可完成从低压直流到高压交流的过渡。如图6.4.8所示,在经光耦合器光电隔离后,直流部分给继电器控制线圈供电,而其输出触点则可直接与市电相接。由于继电器的控制线圈有一定的电感,在关断瞬间会产生较大的反电势,因此在继电器的线圈上常常反向并联一个二极管用于电感反向放电,以保护驱动晶体管不被击穿。不同的继电器,允许驱动电流也不一样。对于需要较大驱动电流的继电器,可以采用达林顿输出的光耦直接驱动;也可以在光耦与继电器之间再加一级三极管驱动。图6.4.8所示为输出隔离。

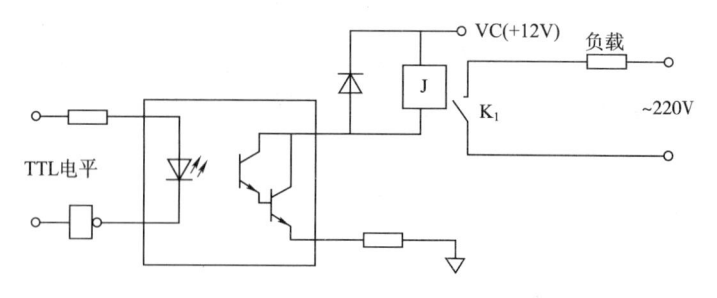

图 6.4.8　继电器输出接口

(4) 双向晶闸管输出接口

双向晶闸管具有双向导通功能,能在交流、大电流场合使用,且开关无触点,因此在工业控制领域有着极为广泛的应用(参见图 6.4.9)。这种器件称为光耦合双向晶闸管驱动器,与一般的光耦不同,在于其输出部分是一硅光敏双向晶闸管,有的还带有过零触发检测器,以保证在电压接近为零时触发晶闸管。如 MOC3011 用于 110V 交流,而 MOC3041 等可适用于 220V 交流使用,用 MOC3000 系列光电耦合器直接驱动双向晶闸管,大大简化了传统的晶闸管隔离驱动电路的设计。

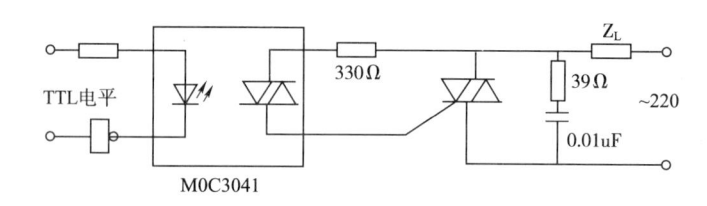

图 6.4.9　MOC3041 与双向晶闸管的接线图

(5) 固态继电器输出接口

固态继电器(SSR)是近年发展起来的一种新型电子继电器,其输入控制电流小,用 TTL、HTL、CMOS 等集成电路或加简单的辅助电路就可直接驱动,因此适宜于在微机测控系统中作为输出信道的控制组件。其输出利用晶体管或晶闸管驱动,无触点。与普通的电磁式继电器和磁力开关相比,具有无机械噪声、无抖动和回跳、开关速度快、体积小、重量轻、寿命长、工作可靠等特点,并且耐冲力、抗潮湿、抗腐蚀,因此在微机测控等领域中,已逐步取代传统的电磁式继电器和磁力开关作为开关量输出控制器件。

图 6.4.10 是固态继电器的内部逻辑框图。它由光电耦合电路、触发电路、开关电路、过零控制电路和吸收电路五部分构成。这 5 部分被封装在一个长方体外壳内,成为一个整体,外面有四个引脚(图中 A、B、C、D)。如果是过零型 SSR 就包括"过零控制电路"部分,而非过零型 SSR 则没有这部分电路。

固态继电器按其负载类型分类,可分为直流型和交流型两类:

①直流型固态继电器

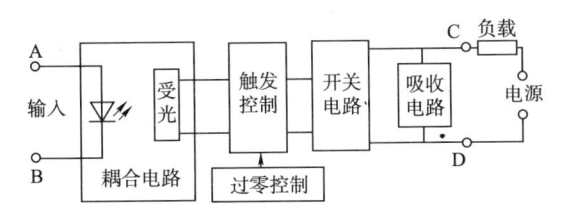

图 6.4.10　固态继电器内部逻辑图

直流型固态继电器主要用于直流大功率控制场合。其输入端为一光耦合电路,因此可用 OC 门或晶体管直接驱动,驱动电流一般 3～30mA,输入电压为 5～30V,因此在电路设计时可选用适当的电压和限流电阻。其输出端为晶体管,输出电压 30～180V。注意在输出端为感性负载时,要接保护二极管用于防止直流固态继电器由于突然截止所引起的高电压。

②交流型固态继电器

交流型固态继电器分为非过零型和过零型,两者都是用双向晶闸管作为开关器件,用于交流大功率驱动场合。图 6.4.11 为交流型固态继电器的控制波形图。

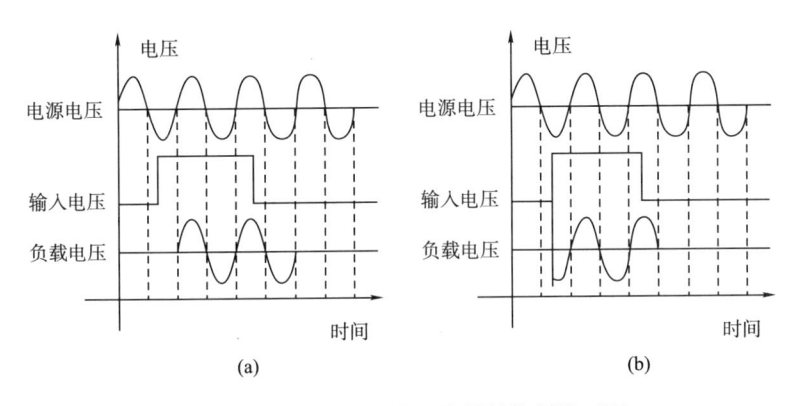

图 6.4.11　交流型固态继电器的控制波形图
(a)过零型交流固态继电器;(b)非过零型交流固态继电器

对于非过零型 SSR,在输入信号时,不管负载电源电压相位如何,负载端立即导通;而过零型必须在负载电源电压接近零且输入控制信号有效时,输出端负载电源才导通,可以抑制射频干扰。当输入端的控制电压撤销后,流过双向晶闸管负载电流为零时才关断。

对与交流型 SSR,其输入电压为 3～32V,输入电流 3～32mA,输出工作电压为交流 140～400V。几种交流型 SSR 的接口电路如图 6.4.12 所示,其中(a)为基本控制方式,(b)为 TTL 逻辑控制方式。对于 CMOS 控制要再加一级晶体管电路进行驱动。

219

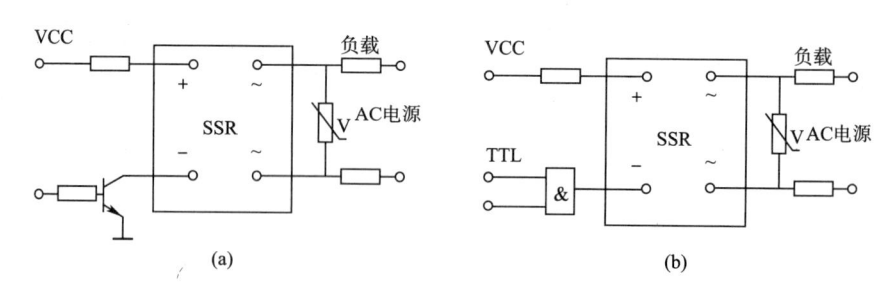

图 6.4.12　交流型 SSR 的接口电路

(a)基本控制方式;(b)TTL 逻辑控制方式

6.5　思考题

1. 修改数字电压表程序实现使用其他通道测量。

2. 多个通道轮流测量不同信号的模拟参量,如光强度信号、电压信号、电流信号、温度信号、湿度信号等。

3. 改变 DA 输出波形(三角波、方波、锯齿波、正弦波、脉宽调制波)的频率、幅度。

4. 区分开关量输出驱动器件的异同。

第7章 单片机综合训练
Chapter 7

7.1 项目十二 抢答器系统设计

7.1.1 任务要求

抢答器的抢答路数为8路。按复位键后恢复初始状态：台位显示F，倒计时显示FF，状态指示灯灭。当主持人按下开始键后，开始指示灯亮，两位倒计时数码管从20秒开始倒计时显示，有人抢答时数码管显示抢答台位号，同时抢答有效指示灯点亮，蜂鸣器响0.5s。若主持人未按开始键有人抢答时，犯规指示灯亮。若倒计时20秒无人抢答，蜂鸣器响0.5s后恢复初始显示FF，主持人再次按开始键时，抢答和倒计时重新开始。利用串行通信实现抢答台位信息的读取和大屏幕显示。

7.1.2 任务分析及电路设计

任务分析：根据任务要求抢答器由抢答输入、单片机识别和处理、输出信息和状态的显示、串行通信四部分组成。根据对输入按键检测方式的不同可分为查询式和先中断后识别两种方式。

(1)查询式抢答器电路图如图7.1.1

电路分析：

由轻触开关K1~K8组成8路抢答器的输入，由复位按钮和C1组成复位电路，在Proteus仿真电路中复位按钮和C1的一端接地，实际电路此端应接VCC(+5V)。单片机运行时对键位P1口扫描检测，判断是否有按键按下，进一步确定是哪一路键位按下。P2口作倒计时20秒两位数码管驱动，每位数码管输入为四位二进制代码。P0.0~P0.3为抢答台位数码显示。D1、D2、D3发光二极管指示抢答器的工作状态，蜂鸣器BUZ1发出声音提示。在Proteus仿真软件中，串行通信可用虚拟终端来实现，图7.1.1中单片机RXD端连接虚拟终端的TXD端，单片机TXD端连接虚拟终端的RXD端，发送虚拟终端经TXD端发送读抢答台位命令到单片机的RXD端，单片机接收命令，判断后将已抢答台位经TXD端传到接收虚拟中端的RXD端，在RXD虚拟终端上显示抢答台位信息。

(2)先中断后识别抢答器电路图如7.1.2

电路分析：

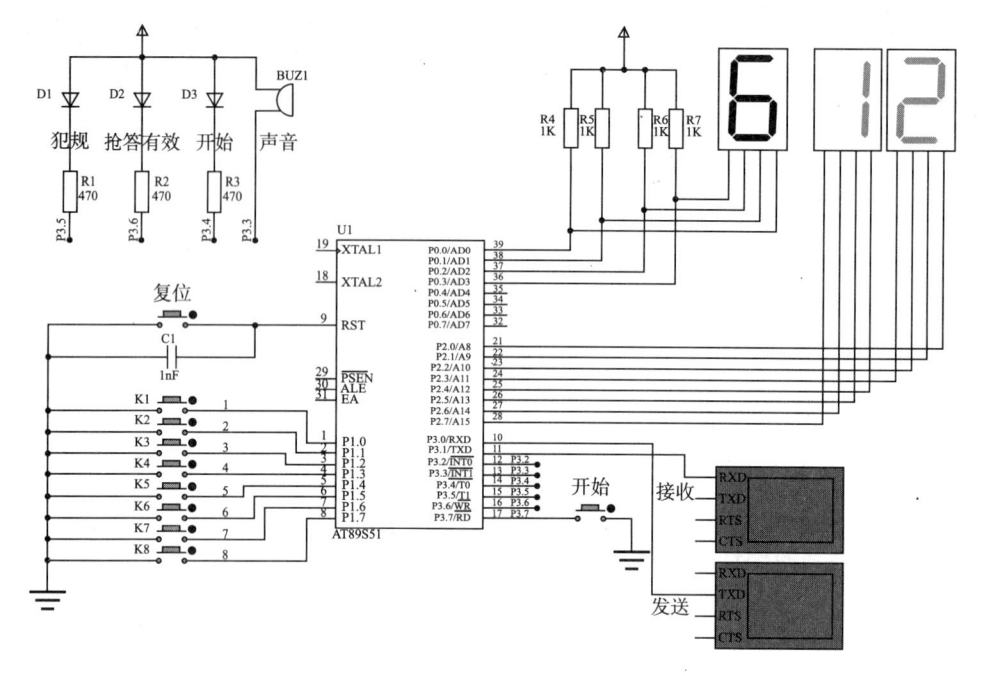

图 7.1.1　查询式抢答器电路图

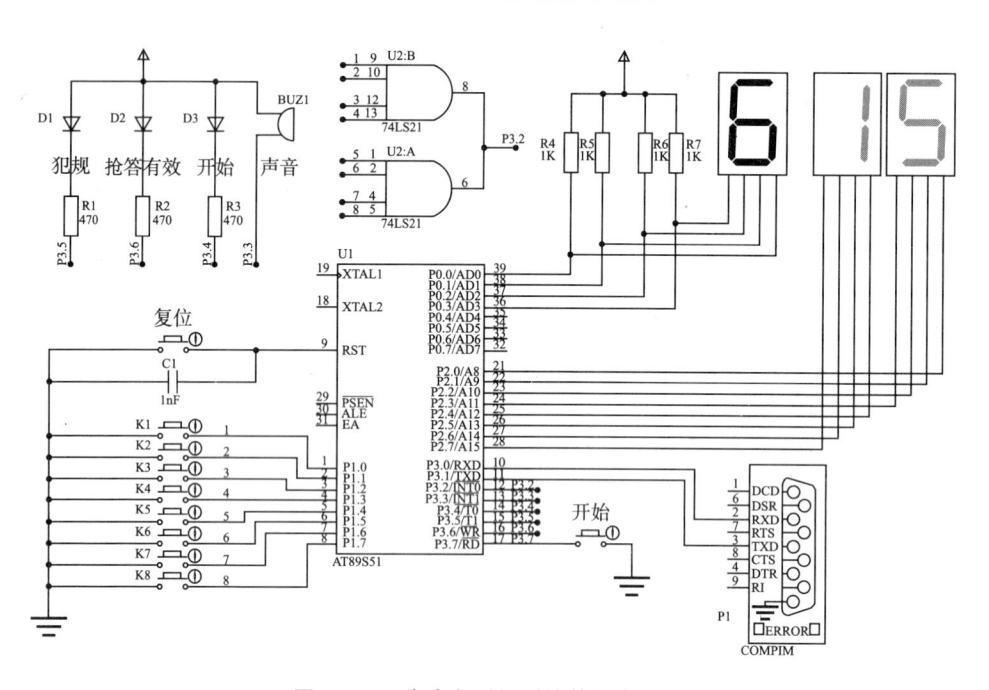

图 7.1.2　先中断后识别抢答器电路图

电路图 7.1.2 与图 7.1.1 的不同点在于增加了 U2 双四与门电路，8 路输入信号相与后输入到单片机 P3.2 引脚，该引脚的第二功能作外部中断信号输入，采用中断方式电路响应速度快、误差小。在串行通信中连接了九针虚拟串口 P1,通过对虚拟串口 P1 的设定参数,如串口号、波特率、数据位数、校验位、停止位的设定。利用虚拟串口软件建立一对虚拟串口如:COM1/COM2 口,使用串口调试工具或 VB 自编简易串口调试软件,最终在一台计算机上实现串行调试软件与单片机在 Proteus 仿真软件的串行通信。当然也可直接将程序下载到单片电路板中,利用计算机硬件串口进行调试。

7.1.3 任务编程及调试

(1)智能抢答器

①查询式抢答器程序代码,对应电路图 7.1.1。

```c
//7-1-1.c
#include <reg51.h>
/*常量定义*/
#define FOSC 12000000L        //长整形 long
#define BAUD 2400
/*指示位定义*/
sbit sy = P3^3;               //蜂鸣提示
sbit kszsd = P3^4;            //开始指示
sbit fgzsd = P3^5;            //犯规指示
sbit qdzsd = P3^6;            //抢答指示灯
/*键位定义*/
sbit ksyx = P3^7;             //开始运行
sbit k1 = P1^0;               //抢答键位
sbit k2 = P1^1;
sbit k3 = P1^2;
sbit k4 = P1^3;
sbit k5 = P1^4;
sbit k6 = P1^5;
sbit k7 = P1^6;
sbit k8 = P1^7;
/*数码显示*/
unsigned int a[22] =
{0xff,0x20,0x19,0x18,0x17,0x16,0x15,0x14,0x13,0x12,0x11,0x10,0x09,
0x08,0x07,0x06,0x05,0x04,0x03,0x02,0x01,0x00};
unsigned int b[9] =
        {0xff,0x01,0x02,0x03,0x04,0x05,0x06,0x07,0x08};
```

```c
/*变量定义*/
unsigned char djs = 0;          //倒计时变量
unsigned char qdh = 0;          //判断抢答号
unsigned char xsqdh = 0;        //显示抢答号
unsigned char ds50ms = 0;       //50ms定时
unsigned char temp = 0;         //串通接收临时变量
bit kszt = 0;                   //开始按键状态
bit c = 1;                      //是否执行抢答判断
/*函数定义*/
void dsqcsh();                  //定时器初始化
void ctcsh();                   //串行通信初始化
void qdpd();                    //抢答判断
void ctpd();                    //串行通信判断
void jwpd();                    //键位判断
void ctsf(unsigned char dat);   //串行数据发送函数
void xs();                      //显示
void qdzs();                    //抢答指示
void speaker();                 //蜂鸣
/*主函数*/
void main()
{
   dsqcsh();
   ctcsh();
   while(1)
   {
      while(c)
      {
         qdpd();
         xs();
      }
      ctpd();
   }
}
/*定时器初始化函数*/
void dsqcsh()
{
```

```
    TMOD = 0x01;              //采用方式1,16位计数器
    TH0 = 0x3c;               //定时初值
    TL0 = 0xb0;
    IT0 = 0;                  //低电平触发方式
    EA = 1;                   //开启总中断源
    ET0 = 1;                  //允许定时器T0中断
}
/*串行通信初始化函数*/
void ctcsh( )
{
  IE = IE|0x90;   //串通仅发送时,ES = 0也可以,定时器ET1 = 0仅作计时用
  SCON = 0x5a;              //50或5A均可以
  TMOD = TMOD|0x20;
  TH1 = TL1 =-(FOSC/12/32/BAUD);   //0xf3
  TR1 = 1;
  RI = 0;
  TI = 0;
}
/*抢答判断函数*/
void qdpd( )
{
  jwpd( );
  if(ksyx == 0)              //开始键是否按下
  {
     kszt = 1;kszsd = 0;
     if(xsqdh == 0)TR0 = 1;
  }
  if(kszt == 0)              //开始按键未按下有抢答
  {
     if(qdh! = 0)
     {fgzsd = 0;kszsd = 1;EX0 = 0;TR0 = 0;speaker( );qdh = 0;c = 0;}
  }
  else                        //开始按键已按下
  {
     if(djs > = 22)           //开始按键已按下,20秒内无人抢答
     {EX0 = 0;TR0 = 0;kszsd = 1;speaker( );djs = 0;c = 0;}
```

```c
        if(qdh!=0)                    //开始按键已按下,20秒内有人抢答
        {qdzsd=0;EX0=0;TR0=0;kszsd=1;speaker();qdh=0;c=0;}
    }
}
/*串通判断*/
void ctpd()
{
    if(temp==0x31)
    {
        ctsf(xsqdh);
        temp=0;
    }
}
/*串行数据发送函数*/
void ctsf(unsigned char  dat)
{
    SBUF=dat;
    while(!TI);
    TI=0;
}
/*串行数据接收函数*/
void comm_receive() interrupt 4 using 1
{
    temp=SBUF;
    RI=0;
}
/*键位判断函数*/
void jwpd()
{
    if(k1==0)qdh=1;    /* 1号选手抢答成功 */
    if(k2==0)qdh=2;
    if(k3==0)qdh=3;
    if(k4==0)qdh=4;
    if(k5==0)qdh=5;
    if(k6==0)qdh=6;
    if(k7==0)qdh=7;
```

```
    if(k8 == 0)qdh = 8;
    xsqdh = qdh;
}
/*数码管显示函数*/
void xs()
{
    P2 = a[djs];                //倒计时显示
    P0 = b[xsqdh];              //抢答号显示
}
/*定时器T0中断函数*/
void time0() interrupt 1       /*12MHz晶体,每次中断间隔为50ms*/
{
    TH0 = 0x3c;
    TL0 = 0xb0;
    if(ds50ms == 20)
    {
        djs ++ ; TH0 = 0x3c;TL0 = 0xb0;ds50ms = 0;
    }
    else
    {
        ds50ms ++ ;
    }
}
/*延时函数*/
void delay()
{
    int i,j,k;
    for (i = 5;i > 0;i -- )
    for (j = 100;j > 0;j -- )
    for (k = 250;k > 0;k -- );
}
/*蜂鸣函数*/
void speaker()
{
    sy = 0;
    delay();
```

```
    sy = 1;
}
```
系统调试:

1) 开始键按下,在 20 秒内有人抢答时,抢答号显示是否正确。

2) 复位键按下后,抢答器显示是否正确。

3) 开始键按下,在 20 秒内无人抢答查看显示是否正确。

4) 开始键未按下,有人抢答,台位显示与报警指示是否正确。

5) 正确抢答后,发送虚拟终端由 TXD 端发"1",在接收虚拟终端 RXD 端是否收到抢答台位。如:第 6 路抢答后,发送 1 接收为 06。正确显示如图 7.1.3。

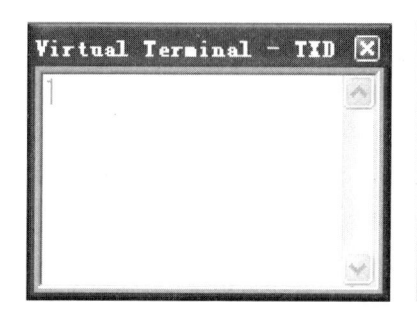

图 7.1.3 虚拟终端仿真图

(2) 先中断后识别抢答器程序代码

```c
//7 - 1 - 2. c
#include <reg51.h>
/* 常量定义 */
/* 指示位定义 */
/* 键位定义 */
/* 数码显示数组 */
/* 变量定义 */
/* 函数定义 */
/* 上述函数定义如同查询式抢答器程序代码 */
/* 主函数 */
void main( )
{
    dsqcsh( );
    ctcsh( );
    while(1)
    {
        xs( );
```

```
        qdpd();
        ctpd();
    }
}
/*抢答判断函数*/
void qdpd()
{
    if(ksyx ==0)                    //开始键是否按下
    {
        kszt = 1;kszsd = 0;
        if(xsqdh ==0)TR0 = 1;
    }
    if(kszt ==0)                    //开始按键未按下有抢答
    {
        if(qdh! =0)
        {fgzsd =0;kszsd =1;EX0 =0;TR0 =0;speaker();qdh =0;}
    }
    else                            //开始按键已按下
    {
        if(djs > =22)
        {EX0 =0;TR0 =0;kszsd =1;speaker();djs =0;}
        if(qdh! =0)
        {qdzsd =0;EX0 =0;TR0 =0;kszsd =1;speaker();qdh =0;}
    }
}
/*外部中断*/
void qdyx() interrupt 0
{
    unsigned char jwz;              //键位值变量
    EX0 =0;
    jwz = ~ P1;
    if(jwz ==1) qdh =1;             //1号选手抢答成功
    if(jwz ==2) qdh =2;
    if(jwz ==4) qdh =3;
    if(jwz ==8) qdh =4;
    if(jwz ==16) qdh =5;
```

```
        if( jwz  == 32 )  qdh = 6;
        if( jwz  == 64 )  qdh = 7;
        if( jwz  == 128 ) qdh = 8;
      xsqdh = qdh;
    }
```

/＊定时器初始化函数 ＊/

/＊串行通信初始化函数 ＊/

/＊串行数据发送函数 ＊/

/＊串行数据接收函数 ＊/

/＊串通判断 ＊/

/＊显示程序 ＊/

/＊定时器 T0 中断函数 ＊/

/＊延时函数 ＊/

/＊蜂鸣函数 ＊/

/＊上述函数定义如同键位查询抢答器程序代码 ＊/

系统调试：

1）开始键按下，在 20 秒内有人抢答时，显示是否正确。

2）复位后抢答器显示是否正确。

3）开始键按下，在 20 秒内无人抢答时，显示是否正确。

4）开始键未按下，有人抢答时，显示是否正确。

5）在 Proteus 仿真软件的串行通信中连接了九针虚拟串口 P1，通过对虚拟串口 P1 的设定，设定参数有串口号、波特率、数据位数、校验位、停止位，参见图 7.1.4。

6）利用虚拟串口软件建立一对虚拟串口如 COM1/COM2 口，参见图 7.1.5。

7）使用串口调试工具如图 7.1.6，在一台计算机上实现串行调试软件与单片机在 Proteus 仿真软件的串行通信。

8）串行通信参数设置的一致性。

①端口匹配 COMPIM 串口端口参数设定 COM2，串口调试工具中端口参数设定 COM1，虚拟串口工具建立一对虚拟串口 COM1/COM2 将 COM1 与 COM2 端口连接起来。

②波特率、数据位数、校验位、停止位的一致性。如图 7.1.4 和图 7.1.6。

③时钟一致性 在程序代码中用到的时钟频率和 Proteus 仿真图中单片机的时钟频率设置要一致，如图 7.1.7。

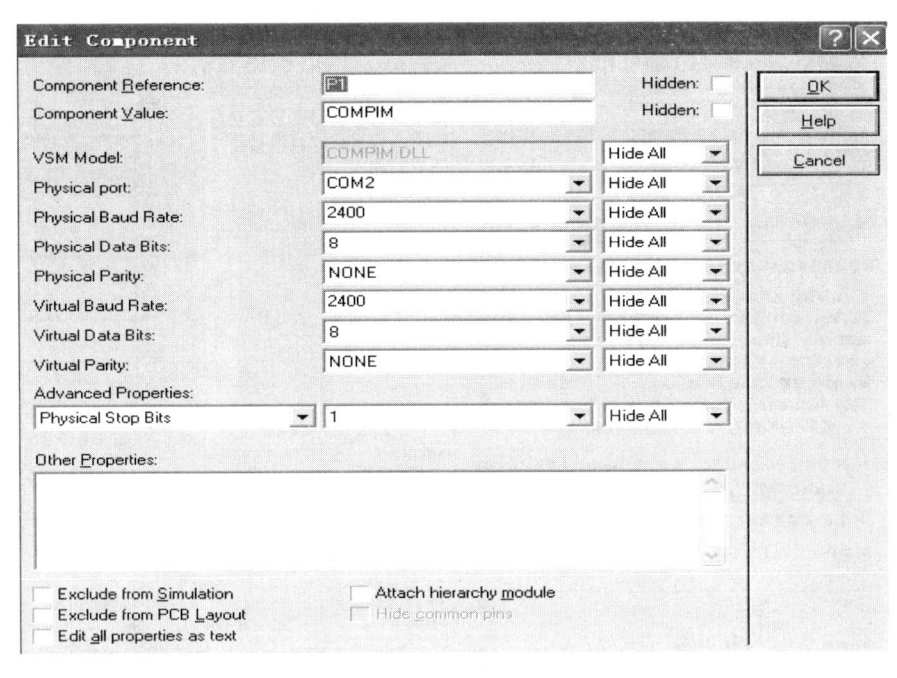

图 7.1.4 COMPIM 串口参数设定

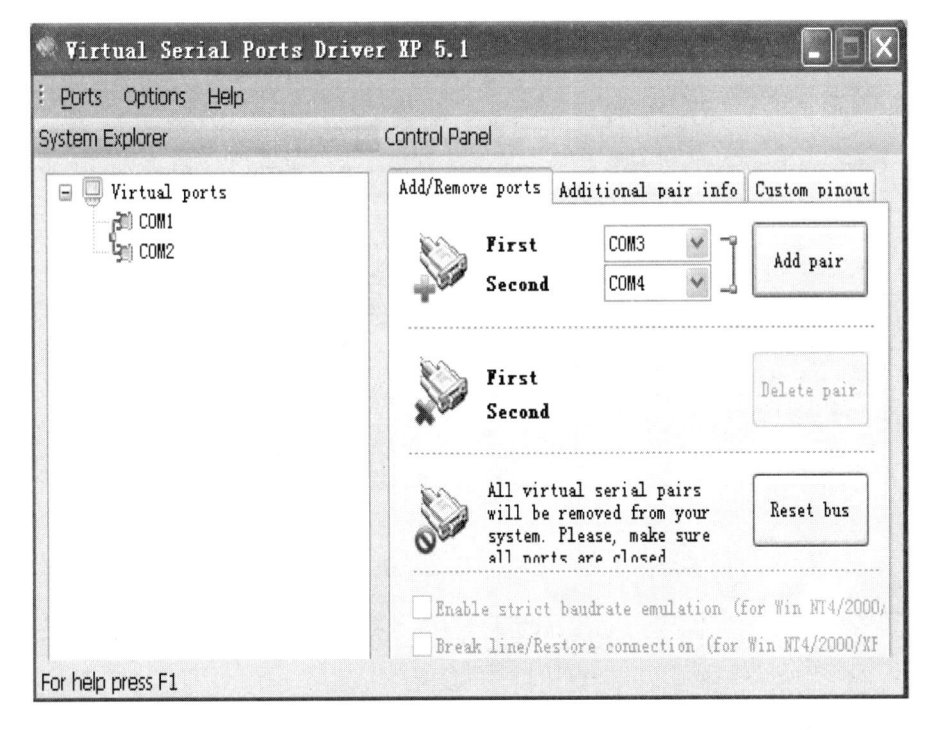

图 7.1.5 虚拟串口工具

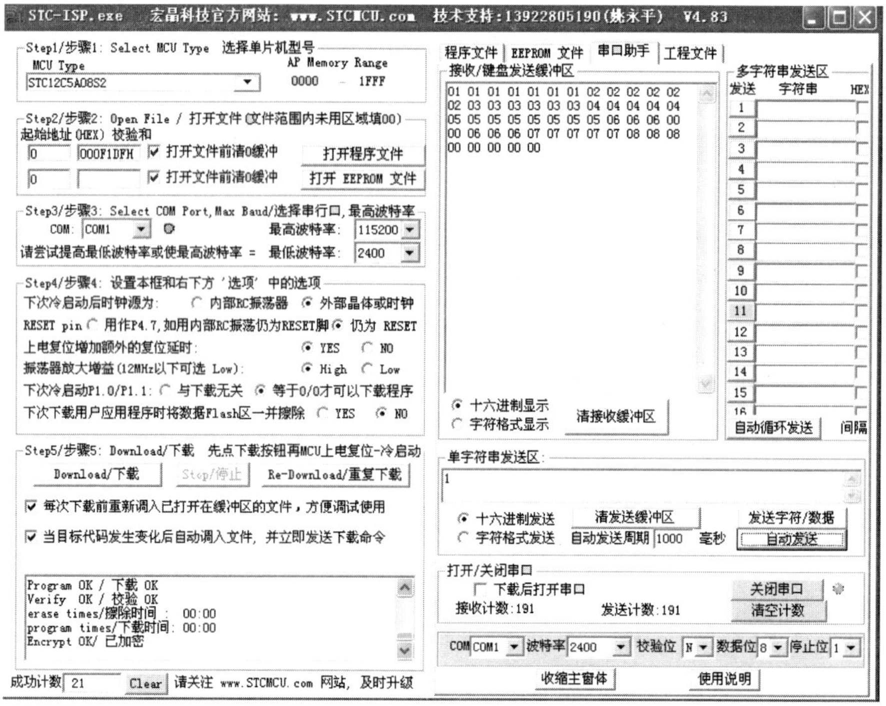

图 7.1.6　串口调试工具

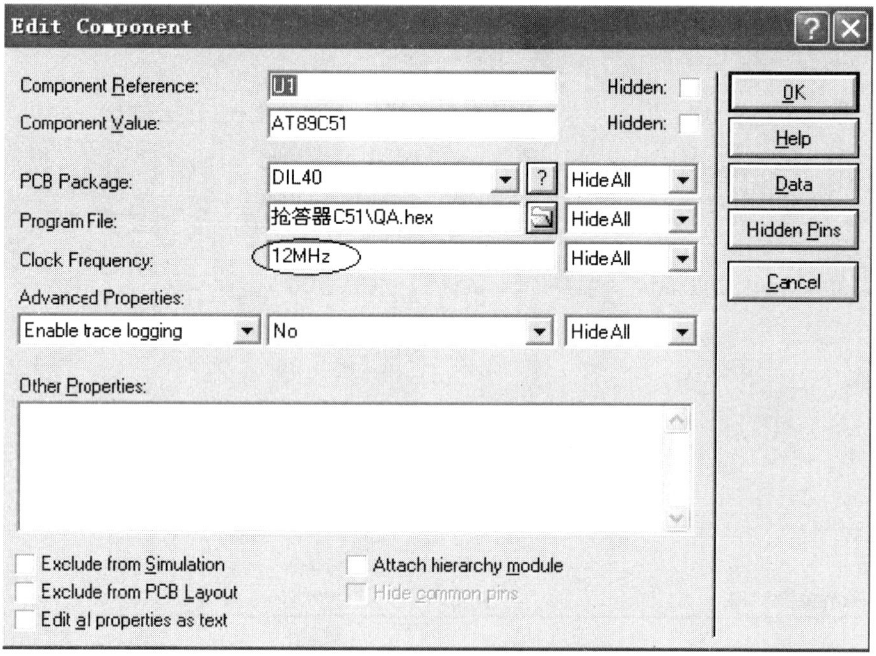

图 7.1.7　单片机参数设定

7.1.4 任务拓展——抢答器界面设计(VB 语言)

1. 任务要求

设计计算机通信界面,实现对单片机抢答台位信号的读取。

2. 任务分析及电路设计

计算机通信界面利用 VB 语言来实现,在 VB 编辑界面中需要添加一外部控件——MSComm 控件实现计算机九针串口的控制,串口控件如图 7.1.8 中的电话机对象。在发送数据窗口输入 1,点击发送按钮后,接收串口显示当前抢答台位号。通信界面如图 7.1.8。

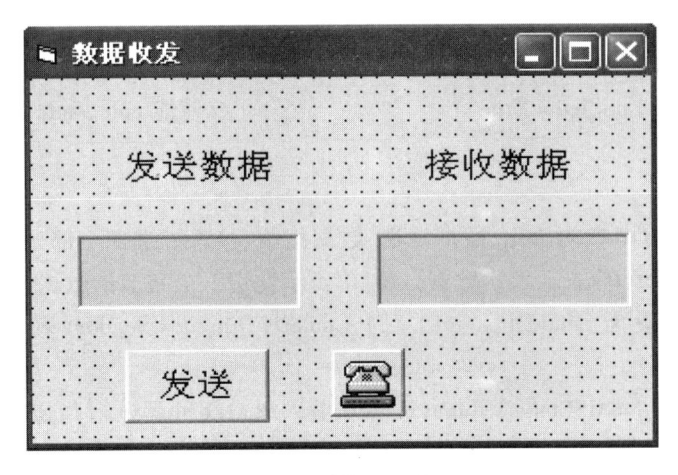

图 7.1.8 计算机通信界面

3. 任务编程及调试

```
//7-1-3.frm
Private Sub cmdcomm_Click( )
Dim Senddat(0) As Byte, Rcvdat( ) As Byte, dattemp As Variant, i As Integer
cmdcomm.Enabled = False              //使 cmdcomm 按钮失效
//串口初始化
MSComm1.CommPort = 1                 //设置端口号为 1
MSComm1.Settings = "2400,N,8,1"      //设置波特率等通信协议
MSComm1.InputLen = 1                 //设置一次从串口读取 1 个
                                       字节
MSComm1.InputMode = comInputModeBinary  //从串口读取二进制数据
MSComm1.PortOpen = True              //打开串行口
//数据发送
Senddat(0) = AscB(Mid(txtSend.Text,1,1))
MSComm1.Output = Senddat             //发送数据
```

```
//数据接收判断
Do Until MSComm1. InBufferCount > = 1    //查询方式,等待接收到1个字节
DoEvents          //等待接收,允许其他事件插入,避免死循环
Loop
//接收数据处理
dattemp = MSComm1. Input              //从串口读取数据至变体变量
Rcvdat = dattemp                      //数据送至接收二进制数组
txtRcv. Text = " "
txtRcv. Text = Rcvdat(0)
'数据发送接收结束后处理
MSComm1..PortOpen = False             //关闭串行口
cmdcomm. Enabled = True               //使能 cmdcomm 接钮
End Sub
```

程序调试:

(1)程序由串口初始化、数据发送、数据接收、结束处理四个部分组成。

(2)Senddat(0)表示发送数据数组,0 表示发送 1 个字节的数据,如发送 k 个字节发送数据应设为 Senddat(k - 1)。MSComm1. Output = Senddat 表示整个数组全部发送。

(3)dattemp = MSComm1. Input 表示从输入串口缓冲器读取指定长度数据输入变体型变量 dattemp 中,在经过 Rcvdat = dattemp 语句存入 Rcvdat( )数组中。

7.2 项目十三 智能温度测量仪

7.2.1 任务要求

通过温度传感器实现对环境温度的采集,采集数据传入单片机,经单片数据处理后输出到液晶显示屏显示。

7.2.2 任务分析及电路设计

根据任务要求,温度传感器选择单总线 DS18B20 智能传感器实现环境温度的采集,采集数据输入单片机,单片机对输入数据进行转换、处理,输出到液晶显示,如图 7.2.1。

7.2.3 任务编程及调试

1. 温度测量

//7 - 2 - 1. c

第 7 章 单片机综合训练

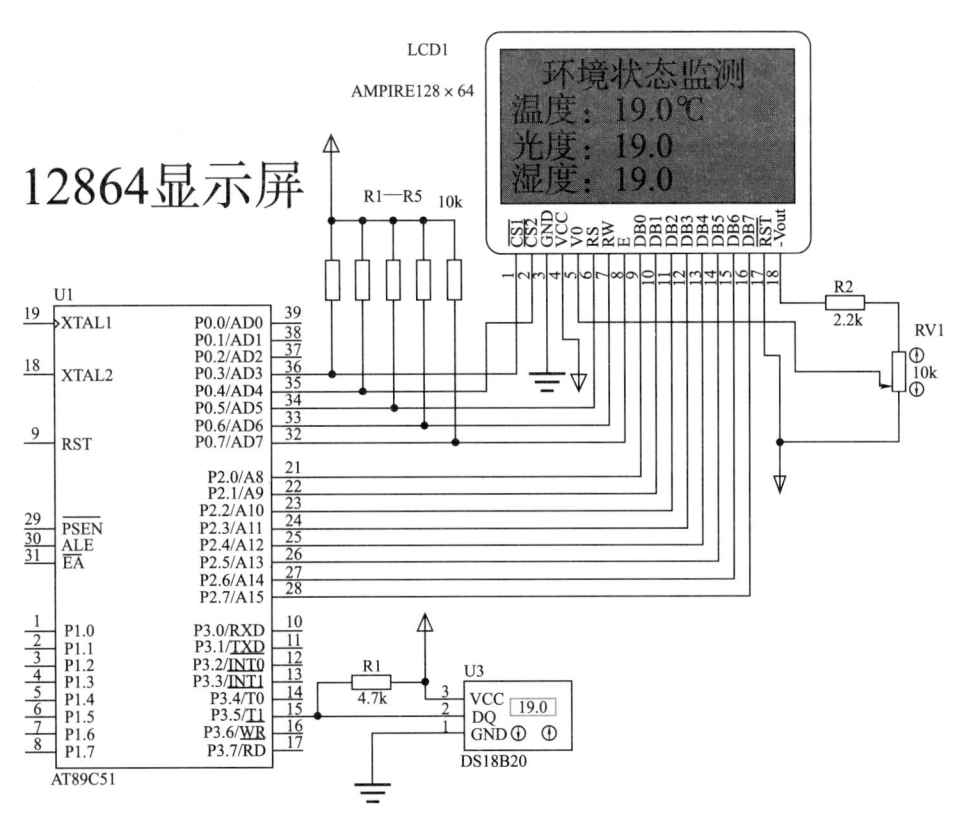

12864显示屏

图 7.2.1 智能温度测量仪仿真图

```
//Main.c 文件程序代码
extern void initLCD(void);              //初始化 LCD
extern void dispzpm(void);              //整个屏幕图示显示一幅画面
extern void lcddisplay(void);           //检测界面显示
extern void gddisplay();                //屏幕滚动显示
extern void read0(void);                //读温度传感器 DS18B20 数据
extern void chang0(void);               //数据转换
extern unsigned char qw,bw,sw,gw;       //显示数据的千百十个位
/*延时函数*/
void delay1(int n)
  {
    int s,r;
    for(s=0;s<n;s++)
    {
       for(r=0;r<1000;r++);
    }
```

```c
    }
/*主函数*/
void main(void)
{
    initLCD();
    dispzpm();
    delay1(100);                    //延时参数根据个人感觉快慢优化
    gddisplay();
    while(1)
    {
        read0();
        chang0();
        lcddisplay();
    }
}
//Ds18b2011m.c文件程序代码
//7-2-2.c
#include <reg51.H>
sbit DQ = P3^5;                     //单总线
unsigned int temp ;
extern unsigned char qw,bw,sw,gw;
void chang0();                      //温度转换函数
void ys1ms(unsigned int n);         //延时1ms函数
/*延时微秒函数*/
void delay(int us)
{ int s;
    for (s=0; s<us; s++);
}
/*读温度初始化函数*/
void rst(void)
{
    DQ = 1;
    delay(2);
    DQ = 0;
    delay(30);                      //精确延时480~960μs
    DQ = 1;
```

```
    delay(8);
}
/*读温度值:十六位二进制数*/
unsigned int read(void)
{
    int i = 0;
    unsigned int u = 0;
    for (i = 0;i < 16;i ++)
    {
        DQ = 0;
        u > > = 1;
        DQ = 1;
        if(DQ) u| = 0x8000;
        delay(4);
    }
    return (u);
}
/*写控制命令*/
void write(unsigned char ku)
{
    int i = 0;
    for (i = 0;i < 8;i ++)
    {
        DQ = 0;
        DQ = ku&0x01;
        delay(3);
        DQ = 1;
        ku > > = 1;
    }
}
/*读温度整个过程*/
void read0(void)
{
    rst();
    write(0xCC);            //忽略64ROM 地址
    write(0x44);            //开始温度转换
```

```
        rst( ) ;
        write( 0xCC) ;
        write( 0xBE) ;                    //读暂存器
        ys1ms(2) ;
        temp = read( ) ;
        ys1ms(2) ;
    }
    /* 数据转换 */
    void chang0( )
    {
        bit fhw;
        if( temp > 2048)                  //温度是负数
        {
            temp = ~ temp + 1 ;
            fhw = 1 ;
        }
        Else                              //温度是正数
        {
            fhw = 0 ;
        }
        temp = temp * 0.625 ;
        qw = temp/1000 ;                  //千位
        if( fhw == 1)
            qw = 11 ;
        else
            if( qw == 0)
            qw = 10 ;
        temp = temp% 1000 ;               //百个
        bw = temp/100 ;                   //百位
        if( qw == 10&bw == 0) bw = 10 ;
        temp = temp% 100 ;                // 十个
        sw = temp/10 ;                    //十位
        gw = temp% 10 ;                   //个位
    }
    /* 延时 1ms 为单位的函数 */
    void ys1ms( unsigned int n)
```

```c
{
    unsigned int m,j;
    for(j=1;j<=n;j++)
    for(m=1;m<=122;m++);
}
//Dsp12864.c 液晶屏显示程序代码
//7-2-3.c
#include <reg51.h>
#include <zk.h>
/*液晶屏端口定义*/
#define bus P2
#define cs1en()    cs1=0
#define cs1off()   cs1=1
#define cs2en()    cs2=0
#define cs2off()   cs2=1
sbit cs1 = P0^3;                //LCD 左边区域控制端口,低电平使能
sbit cs2 = P0^4;                //LCD 右边区域控制端口,低电平使能
sbit rs = P0^5;                 //指令与数据选择端口
sbit rw = P0^6;                 //读写控制
sbit en = P0^7;                 //使能端口
sbit res = P3^0;                //复位引脚
sbit busy = P2^7;
unsigned char   i,j,t;
unsigned int    k=0;
unsigned char   qw,bw,sw,gw;
unsigned char   l=1;
void delay1(int n);             //粗略延时 n 毫秒函数
void check_busy(void);          //检测忙状态
void l_w_code(char l_code);     //写指令代码(左)
void l_w_data(char l_data);     //写显示数据(左)
void r_w_code(char r_code);     //写指令代码(右)
void r_w_data(char r_data);     //写显示数据(右)
void setline(unsigned char i);  //实现滚动显示的行设置函数
void initLCD(void);             //初始化 LCD
void dispzpm();
void gddisplay();
```

/*显示从第几行,第几列,显示数据中第几个数开始、显示几个数 */
void disphz(unsigned char hang,unsigned char lie,unsigned char ge,unsigned
    char i);//显示16*16汉字函数
void dispzf(unsigned char hang,unsigned char lie,unsigned char ge,unsigned char
    i);//显示8行*16列字符函数
void lcddisplay()
{
    disphz(1,2,1,6);   //显示汉字 环境温度检测
    disphz(2,1,7,3);   //显示字符 温度：
    disphz(3,1,10,3);   //显示字符 光度：
    disphz(4,1,13,3);   //显示字符 湿度：
    disphz(2,7,16,1);   //显示字符 ℃
    //温度
    dispzf(2,10,13,1);   //小数点
    dispzf(2,7,(qw+1),1);   //温度千位
    dispzf(2,8,(bw+1),1);   //温度百位
    dispzf(2,9,(sw+1),1);   //温度十位
    dispzf(2,11,(gw+1),1);   //温度个位
    //亮度
    dispzf(3,10,13,1);   //小数点
    dispzf(3,7,(qw+1),1);   //温度千位
    dispzf(3,8,(bw+1),1);   //温度百位
    dispzf(3,9,(sw+1),1);   //温度十位
    dispzf(3,11,(gw+1),1);   //温度个位
    //湿度
    dispzf(4,10,13,1);   //小数点
    dispzf(4,7,(qw+1),1);   //温度千位
    dispzf(4,8,(bw+1),1);   //温度百位
    dispzf(4,9,(sw+1),1);   //温度十位
    dispzf(4,11,(gw+1),1);   //温度个位
}
/*滚动显示 */
void gddisplay()
{
    while(1)
    {

```
            if(i ==64){i =0;l ++ ;}            //滚动显示行数和整屏幕次数
            if(l ==4){l =0;}
            setline(i);                          //实现了滚动显示
            i ++ ;
            delay1(10);                          //延时参数根据个人感觉快慢优化
        }
}
/* 整个屏幕显示一幅画面"漂亮姑娘看过来" */
void dispzpm( )
{
    int k,hang;
    for(hang =1;hang < =8;hang ++ )
    {
        l_w_code(0xb8 + (hang - 1));             //写一行的左半部分
        l_w_code(0x40);
        for(k =0;k <64;k ++ )                    //左半屏 0 ~63 列
        {l_w_data(pm[hang - 1][k]);}
        r_w_code(0xb8 + (hang - 1));             //写一行的右半部分
        r_w_code(0x40);
        for(k =64;k <128;k ++ )                  //右半屏 64 ~127 列
        {r_w_data(pm[hang - 1][k]);}
    }
}
/*汉字显示 */
void disphz(unsigned char hang,unsigned char lie,unsigned char ge,unsigned char i)
{
    unsigned char zs,right;
    for(zs =0;zs < i;zs ++ )
    {
        right =0;
        if(lie >4)
            right =1;
        if(right ==0)                            // 左边区域显示部分
        {
            l_w_code(0xb8 + (hang - 1) * 2);     //写一个字的上半部分
            l_w_code(0x40 + 16 * (lie - 1));
```

```c
            for(k=0;k<16;k++)
            {l_w_data(wz[ge-1][k]);}
            l_w_code(0xb8+(hang-1)*2+1);      //写一个字的下半部分
            l_w_code(0x40+16*(lie-1));
            for(k=16;k<32;k++)
            {l_w_data(wz[ge-1][k]);}
        }
        if(right==1)                            // 右边区域显示部分
        {
            r_w_code(0xb8+(hang-1)*2);        //写一个字的上半部分
            r_w_code(0x40+16*(lie-5));
            for(k=0;k<16;k++)
            {
                r_w_data(wz[ge-1][k]);}
            r_w_code(0xb8+(hang-1)*2+1);      //写一个字的下半部分
            r_w_code(0x40+16*(lie-5));
            for(k=16;k<32;k++)
            {r_w_data(wz[ge-1][k]);}
        }
        lie++;
        if(lie>8)
        {
            hang++;
            right=0;
            lie=1;
        }
        ge++;
    }
}
/*显示字符*/
void dispzf(unsigned char hang,unsigned char lie,unsigned char ge,unsigned char i)
{
    unsigned char zs,right;
    for(zs=0;zs<i;zs++)
    {
        right=0;
```

```
        if( lie > 8 )
          right = 1;
        if( right == 0 )
           {
              l_w_code(0xb8 + (hang - 1) * 2);         //写一个字的上半部分
              l_w_code(0x40 + 8 * (lie - 1));
              for( k = 0;k < 8;k ++ )
                 {l_w_data(zf[ ge - 1][ k ]);}
              l_w_code(0xb8 + (hang - 1) * 2 + 1);     //写一个字的下半部分
              l_w_code(0x40 + 8 * (lie - 1));
              for( k = 8;k < 16;k ++ )
                 {l_w_data(zf[ ge - 1][ k ]);}
           }
        if( right == 1 )
        {
           r_w_code(0xb8 + (hang - 1) * 2);            //写一个字的上半部分
           r_w_code(0x40 + 8 * (lie - 9));
           for( k = 0;k < 8;k ++ )
           {r_w_data(zf[ ge - 1][ k ]);}
           r_w_code(0xb8 + (hang - 1) * 2 + 1);        //写一个字的下半部分
           r_w_code(0x40 + 8 * (lie - 9));
           for( k = 8;k < 16;k ++ )
           {r_w_data(zf[ ge - 1][ k ]);}
        }
        lie ++ ;
        if( lie > 16 )
        {
           hang ++ ;
           right = 0;
           lie = 1;
        }
     ge ++ ;
     }
}
/* 滚动显示行设置函数 */
void   setline( unsigned char i)
```

```c
    {
        l_w_code(0xc0 + i);
        r_w_code(0xc0 + i);
    }
}
/*检测忙状态*/
void check_busy(void)
{
    en = 1;
    rs = 0;
    rw = 1;
    bus = 0xff;
    ACC = bus;
    while(! busy);     //仿真时 while(! busy)或不用该语句,实际时应为 while
                       (busy)
}
/*写指令代码(左半屏)*/
void l_w_code(char l_code)
{
    check_busy();
    en = 1;
    rw = 0;
    rs = 0;
    cs1en();
    cs2off();
    bus = l_code;
    en = 1;
    en = 0;
}
/*写显示数据(左半屏)*/
void l_w_data(char l_data)
{
    check_busy();
    en = 1;
    rw = 0;
    rs = 1;
    cs1en();
```

```c
    cs2off();
    bus = l_data;
    en = 1;
    en = 0;
}
/*写指令代码(右半屏)*/
void r_w_code(char   r_code)
{
    check_busy();
    en = 1;
    rw = 0;
    rs = 0;
    cs1off();
    cs2en();
    bus = r_code;
    en = 1;
    en = 0;
}
/*写显示数据(右半屏)*/
void r_w_data(char r_data)
{
    check_busy();
    en = 1;
    rw = 0;
    rs = 1;
    cs1off();
    cs2en();
    bus = r_data;
    en = 1;
    en = 0;
}
/*初始化LCD清屏显示*/
void initLCD(void)
{
    l_w_code(0x3f);              //开显示设置左半屏
    l_w_code(0xc0);              //设置显示起始行为第一行
```

```
            l_w_code(0xb8);              //页面地址设置
            l_w_code(0x40);              //列地址设为0
            r_w_code(0x3f);              //r 为右半屏
            r_w_code(0xc0);
            r_w_code(0xb8);
            r_w_code(0x40);
            for(i=0;i<8;i++)
              {
                l_w_code(0xb8+i);
                l_w_code(0x40);
                for(k=0;k<64;k++)
                {l_w_data(0x00);}
                 r_w_code(0xb8+i);
                r_w_code(0x40);
                for(k=0;k<64;k++)
                {r_w_data(0x00);}
              }
         }
```
/* Zk.h 字库预处理文件 */
//7-2-4.h
/* 一幅画面"漂亮姑娘看过来"数据 */
// 汉字库：宋体 16.dot 纵向取模下高位,数据排列：从左到右,从上到下
unsigned char code pm[8][128]={   }// 64 行*128 列整个屏幕
//数组的内容使用图 7.2.4 所示的取模软件获得；先点击载入图片加入已绘
  制好的图片,后点击数据保存得到*.h 文件。
/* 二维数组显示代码,实现汉字或文字显示,宋体 12：宽 x 高 = 16x16 */
unsigned char code   wz[16][32]={
//1 "环",
     0x42,0x42,0xFE,0x43,0x42,0x04,0x04,0x04,
     0x84,0xE4,0x1C,0x84,0x04,0x06,0x04,0x00,
     0x20,0x60,0x3F,0x10,0x10,0x04,0x02,0x01,
     0x00,0xFF,0x00,0x00,0x01,0x03,0x06,0x00,
//2"境",
     0x20,0x20,0xFF,0x20,0x20,0x24,0xA4,0xAC,
     0xB5,0xA6,0xB4,0xAC,0xE6,0xB4,0x20,0x00,
     0x10,0x30,0x1F,0x08,0x88,0x80,0x4F,0x3A,

0x0A,0x0A,0x7A,0x8A,0x8F,0x80,0xE0,0x00,
//3"状",
0x00,0x08,0x30,0x00,0xFF,0x20,0x20,0x20,
0x20,0xFF,0x20,0x22,0x24,0x30,0x20,0x00,
0x08,0x0C,0x02,0x01,0xFF,0x40,0x20,0x1C,
0x03,0x00,0x03,0x0C,0x30,0x60,0x20,0x00,
//4"态",
0x04,0x04,0x84,0x84,0x44,0x24,0x54,0x8F,
0x14,0x24,0x44,0x44,0x84,0x86,0x84,0x00,
0x01,0x21,0x1C,0x00,0x3C,0x40,0x42,0x4C,
0x40,0x40,0x70,0x04,0x08,0x31,0x00,0x00,
//5"监",
0x00,0x00,0xFC,0x00,0x00,0xFF,0x00,0x20,
0x10,0x0F,0x18,0x28,0x6C,0x08,0x00,0x00,
0x40,0x40,0x7E,0x42,0x42,0x7F,0x42,0x42,
0x42,0x7E,0x42,0x42,0x7F,0x42,0x40,0x00,
//6"测",
0x10,0x22,0x6C,0x00,0x80,0xFC,0x04,0xF4,
0x04,0xFE,0x04,0xF8,0x00,0xFE,0x00,0x00,
0x04,0x04,0xFE,0x01,0x40,0x27,0x10,0x0F,
0x10,0x67,0x00,0x47,0x80,0x7F,0x00,0x00,
//7"温",
0x10,0x22,0x64,0x0C,0x80,0x00,0xFE,0x92,
0x92,0x92,0x92,0x92,0xFF,0x02,0x00,0x00,
0x04,0x04,0xFE,0x01,0x40,0x7E,0x42,0x42,
0x7E,0x42,0x7E,0x42,0x42,0x7E,0x40,0x00,
//8"度",
0x00,0x00,0xFC,0x24,0x24,0x24,0xFC,0xA5,
0xA6,0xA4,0xFC,0x24,0x34,0x26,0x04,0x00,
0x40,0x20,0x9F,0x80,0x42,0x42,0x26,0x2A,
0x12,0x2A,0x26,0x42,0x40,0xC0,0x40,0x00,
//9":",
0x00,0x00,0x00,0x00,0x80,0xC0,0xC0,0x80,
0x00,0x00,0x00,0x00,0x00,0x00,0x00,0x00,
0x00,0x00,0x00,0x00,0x31,0x7B,0x7B,0x31,
0x00,0x00,0x00,0x00,0x00,0x00,0x00,0x00,

//10"光",
    0x40,0x40,0x42,0x44,0x58,0xC0,0x40,0x7F,
    0x40,0xC0,0x50,0x48,0x46,0x64,0x40,0x00,
    0x00,0x80,0x40,0x20,0x18,0x07,0x00,0x00,
    0x00,0x3F,0x40,0x40,0x40,0x40,0x70,0x00,
//11"度",
    0x00,0x00,0xFC,0x24,0x24,0x24,0xFC,0xA5,
    0xA6,0xA4,0xFC,0x24,0x34,0x26,0x04,0x00,
    0x40,0x20,0x9F,0x80,0x42,0x42,0x26,0x2A,
    0x12,0x2A,0x26,0x42,0x40,0xC0,0x40,0x00,
//12":",
    0x00,0x00,0x00,0x00,0x80,0xC0,0xC0,0x80,
    0x00,0x00,0x00,0x00,0x00,0x00,0x00,0x00,
    0x00,0x00,0x00,0x00,0x31,0x7B,0x7B,0x31,
    0x00,0x00,0x00,0x00,0x00,0x00,0x00,0x00,
//13"湿",
    0x10,0x22,0x64,0x0C,0x80,0xFE,0x92,0x92,
    0x92,0x92,0x92,0x92,0xFF,0x02,0x00,0x00,
    0x04,0x04,0xFE,0x41,0x44,0x48,0x50,0x7F,
    0x40,0x40,0x7F,0x50,0x48,0x64,0x40,0x00,
//14"度",
    0x00,0x00,0xFC,0x24,0x24,0x24,0xFC,0xA5,
    0xA6,0xA4,0xFC,0x24,0x34,0x26,0x04,0x00,
    0x40,0x20,0x9F,0x80,0x42,0x42,0x26,0x2A,
    0x12,0x2A,0x26,0x42,0x40,0xC0,0x40,0x00,
//15":",
    0x00,0x00,0x00,0x00,0x80,0xC0,0xC0,0x80,
    0x00,0x00,0x00,0x00,0x00,0x00,0x00,0x00,
    0x00,0x00,0x00,0x00,0x31,0x7B,0x7B,0x31,
    0x00,0x00,0x00,0x00,0x00,0x00,0x00,0x00,
//16"℃",
    0x00,0x06,0x09,0x09,0xE6,0xF0,0x18,0x08,
    0x08,0x08,0x18,0x30,0x78,0x00,0x00,0x00,
    0x00,0x00,0x00,0x00,0x07,0x0F,0x18,0x30,
    0x20,0x20,0x20,0x10,0x08,0x00,0x00,0x00,
};

/*二维数组显示代码,实现字符显示,行16*列8字符 宋体12;宽×高=8×16 */

unsigned char code zf[ ][16] =
{ 0xF8,0xFC,0x04,0xC4,0x24,0xFC,0xF8,0x00,   // -0-
0x07,0x0F,0x09,0x08,0x08,0x0F,0x07,0x00,
0x00,0x10,0x18,0xFC,0xFC,0x00,0x00,0x00,   // -1-
0x00,0x08,0x08,0x0F,0x0F,0x08,0x08,0x00,
0x08,0x0C,0x84,0xC4,0x64,0x3C,0x18,0x00,   // -2-
0x0E,0x0F,0x09,0x08,0x08,0x0C,0x0C,0x00,
0x08,0x0C,0x44,0x44,0x44,0xFC,0xB8,0x00,   // -3-
0x04,0x0C,0x08,0x08,0x08,0x0F,0x07,0x00,
0xC0,0xE0,0xB0,0x98,0xFC,0xFC,0x80,0x00,   // -4-
0x00,0x00,0x00,0x08,0x0F,0x0F,0x08,0x00,
0x7C,0x7C,0x44,0x44,0xC4,0xC4,0x84,0x00,   // -5-
0x04,0x0C,0x08,0x08,0x08,0x0F,0x07,0x00,
0xF0,0xF8,0x4C,0x44,0x44,0xC0,0x80,0x00,   // -6-
0x07,0x0F,0x08,0x08,0x08,0x0F,0x07,0x00,
0x0C,0x0C,0x04,0x84,0xC4,0x7C,0x3C,0x00,   // -7-
0x00,0x00,0x0F,0x0F,0x00,0x00,0x00,0x00,
0xB8,0xFC,0x44,0x44,0x44,0xFC,0xB8,0x00,   // -8-
0x07,0x0F,0x08,0x08,0x08,0x0F,0x07,0x00,
0x38,0x7C,0x44,0x44,0x44,0xFC,0xF8,0x00,   // -9-
0x00,0x08,0x08,0x08,0x0C,0x07,0x03,0x00,
0x00,0x00,0x00,0x00,0x00,0x00,0x00,0x00,   // --灭灯10
0x00,0x00,0x00,0x00,0x00,0x00,0x00,0x00,
0x80,0x80,0x80,0x80,0x80,0x80,0x80,0x00,   // ---11
0x00,0x00,0x00,0x00,0x00,0x00,0x00,0x00,
0x00,0x00,0x00,0x00,0x00,0x00,0x00,0x00,   // -.-12
0x00,0x00,0x00,0x0C,0x0C,0x00,0x00,0x00,
};

7.2.4 程序说明

1. 程序中包括 main.c、ds18b20.c、dsp12864.c 三个 c 文件和一个 zk.h 头文件,结构如图 7.2.2。

2. 在 main.c 文件使用 extern 申明函数为外部函数,便于调用 ds18b20.c、dsp12864.c 两个文件中的函数。

3. zk.h 头文件包含整屏幕显示(如图7.2.3),汉字显示、字符显示数据信息。数据产生由 LCD 汉字取模软件实现,本程序输出格式、取模方式设置如图7.2.4,点击重设参数,输入字串按钮有效,在下边输入框中输入汉字或字符后,点击输入字符按钮即可产生字串代码。

图 7.2.2　文件结构图

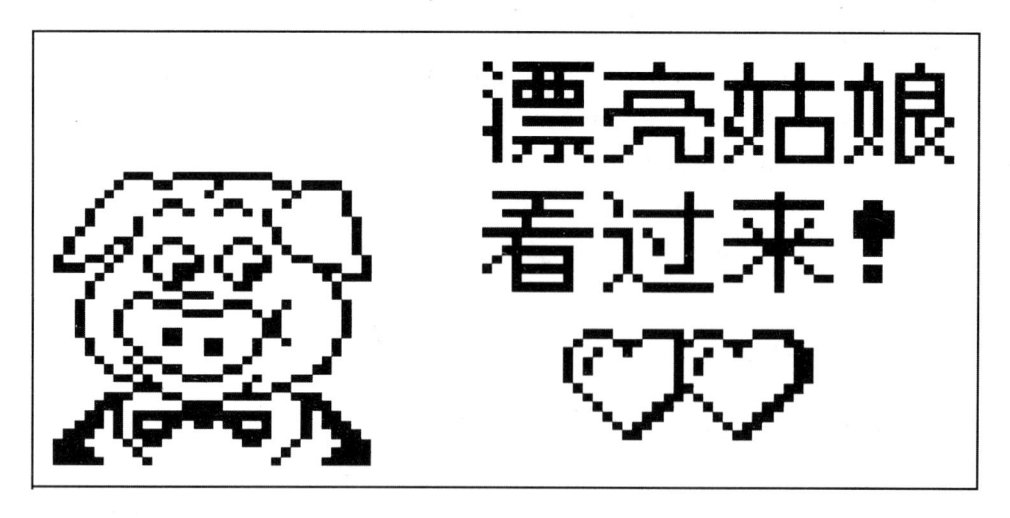

图 7.2.3　整屏幕图片

图 7.2.4 取模软件图

7.3 任务拓展

光强度、湿度的测量与显示,光信号采集可参考第六章的数字电压表和光强度检测资料,湿度检测可参考相关湿度采集器 SHT10、SHT11、SHT15,也可以选用 HS1100/HS1101 电容传感器,HR201、HR202、SC0081 电阻型湿度传感器。

7.4 知识链接

7.4.1 DS18B20 数字温度计

1. DS18B20 基本知识

DS18B20 数字温度计是 DALLAS 公司生产的 1 – Wire,即单总线器件,具有线路简单、体积小的特点。因此用它来组成一个测温系统,具有线路简单,在一根通信线,可以接多个的相同数字温度计的优点,十分方便。

(1) DS18B20 产品的特点

1) 只要求一个端口即可实现通信。

2) 在 DS18B20 中的每个器件上都有独一无二的序列号。

3) 实际应用中不需要外部任何元器件即可实现测温。

4) 测量温度范围在 −55℃ 到 +125℃ 之间。

5)数字温度计的分辨率用户可以从9位到12位选择。

6)内部有温度上、下限告警设置。

(2) DS18B20 的引脚介绍

TO-92 封装的 DS18B20 的引脚排列见图 7.4.1,其引脚功能描述见表 7.4.1。

图 7.4.1　(底视图)

表 7.4.1　DS18B20 详细引脚功能描述

序号	名称	引脚功能描述
1	GND	地信号
2	DQ	数据输入/输出引脚。开漏单总线接口引脚。当被用着在寄生电源下,也可以向器件提供电源。
3	VDD	可选择的 VDD 引脚。当工作于寄生电源时,此引脚必须接地。

3. DS18B20 的使用方法

由于 DS18B20 采用的是 1-Wire 总线协议方式,即在一根数据线实现数据的双向传输,而对 AT89S51 单片机来说,硬件上并不支持单总线协议,因此,我们必须采用软件的方法来模拟单总线的协议时序来完成对 DS18B20 芯片的访问。

由于 DS18B20 是在一根 I/O 线上读写数据,因此,对读写的数据位有着严格的时序要求。DS18B20 有严格的通信协议来保证各位数据传输的正确性和完整性。该协议定义了几种信号的时序:初始化时序、读时序、写时序。所有时序都是将主机作为主设备,单总线器件作为从设备。而每一次命令和数据的传输都是从主机主动启动写时序开始,如果要求单总线器件回送数据,在进行写命令后,主机需启动读时序完成数据接收。数据和命令的传输都是低位在先。

1) DS18B20 的复位时序如图 7.4.2

初始化过程"复位和存在脉冲"

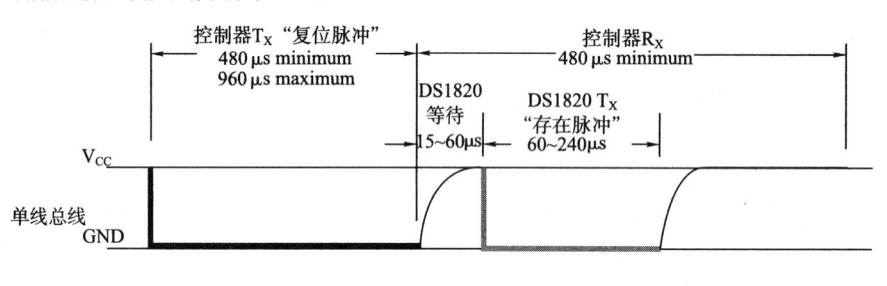

图 7.4.2　DS18B20 复位时序图

2) DS18B20 的读时序图 7.4.3

对于 DS18B20 的读时序分为读 0 时序和读 1 时序两个过程。

对于 DS18B20 的读时序是从主机把单总线拉低之后,在 15μs 之内就得释放单总线,以让 DS18B20 把数据传输到单总线上。DS18B20 完成一个读时序过程,至少需要 60μs。

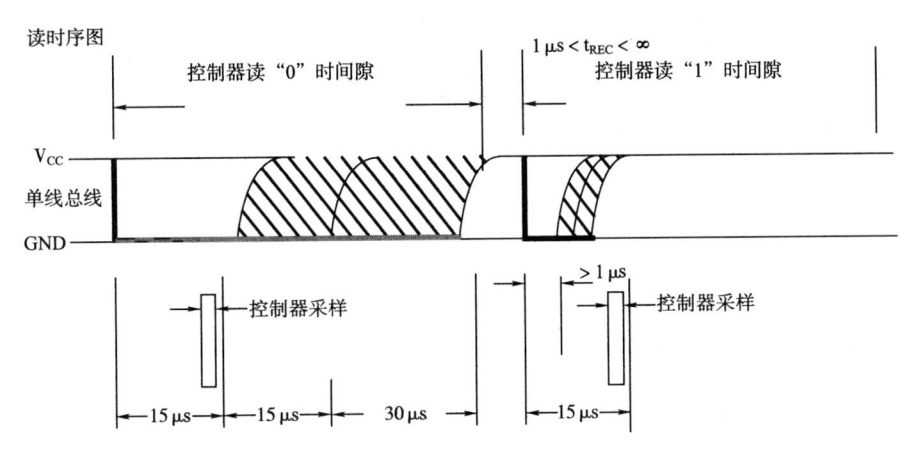

图 7.4.3 DS18B20 读时序图

3) DS18B20 的写时序图 7.4.4

对于 DS18B20 的写时序仍然分为写"0"时序和写"1"时序两个过程。

对于 DS18B20 写"0"时序和写"1"时序的要求不同,当要写"0"时序时,单总线要被拉低至少 60μs,保证 DS18B20 能够在 15μs 到 45μs 之间能够正确地采样 IO 总线上的"0"电平,当要写"1"时序时,单总线被拉低之后,在 15μs 之内就得释放单总线。

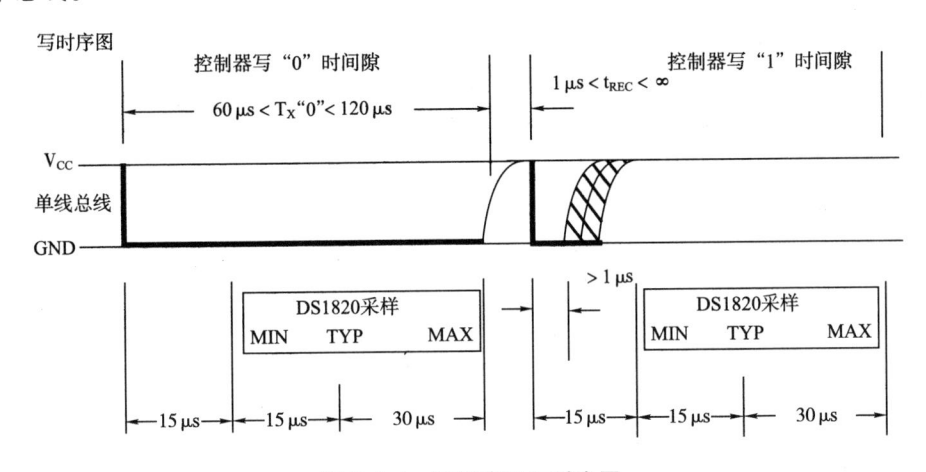

图 7.4.4 DS18B20 写时序图

7.4.2　12864 液晶屏

1. 概述

FM12864I 是一种图形点阵液晶显示器,它主要由行驱动器/列驱动器及 128×64 全点阵液晶显示器组成。可完成图形显示,也可以显示 8×4 个(16×16 点阵)汉字。

主要技术参数和性能:

(1)电源:VDD: +5V;模块内自带 -10V 负压,用于 LCD 的驱动电压

(2)显示内容:128(列)×64(行)点

(3)全屏幕点阵

(4)七种指令

(5)与 CPU 接口采用 8 位数据总线并行输入输出和 8 条控制线

(6)占空比 1/64

(7)工作温度: -10℃ ~ +50℃,存储温度: -20℃ ~ +70℃

2. 模块的外部接口

外部接口信号如表 7.4.2 所示。

表 7.4.2　接口信号引脚名及功能

管脚号	管脚名称	LEVER	管脚功能描述
1	VSS	0	电源地
2	VDD	+5.0V	电源电压
3	V0	-	液晶显示器驱动电压调节对比度
4	D/I	H/L	D/I = "H",表示 DB7 ~ DB0 指令数据 D/I = "L",表示 DB7 ~ DB0 为显示指令数据
5	R/W	H/L	R/W = "H",E = "H"数据被读到 DB7 ~ DB0 R/W = "L",E = "H→L"数据被写到 IR 或 DR
6	E	H/L	R/W = "L",E 信号下降沿锁存 DB7 ~ DB0 R/W = "H",E = "H"DDRAM 数据读到 DB7 ~ DB0
7	DB0	H/L	数据线
8	DB1	H/L	数据线
9	DB2	H/L	数据线
10	DB3	H/L	数据线
11	DB4	H/L	数据线
12	DB5	H/L	数据线
13	DB6	H/L	数据线
14	DB7	H/L	数据线
15	CS1	H/L	H:选择芯片(右半屏)信号
16	CS2	H/L	H:选择芯片(左半屏)信号
17	RET	H/L	复位信号,低电平复位
18	VOUT	-10V	LCD 负压发生器输出电压
19	LED +	-	LED 背光灯正极
20	LED -	-	LED 背光灯负极

3. 指令说明

指令见表 7.4.3。

表 7.4.3 指令及功能

指令	R/W	D/I	D7	D6	D5	D4	D3	D2	D1	D0	功能
显示 ON/OFF	0	0	0	0	1	1	1	1	1	1/0	控制显示器的开关,不影响 DDRAM 中数据和内部状态
显示起始行	0	0	1	1	显示起始行 (0……63)						指定显示屏从 DRAM 中哪一行开始显示数据
设置 X 地址	0	0	1	0	1	1	1	X:0……7			设置 DDRAM 中的页地址(X 地址)
设置 Y 地址	0	0	0	1	Y 地址(0……63)						设置地址(Y 地址)
读状态	1	0	BUSY	0	ON/OFF	R	0	0	0	0	读取状态 RST 1:复位 0:正常 ON/OFF 1:显示开 0:显示关 BUSY 0:READY 1:IN OPERATION
写显示数据	0	1	显示数据								将数据线 DB7~DB0 上的数据写入 DDRAM
读显示数据	1	1	显示数据								将 DDRAM 上的数据读入数据线 DB7~DB0

(1)显示开关控制(DISPLAY ON/OFF)

代码形式

R/W	D/I	DB7	DB6	DB5	DB4	DB3	DB2	DB1	DB0
0	0	0	0	1	1	1	1	1	D

D = 1:开显示(DISPLAY ON)意即显示器可以各种显示操作。

D = 0:关显示(DISPLAY OFF)意即不能对显示器进行各种显示操作。

(2)设置显示起始行

代码形式 7 - 5

R/W	D/I	DB7	DB6	DB5	DB4	DB3	DB2	DB1	DB0
0	0	1	1	A5	A4	A3	A2	A1	A0

A5~A0 的 6 位地址自动送入 Z 地址计数器,起始行的地址可以是 0~63 的任意一行。

例如：

选择 A5～A0 是 62，则起始行与 DDRAM 行的对应关系如下：

DDRAM 行:62 63 0 1 2 3…………………28 29

屏幕显示行:1 2 3 4 5 6…………………31 32

(3)设置页地址

代码形式

R/W	D/I	DB7	DB6	DB5	DB4	DB3	DB2	DB1	DB0
0	0	1	0	1	1	1	A2	A1	A0

所谓页地址就是 DDRAM 的行地址，8 行为一页，模块共 64 行即 8 页，A2～A0 表示 0～7 页。读写数据对地址没有影响，页地址由本指令或 RST 信号控制，复位后页地址为 0。页地址与 DDRAM 的对应关系见 DDRAM 地址表。

(4)设置 Y 地址(SET Y ADDRESS)

代码形式

R/W	D/I	DB7	DB6	DB5	DB4	DB3	DB2	DB1	DB0
0	0	0	1	A5	A4	A3	A2	A1	A0

此指令的作用是将 A5～A0 送入 Y 地址计数器，作为 DDRAM 的 Y 地址指针。在对 DDRAM 进行读写操作后，Y 地址指针自动加 1，指向下一个 DDRAM 单元。

DDRAM 地址表

	CS1 = 1					CS2 = 1					
Y =	0	1	…	62	63	0	1	…	62	63	行号
X=0 ↓ X=7	DB0 ↓ DB7	DB0 ↓ DB7	DB0 ↓ DB7	DB0 ↓ DB7	DB0 ↓ DB7	DB0 ↓ DB7	DB0 ↓ DB7	DB0 ↓ DB7	DB0 ↓ DB7	DB0 ↓ DB7	
	DB0 ↓ DB7	DB0 ↓ DB7	DB0 ↓ DB7	DB0 ↓ DB7	DB0 ↓ DB7	DB0 ↓ DB7	DB0 ↓ DB7	DB0 ↓ DB7	DB0 ↓ DB7	DB0 ↓ DB7	
	DB0 ↓ DB7	DB0 ↓ DB7	DB0 ↓ DB7	DB0 ↓ DB7	DB0 ↓ DB7	DB0 ↓ DB7	DB0 ↓ DB7	DB0 ↓ DB7	DB0 ↓ DB7	DB0 ↓ DB7	

(5)读状态(STATUS READ)

代码形式

R/W	D/I	DB7	DB6	DB5	DB4	DB3	DB2	DB1	DB0
1	0	BUSY	0	ON/OFF	RET	0	0	0	0

当 R/W = 1、D/I = 0 时，在 E 信号为"H"的作用下，状态分别输出到数据总线

(DB7～DB0)的相应位。

BF(BUSY):忙标志位。BF 标志提供内部工作情况。BF = 1 表示模块在内部操作,此时模块不接受外部指令和数据。BF = 0 时,模块为准备状态,随时可接受外部指令和数据。利用读指令,可以将 BF 读 DB7 总线,来检验模块之工作状态。

ON/OFF:表示 DFF 触发器的状态。用于模块屏幕显示开和关的控制。DEF = 1 为开显示,DDRAM 的内容就显示在屏幕上,DEF = 0 为关显示。

RST:RST = 1 表示内部正在初始化,此时组件不接受任何指令和数据。

(6)写显示数据(WRITE DISPLAY DATE)

代码形式

R/W	D/I	DB7	DB6	DB5	DB4	DB3	DB2	DB1	DB0
0	1	D7	D6	D5	D4	D3	D2	D1	D0

D7～D0 为显示数据,此指令把 D7～D0 写入相应的 DDRAM 单元,Y 地址指针自动加 1。

(7)读显示数据(READ DISPLAY DATE)

代码形式

R/W	D/I	DB7	DB6	DB5	DB4	DB3	DB2	DB1	DB0
1	1	D7	D6	D5	D4	D3	D2	D1	D0

此指令把 DDRAM 的内容 D7～D0 读到数据总线 DB7～DB0,Y 地址指针自动加 1。

5. 读写操作时序

(1)写操作时序如图 7.4.5

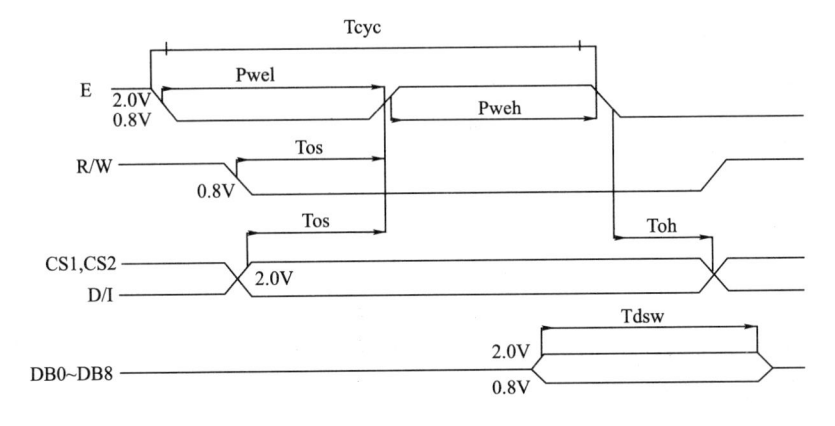

图 7.4.5 写操作时序

(2)读操作时序如图 7.4.6

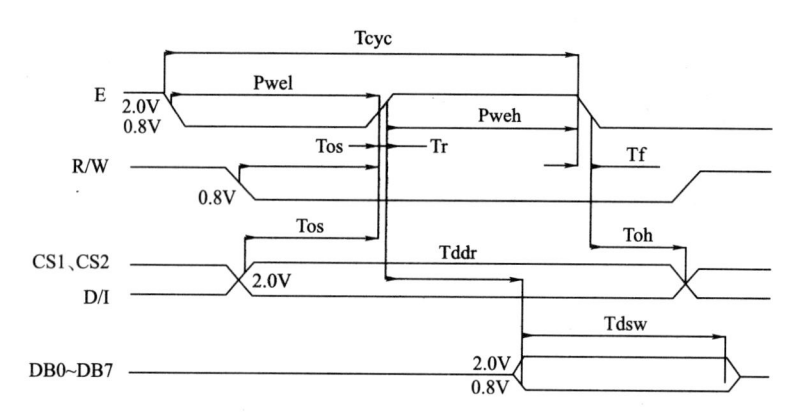

图 7.4.6 读操作时序

(3) 读写时序参数表

名称	符号	最小值	典型值	最大值	单位
E 周期时间	Tcyc	1000	---	---	ns
E 高电平宽度	Pweh	450	---	---	ns
E 低电平宽度	Pwel	450	---	---	ns
E 上升时间	Tr	---	---	25	ns
E 下降时间	Tf	---	---	25	ns
地址建立时间	Tas	140	---	---	ns
地址保持时间	Tah	10	---	---	ns
数据建立时间	Tdsw	200	---	---	ns
数据延迟时间	Tddr	---	---	320	ns
写数据保持时间	Tdhw	10	---	---	ns
读数据保持时间	Tdhw	20	---	---	ns

7.4.3 VB 串行通信 MSComm 控件

MSComm 控件通过串行端口传输和接收数据,为应用程序提供串行通信功能。MSComm 控件提供下列 2 种处理通信的方式:

1. 事件驱动通信

处理串行端口交互作用的一种非常有效的方法。在许多情况下,在事件发生时需要得到通知,例如,在 Carrier Detect(CD) 或 Request To Send(RTS) 线上一个字符到达或一个变化发生时。在这些情况下,可以利用 MSComm 控件的 OnComm 事件捕获并处理这些通信事件。OnComm 事件还可以检查和处理通信错误。

2. 查询事件通信

在程序的每个关键功能之后,可以通过检查 CommEvent 属性的值来查询事件和错误。如果应用程序较小,并且是自保持的,这种方法可能是更可取的。例如,如果写一个简单的电话拨号程序,则没有必要对每接受一个字符都产生事件,因为唯一等待接受的字符是调制解调器的确定响应。每个使用的 MSComm 控件对应着一个串行端口。如果应用程序需要访问多个串行端口,必须使用多个 MSComm 控件。可以在 Windows 控制面板中改变端口地址和中断地址。

MSComm 控件有很多重要的属性,常用属性如下。

CommPort

说明:该属性设置并返回通讯端口号,value 的值可以设为 1～16 的任意数(默认为1)。在打开端口之前必须先设置 CommPort 属性,当端口不存在时,如果用 PortOpen 属性打开它,MSComm 控件会产生错误 68(即设备无效的错误)。

Settings

说明:本属性用来设置并返回端口的波特率、奇偶效验、数据位和停止位参数。当端口打开时,如果指定的 value 参数非法,则 MSComm 控件产生 380 号(非法属性值)错误。有效的 Value 参数值有四个设置值组成,有如下的格式:"BBBB,P,D,S",其中 BBBB 为波特率,P 为奇偶校验,D 为数据位数,S 为停止位数。Value 的默认值是:"9600,N,8,1",下面给出合法的波特率、奇偶校验、数据位和停止位参数:

波特率:110,300,600,1200,2400,9600(默认),14 400,19 200,28 800,38 400,(保留),56 000(保留),128 000(保留),256 000(保留)。

奇偶校验值:E(偶,Even),M(标记,Mark),N(默认,Default,None),O(奇,odd),S(空格,Space)。

数据位值:4,5,6,7,8(默认)。

停止位值:1(默认),1.5,2。

PortOpen

True 描述:表示使端口处于打开状态;

False 描述:表示使端口处于关闭状态;

InputMode

说明:本属性用来设置或 Input 属性取回的数据的类型。InputMode 属性用来确定 Input 属性如何取回数据,数据取回的格式或是字符串或是一数组的二进制数据的数组。若数据只用 ANSI 字符集,则用 comInputModeText 设置。对其他字符数据,如数据中有嵌入控制字符、Nulls 等等,则使用 comInputModeBinary 设置。

Value 的具体设置如下:

comInputModeText 值 0 描述:默认值,表示数据通过 Input 属性以文本形式取回。

comInputModeBinary 值 1 描述：表示数据通过 Input 属性以二进制形式取回。

InBufferCount

说明：本属性用来返回接收缓冲区中等待的字符数。在设计时本属性无效。

InBufferCount 属性是指调制解调器已接收，并在接收缓冲区等待被取走的字符数。可以把 InBufferCount 属性设置为零来清除接收缓冲区。

Input

说明：本属性用来返回并删除接收缓冲区中的数据流。在设计时本属性无效；在运行时为只读属性。

InBufferSize

说明：本属性用来设置并返回接收缓冲区的大小。默认值是 1024 字节。不要将本属性与 InBufferCount 属性混淆，InBufferCount 属性返回的是当前在接收缓存区中等待的字符数。

InputLen

说明：本属性用来设置并返回 Input 属性从接收缓存区读去的字符数。本属性的默认值是 0。当 InputLen 属性设置为 0 时，使用 Input 属性将使 MSComm 控件读取接收缓存区中全部的内容。若接收缓冲区中 InputLen 属性值表示的字符无效，Input 属性将返回一个 0 长度字符串（""）。在使用 Input 属性值前，用户可以选择检查 InBufferCount 属性来确定缓冲区中是否已有需要数目的字符。本属性再从输出格式为定长数据的机器读取数据时非常有用。

OutBufferCount

说明：本属性用来在返回在传输区中等待的字符数，也可以使用本属性用来清除传输缓冲区。在设计时本属性无效。将 OutBufferCount 属性设置为 0 时可以清除传输缓冲区。

Output

说明：本属性用来往传输缓冲区中写入数据流。在设计时本属性无效；在运行时为只读属性。

Output 属性可以传输文本数据或二进制数据，用 Output 属性传输文本数据时，必须定义一个包含一个 Variant 类型的字符串。发送二进制数据时，必须传递一个包含字节数组的 Variant 类型字符串到 Output 属性。

正常情况下，如果发送一个 ANSI 字符串到应用程序，可以以文本数据的形式发送。如果发送包含控制字符 Null 字符等的数据，则以二进制形式发送。与单片机通信时采用二进制较合适。

附录 A：ASCII 码表

ASCII 值	控制字符	ASCII 值	控制字符	ASCII 值	控制字符	ASCII 值	控制字符
0	NUT	32	(space)	64	@	96	`
1	SOH	33	!	65	A	97	a
2	STX	34	"	66	B	98	b
3	ETX	35	#	67	C	99	c
4	EOT	36	MYM	68	D	100	d
5	ENQ	37	%	69	E	101	e
6	ACK	38	&	70	F	102	f
7	BEL	39	,	71	G	103	g
8	BS	40	(	72	H	104	h
9	HT	41	)	73	I	105	i
10	LF	42	*	74	J	106	j
11	VT	43	+	75	K	107	k
12	FF	44	,	76	L	108	l
13	CR	45	-	77	M	109	m
14	SO	46	.	78	N	110	n
15	SI	47	/	79	O	111	o
16	DLE	48	0	80	P	112	p
17	DCI	49	1	81	Q	113	q
18	DC2	50	2	82	R	114	r
19	DC3	51	3	83	X	115	s
20	DC4	52	4	84	T	116	t
21	NAK	53	5	85	U	117	u
22	SYN	54	6	86	V	118	v
23	TB	55	7	87	W	119	w
24	CAN	56	8	88	X	120	x
25	EM	57	9	89	Y	121	y
26	SUB	58	:	90	Z	122	z
27	ESC	59	;	91	[	123	{
28	FS	60	<	92	\	124		
29	GS	61	=	93	]	125	}
30	RS	62	>	94	^	126	~
31	US	63	?	95	—	127	DEL

附录 B:PROTUS 常用元件表(Proteus7.4 sp3)

元器件中文名	名称(或关键字)	说明
电阻集合	Resistors	注:器件符号,根据名称在 PROTUS 窗口中放置查看
电阻	RES	
电阻排	RESPACK-7、8 RX8	
可变电阻	RES-VAR	
电位计	RES-PRE	
滑线变阻器	POT	
三引线可变电阻器	POT-LIN	可以手动调节 +、- 键
光敏电阻	LDR TORCH_LDR	可以手动调节 +、- 键
热敏电阻	RTD-PT100	
线性压控电阻	VCR	
电容集合	Capacitors	
电解电容	ELECTRO	
电容	CAP、CAPACITOR	
有极性电容	CAP-PO L	
可调电容	CAP-VAR CAP-PRE	
电感、变压器	INDUCTORS	
带铁芯电感	INDUCTOR IRON	
变压器	TRAN	
二极管	DIODES	
整流二极管	1N	
稳压二极管	SCHOTTKY DIODE	
齐纳二极管	ZENER DIODE	
隧道二极管	TUNNEL DIODE	
变容二极管	BBY FMMV ZC83	
整流桥(二极管)	BRIDEG、DF	
发光二极管	LED	红、黄、绿、蓝
感光二极管	OPTOCOUPLER	
晶体管	Transistors 2N 2S	2 表示两个 PN 结
NPN 三极管	NPN	
PNP 三极管	PNP	
感光三极管	OPTOCOUPLER-NPN	也称光电耦合器
N 沟道场效应管	NJFET IR FET	
P 沟道场效应管	PJFET	
晶闸管	Switching Devices	
晶闸管	SCR	
可控硅	SWITCHING DEVICE	
三端双向可控硅	TRIAC	

第7章 单片机综合训练

续表

元器件中文名	名称(或关键字)	说明
双向晶闸管	MOC30	光控隔离
发光器件	Optoelectronics	
数码管	7SEG、DISPLAY	
点阵小屏	MATRIX、DISPLAY	
液晶屏	LCD、DISPLAY	
灯泡	LAMP	
交通灯	TRAFFIC	红、黄、绿
单片机	89C51 8031 8051	
晶体	CRYSTAR	
开关	SWITCH、SW-PB、	DIPSW-8
按钮	BUTTON	
键盘	KEYPAD	
单刀单掷开关	SW-SPST	
双刀双掷开关	SW-DPST	
继电器	RELAY	
光电耦合器	MOC	隔离器件
固态继电器	MOC30XX	
扬声器 蜂鸣器	SPEAKER BUZZER	电声器件
电流源	SOURCE CURRENT	电源类
电压源	SOURCE VOLTAGE	
电源模块	7805 7905	
电池	BATTERY CELL	
保险丝	FUSE	
串口	COMPIM	九针串行通信口
RS232 转 TTL(UART)	MAX232	232电平与TTL电平转换
其他		
驱动模块	ULN2003\ULN2803	驱动器集电极开路
天线	AERIAL ANTENNA	
传感器	TRANSDUCER	各种类型的传感器
电机、马达	MOTOR	
电热调节器	THERMOMETER	如:DS18B20

注:串行通信时单片机设定时钟频率应和程序中时钟频率保持一致。仿真器件的属性 library 应选择 active。

附录C：STC12C5A60S2系列单片机简介

一、功能简介

STC12C5A60S2/AD/PWM 系列单片机是宏晶科技生产的单时钟/机器周期(1T)的单片机,是高速/低功耗/超强抗干扰的新一代8051单片机,指令代码完全兼容传统8051,但速度快8～12倍。内部集成MAX810专用复位电路,2路PWM,8路高速10位A/D转换(250K/S,即25万次/秒),适用于电机控制,强干扰场合。

(1)增强型8051 CPU,1T,单时钟/机器周期,指令代码完全兼容传统8051。

(2)工作电压：

STC12C5A60S2 系列工作电压：5.5V－3.5V(5V单片机)

STC12LE5A60S2 系列工作电压：3.6V－2.2V(3V单片机)

(3)工作频率范围:0～35MHz,相当于普通8051的0～420MHz。

(4)用户应用程序空间8K/16K/20K/32K/40K/48K/52K/60K/62K字节。

(5)片上集成1280字节RAM。

(6)通用I/O口(36/40/44个),复位后为:准双向口/弱上拉(普通8051传统I/O口)。可设置成四种模式:准双向口/弱上拉,强推挽/强上拉,仅为输入/高阻。每个开漏I/O口驱动能力均可达到20mA,但整个芯片最大电流不要超过120mA。

(7)ISP(在系统可编程)/IAP(在应用可编程),无需专用编程器,无需专用仿真器可通过串口(P3.0/P3.1)直接下载用户程序,数秒即可完成一片。

(8)有EEPROM功能(STC12C5A62S2/AD/PWM无内部EEPROM)

(9)看门狗

(10)内部集成MAX810专用复位电路,外部晶体12MHz以下时,复位脚可直接1K电阻到地。

(11)外部掉电检测电路：在P4.6口有一个低压门槛比较器,5V单片机为1.33V,误差为±5%;3.3V单片机为1.31V,误差为±3%。

(12)时钟源:外部高精度晶体/时钟,内部R/C振荡器(温漂为±5%到±10%以内)用户在下载用户程序时,可选择是使用内部R/C振荡器还是外部晶体/时钟。常温下内部R/C振荡器频率为:5.0V单片机为:11MHz～17MHz,3.3V单片机为:8MHz～12MHz。精度要求不高时,可选择使用内部时钟,但因为有制造误差和温漂,以实际测试为准。

(13)共4个16位定时器,两个与传统8051兼容的定时器/计数器,16位定时器T0和T1,没有定时器2,但有独立波特率发生器做串行通讯的波特率发生器,再加上2路PCA模块可再实现2个16位定时器。

(14)3个时钟输出口,可由T0的溢出在P3.4/T0输出时钟,可由T1的溢出在P3.5/T1输出时钟,独立波特率发生器可以在P1.0口输出时钟。

(15)外部中断I/O口7路,传统的下降沿中断或低电平触发中断,并新增支持上升沿中断的PCA模块,Power Down模式可由外部中断唤醒,INT0/P3.2,INT1/

P3.3,T0/P3.4,T1/P3.5,RxD/P3.0,CCP0/P1.3(也可通过寄存器设置到 P4.2),CCP1/P1.4(也可通过寄存器设置到 P4.3)。

（16）PWM(2 路)/PCA(可编程计数器阵列,2 路)

--- 也可用来当 2 路 D/A 使用

--- 也可用来再实现 2 个定时器

--- 也可用来再实现 2 个外部中断(上升沿中断/下降沿中断均可分别或同时支持)

（17）A/D 转换,10 位精度 ADC,共 8 路,转换速度可达 250K/S(每秒钟 25 万次)。

（18）通用全双工异步串行口(UART),由于 STC12 系列是高速的 8051,可再用定时器或 PCA 软件实现多串口。

（19）STC12C5A60S2 系列有双串口,后缀有 S2 标志的才有双串口,RxD2/P1.2(可通过寄存器设置到 P4.2),TxD2/P1.3(可通过寄存器设置到 P4.3)。

（20）工作温度范围：-40 ~ +85℃(工业级)/0 ~ 75℃(商业级)。

（21）封装：LQFP - 48,LQFP - 44,PDIP - 40,PLCC - 44,QFN - 40 I/O 口不够时,可用 2 到 3 根普通 I/O 口线外接 74HC164/165/595(均可级联)来扩展 I/O 口,还可用 A/D 做按键扫描来节省 I/O 口,或用双 CPU,三线通信,还多了串口。

二、常用系列比较

STC12C5A60S2 系列(C 表示供电 5.5V - 3.5V 供电,A 表示有 A/D 转换,有 PWM/PCA 功能,60 表示 60KB 程序存储器字节,S2 表示有第二串口,有内部 EEPROM)

STC12LE5A60S2 系列(LE 表示供电 3.6V - 2.2V 供电,A 表示有 A/D 转换,有 PWM/PCA 功能,60 表示 60KB 程序存储器字节,S2 表示有第二串口,有内部 EEPROM)

STC12C5A60AD 系列(C 表示供电 5.5 - 3.5 供电,A 表示有 A/D 转换,有 PWM/PCA 功能,60 表示 60KB 程序存储器字节,无第二串口,有内部 EEPROM)

STC12C5A60PWM/CCP 系列(无第二串口,无 A/D 转换,有 PWM/CCP 功能,有内部 EEPROM)

三、参考网站

宏晶 STC 官方网站:www.STCMCU.com

Mobile:13922805190(姚永平)

Tel:0755 - 82948411

Fax:0755 - 82944243

参考文献

［1］李诚人,高宏洋,刘淼等.嵌入式系统及单片机应用［M］.北京:清华大学出版社,2005.

［2］张道德,杨光友.单片机接口技术(C51版)［M］.北京:中国水利水电出版社.2007.

［3］张永格,何乃味.单片机C语言应用技术与实践［M］.北京:北京交通大学出版社.2009年6月.

［4］王志立,常晓娟,袁辉勇,等.C语言程序设计［M］.天津:天津科学技术出版社.2008年8月.

［5］李全利.单片机原理及应用技术(第3版)［M］.北京:高等教育出版社.2009.1.

［6］恰汗·合孜尔.C语言程序设计［M］.3版.北京:中国铁道出版社.2008.

［7］谭浩强.C程序设计［M］.3版.北京:清华大学出版社.2007.

［8］冯铁成.单片机应用技术［M］.北京:人民邮电出版社.2009.